人文科普 　—探询思想的边界—

HOMO SAPIENS TECHNOLOGICUS

Philosophie de la
technologie contemporaine,
philosophie de la
sagesse contemporaine

科技

Michel Puech

从 今 天 到 未 来 的 哲 学

［法］米歇尔·布艾希　著

智

刘成富　陈茗钰　张书轩　译

人

中国社会科学出版社

图字：01-2018-5579号

图书在版编目（CIP）数据

科技智人：从今天到未来的哲学 ／（法）米歇尔·布
艾希著；刘成富等译. -- 北京：中国社会科学出版社，
2019.11（2020.12重印）
　ISBN 978-7-5203-5372-4

Ⅰ.①科… Ⅱ.①米… ②刘… Ⅲ.①科学哲学②技术哲学
Ⅳ.①N02

中国版本图书馆CIP数据核字 (2019) 第230529号

Originally published in France as:
Homo Sapiens Technologicus by Michel Puech
© Editions Le Pommier/Humensis, 2016
Current Chinese translation rights arranged through Divas International, Paris
　巴黎迪法国际版权代理 (www.divas-books.com)
Simplified Chinese translation copyright 2019 by China Social Sciences Press.
All rights reserved.

出　版　人	赵剑英	
项目统筹	侯苗苗	
责任编辑	侯苗苗	桑诗慧
责任校对	韩天炜	
责任印制	王　超	

出　　版	**中国社会科学出版社**
社　　址	北京鼓楼西大街甲158号
邮　　编	100720
网　　址	http://www.csspw.cn
发 行 部	010-84083685
门 市 部	010-84029450
经　　销	新华书店及其他书店

印刷装订	北京君升印刷有限公司
版　　次	2019年11月第1版
印　　次	2020年12月第2次印刷

开　　本	880×1230　1/32
印　　张	13.875
字　　数	301千字
定　　价	69.00元

凡购买中国社会科学出版社图书，如有质量问题请与本社营销中心联系调换
电话：010-84083683

| 再版说明 |

　　我们在不停地变化，跟周围技术领域的变化速度一样快。在这部作品初次问世的时候，我们就是这唯一的生物——科技智人，我们所面临的唯一任务就是自我构建。几年来，这一任务所遇到的难题没有丝毫减少。我认为，有关新的论据以及新的解决办法一点也没有少，而是恰恰相反。

　　这部作品的结构和论题没有改变，但是，在读者和评论家的帮助下更新了一些素材，行文也更为流畅。有关评论文章以及笔者的回复载于《哲学与科技》（ *Philosophy and Technology*，Goeminne, 2014）。此外，一部续作业已问世，论及了"常规科技伦理"的问题，参见《常规科技伦理》（ *The Ethics of Ordinary Technology*, New York, Routledge, 2016）。

前 言

我们的变化太大了。

不久以前，我们还是一些构造极为简单的生物。那时，我们是能工巧匠，会生火，会打磨石头和尖利的骨头；我们是艺术家和魔法师，会在洞穴的内壁上画画，会以隆重的方式来安葬死者。我们是智人（Homo sapien）——"智人"的"智"把我们和其他没能存活下来的人科 [1] 区分开来了。

后来，一切发展得很快！

现在的我们会洗净身体，去除异味，接种疫苗，穿上衣服，使用机械，获取情报，应用信息技术。我们学识渊博，渊博至极。

我们还是原来的生物吗？还是原来的物种吗？当然不是。我们与原始智人之间的差异，要比古代智人与尼安德特人 [2] 或直立

---

[1]　人科（Hominidé），是分类学中灵长目一科。本科除了人类之外，还包括所有绝种的人类近亲及几乎所有的猩猩。

[2]　尼安德特人（Homo neanderthalensis），简称尼人，也被译为尼安德塔人，常作为人类进化史中间阶段的代表性居群的通称。因其化石发现于德国尼安德特山谷而得名。尼安德特人是现代欧洲人祖先的近亲。在二万四千年前，这些古人类消失了。

人[1]之间的差异大得多，也重要得多。

值得注意的是，事物在迅猛发展。我们成了一个新物种，成了科技智人，我们的生活方式与以前不可同日而语。科技智人不是自然界中的新物种，而是人为定义的，能否存活下去，我们现在还无法确定。如果科技智人走向了灭亡，那就只得重新命名，赋予"科技蠢人"（Homo Stulus technologicus）的谥号——在拉丁语中，"Stulus"表示"蠢人"：蠢笨邪恶，最终自取灭亡的人科。

更确切地说，"智人"的"智"并不是指"博学"，而是指"智慧"。智慧是一个遭遇遗忘与贬低的哲学名词。有人会问智慧究竟是什么？答案可能是：智慧是日常实践，而不是知识的话语；智慧是对自我的掌控。科技给我们提出的不是知识的问题，而是智慧的问题。我们不需要掌握额外的知识，也不需要知识的知识。我们需要的是智慧，是对世界的掌控的掌控，也就是对自我的掌控。首先，我们要理解这个正在脱离我们掌控的世界。

今天，科技智人将这一人种定义中的两个要素——智人与科技联系在一起，而不仅仅将两者并列。科技智人就像是我们以进化的人类为基础而创造出来的人种。需要确定的是，我们是否可以为之骄傲，或者说，我们是否可以这样存在下去。

---

[1] 直立人（Homo erectus），距今 180 万—20 万年生活在非洲、欧洲和亚洲的古人类，一般认为直立人起源于非洲。

| 目 录 |

1. 科技地居住在这个世界

研究哲学，就是认识自我。这就是我们寻求智慧的开始。要分析科技智人（Homo sapiens technologicus）的存在形式，首先就要有这样的质疑："生活在当今的科技世界"究竟意味着什么？或者说"科技地居住在这个世界"究竟意味着什么？

科技智人提出了一个形而上的问题。与科技有关的哲学问题针对的是总体意义上的人。如今的人是什么样子？他们又变成了什么模样？人的存在形式、在世界上的居住方式——或者说——人构建与理解世界的方式成了我们研究的对象。

要进一步理解这个问题，不仅需要收集与技术有关的哲学素材，还要收集当下人们对现代性的哲学思考，并将这些内容与哲学的基本问题联系起来。我们，科技智人，我们应通过思考，重新恢复自身的存在潜力。因此，科技哲学对于现代哲学而言是一次机遇，一次自我更新的机遇。[1]

1978 年，现代科技哲学先驱之一（保罗·T. 杜尔宾）指明了这一领域的问题，并获得了一致认可："承认这场思想运动合理性的人要接受下列观点：

一、科技与科技文化方面有一些亟待解决的问题，要从哲学的角度澄清。

二、截至目前，绝大部分文字资料都不能说明问题，一定要有严肃的哲学家加入其中。"[2]

先驱者的自信，背后是不满的情绪所带来的压力：哲学似乎并没有真正意识到自己的当务之急。

继法国的吉尔伯特·西蒙栋[3]（Gilbert Simondon）和德国的阿尔诺德·盖伦（Arnold Gehlen,1957）尝试研究与技术人员有关的哲学人类学之后，在实用主义的传统下，有些美国研究人员把一种让技术人员与人类重归于好的文化作为研究对象。这些研究让技术哲学存在于哲学，但是技术哲学与工程技术哲学[4]一样，始终被边缘化。

我们要知道需求在哪里：科技不需要依赖哲学而生存。但是，如果我们想要在科技世界中活下去，那就需要科技哲学。

显然，我们缺乏明确的导向：没有定义、案例研究和基本概念的分析。我们也没有标准：由于道德共识的缺失，在当今自由的科技社会里，没有任何共同的基本价值观可以对科技进行裁决。我们追寻的不只是自由的科技社会，更是民主的科技社会。

但是，人们立场不一。媒体通常憎恶科技。当然，也有一些人对科技十分迷恋，只是表达得含蓄隐晦罢了。其实，他们与最有利于社会结构的选择是一致的。例如，在医学伦理问题上，科技哲学的缺席一目了然。越是寻求"专家"和"委员会"的帮助，哲学的缺席就越明显：科技智人没有"智者"，但是有"专家"。[5]如果我们在一个既不熟悉也不想了解的领域发现了"专家"，而且这些"专家"既不符合我们的预期，又不能提供价值的标准，那我们就走运了。不过，荒唐的事也有原因：我们既不敢谈论智慧，也不敢承认智慧要我们从根本上进行质疑，所以我们认为，评价科技是一个问题……而这个问题本身与科技有关。

与所有真正意义上的哲学问题一样，我们首先要理解问题本身的范围、深度与意义。

与科技有关的问题是根本问题，也是一个形而上的问题。这个问题具有颠覆性，因为它质疑了我们的存在与思考的方式。在对科技做出最终评价时，我们从一个极端摇摆到另一个极端（互联网拯救了人类，转基因生物毁灭了人类……或者相反），因为在最初感知科技现状时，我们不承认，或者说，不想质疑自己的存在与思考方式。简单地说，我们也许不善于观察"当下"。

"当下"从根本上焕然一新，而且变化的方式出人意料：没有像我们期待的那样发生改变，正因为如此，"当下"才发生了根本性的变化。让我们学着观察这个意外吧，这样才能理解真正的新东西。新东西始终围绕一个不被察觉的"太近"的东西——日常（开始变得重要）——以及新的日常展开：在舒适且民主的世界里，日常小事成了头等大事。这也就意味着：眼下我们生活的世界已不再思考最基本的哲学要素。如今，"认知""自由""价值""决策"以及"筹划"的意义变了。科技问题追寻的是一种智慧，这种智慧既不会成为对事实的总结，也不会成为实用的科技运用条例。

▶▷　1.1　人的存在

本真与日常

对于智人来说，"居住在这个世界上"究竟意味着什么？1927 年，马丁·海德格尔所著《存在与时间[6]》（*Sein und Zeit*）直到今天仍然是最可靠的参考文献或经典作品，这部作品对纯哲学角度的人的存在进行了分析。我们来借用一下海德格尔的研究方法。

让我们把自己所在的"在场点"叫作"存在"（言下之意就是"人"），或者"意识"，或者简单的"人"。对于自身来说，我们是在场的，对于环境、周围的东西、社会阶层和整个世界来说也是如此。我们每一个人既是面向"我"的在场，又是面向世界的在场。

这两个存在维度——自我与世界——之间的关系不是简单的叠加。因为一方面我与我生活的世界紧密相连，另一方面我生活的世界——或者说至少是世界的一部分，最少也是"我"这个存在的周围环境与我是谁、我想要什么以及我做什么有关。现代科技哲学逐渐开始系统地运用中介的概念：科技是人与世界之间特殊的中介。

我的意识——我的思想——可能会关心自己的存在，接着就遇到了"存在"（"存在"意味着什么？我的存在与世上其他物体的存在又有什么区别呢？）与时间（时间是什么？对于每个存在而言，时间意味着什么？对于我这个存在而言呢？）这些哲学得不能再哲学的问题。在这些质疑的十字路口，我们的意识又碰到了死亡的问题。存在、时间与死亡就好比存在的"地平线"。海德格尔的《存在与时间》从这些和存在、时间与死亡有关的问题群中看到了一种"本真"的思想，这也是他之后的思想所遵循的方向。

但是，在此之前，海德格尔分析了——其实是揭露了——这样一个事实：我们日常关心的或担心的不再是什么重大问题，而是微不足道的烦心事，是一些日常琐事。举几个现实中的例子：吃什么？不想站起身，把咖啡杯放在哪儿呢？这周六不跟皮埃尔打球，怎么跟他说呢？我把手机放在哪儿了？要不要取消汽车保险的盗抢险呢？最后这个例子最常见：今晚电视里放什么节目呢？……

从醒来到入睡，我们的意识场里每时每刻都充满了这些顾虑——这些顾虑也许连梦境都不放过。顾虑构成存在的一种固有特性，日常性。

如果在某个世界中，日常琐事、细枝末节、健康方面的些微顾虑、娱乐活动的安排以及舒适的需求，变成了可以动摇观念、建立以及毁灭庞大帝国（金融的）的重大问题，那么究竟会发生什么呢？这是个很有趣的问题，因为我们的世界就是这个样子。在日常性称霸的世界里，哪一种形式的本真才能继续存在下去呢？

操心、用具、被抛

海德格尔辨别了介入世界的各种方式的源头：操心烦心（德语：die Sorge），这里的"操心"指的是"关心"而非"担心"。[7] 根据第一种状态，本真状态，"操心"导致存在的焦虑，引发有关"存在""时间""死亡"的思考，这是哲学范畴的操心。而第二种状态，日常状态，"操心"表达的则是该术语中诸多表层的"忧虑"，是日常琐事所产生的各种各样的小烦恼。这些毫无价值的东西构成了海德格尔所说的"被抛"：我们被世上的物以及所带来的小烦恼吞没了，因而被剥夺了独立思考存在的思想尊严。我们陷入了一种感知不到的苦恼。海德格尔认为，被抛是人存在的特性。它不是一种表面的或短暂的现象，而是一个重要的哲学事件。

对于海德格尔来说，被抛最重要的方面在于用具占据的位置、用具之间的指涉与用具系统。这里，存在论分析为科技哲学提供了必不可少的基础。

我们周围的物通常以器具的形式出现在我们面前，派得上某种用场：用海德格尔的话说，存在物在我们眼中表现出"工具性"。这种工具性是一种自然的方式，是我们与世界的关系的日常，是我们向着世界的在场的日常。世上的物即便不直接被我们使用，也能够被理解为潜在的用具。海德格尔解释道，我们把存在物看作持存物（étant-disponible），准备被使用，为了被使用。毫无疑问，对存在物的摆置构成了现代性的特点：我们使用。我们使用一切，而且不需要对此进行反思、深思、调查，不管是在存在物永久可用的合理性方面，还是其目的性方面。

椅子被看作用具——可以落座的用具，汽车是移动的用具，衣服是御寒的用具。这种工具性不仅体现在技术对象上，也是我们与那些看起来"自然"的存在物之间的主要关系模式：面包是充饥的用具；水是解渴的用具，可以通过瓶子、玻璃或泉水之类的用具获得；空气或氧气是呼吸的用具，可以通过大气或氧气瓶获得。人类自己也可能被放入工具性关系：出租车司机跟出租车一样，也是一种用具，一种工具，用来前往目的地，而且两者处于同样的使用关系中（我觉得出租车舒适安心，但司机话多，惹人厌烦，这意味着交通工具的"机器部分"比"人的部分"更让我满意——或者相反）；职员、同事或朋友可能只是一件用具，用来完成一项非人类用具本能够完成的任务，两者处于同样的使用关系中。柜台职员以前在银行数钱，现在被银行的自动窗口代替了。性伴侣可能只是情趣的用具，或许他本人也在等待一个表现更出色的机器来取代自己。一心只想着用具系统的人逐渐按照周围持存物的方式理解人，理解其他人。

本真的缺失现在有了一层更加明确的含义。不过，我们不能只停留于此，不能就这样接受失去人性的第一印象。首先应该注意的是，面包或水被放到用具或工具的位置上之后，会让我们感到震惊不已，而我们震惊的首要原因，也许就是我们看不起这个位置，因为我们的思考范围局限于价值的判断或者偏见，这个范围会贬低使用关系或工具关系。演奏家的小提琴也是用具，但是音乐丝毫没有受到贬低。

让我们一起来做个有利于思考的换位题目：银行客户更喜欢和面带笑容的银行职员交流，但是不喜欢屏幕或键盘；相反，假设我不是银行客户而是银行职员，我的工作真的能体现人的价值吗（确认账户号码，借记这个账户或数钱）？有些个人主义者可能戴了有色眼镜，倾向于认为与客户相匹配的是人提供的服务，而不是机器提供的相同的服务。但是他们没有看到，人做的是机器的工作，是一台机器可以完成的工作。我们的评价颠倒了：是银行职员的工作没有人性，而不是机器的替代让这项工作失去人性。

撇开分析中价值判断——或者更确切地说，轻视的判断——的风险之后，让我们重新开始工具性的研究。海德格尔接着说，我们每天使用的器具既不是孤立的，也不是独立的。它们相互指涉，织就了一张密集的指涉网，以系统为工作单位：桌子让我想到可以供人坐在桌旁的椅子，同时桌子还指涉餐具，比如叉子、刀、盘子和玻璃杯，而玻璃杯又指涉瓶子或长颈瓶，瓶子或长颈瓶又指涉水龙头或酒窖，以此类推。没有路，汽车就开不了；没有汽车，人们也不会修路。这个子系统又指涉加油站网络，加油站的碳氢燃料又指涉与远方国家的经济与政治关系……

每分每秒，我们的存在穿梭于工具形成的指涉网，我们很容易就能把各种工具连成一条长链：我拿起一张纸和一支笔，想要记录杂志上标注的某本书的参考信息，顺便计划明天去一趟书店，还要找保罗借个打气筒，给自行车打气……指涉的每一步都涉及一件用具、一样容器、一种材料、一门工艺，不管是"古老的"工艺还是"天然的"工艺。如果一系列涉及对工具的操心在时间与数量上构成了人类存在的主要部分，如果人的存在关注的是新车或刚得到的小玩意儿，那么被抛就可以理解为一种失去人性的潜在形式，或者也可能是普遍形式。

上述阐释结合了一对常见的哲学概念，这对概念区分了人的意识活动与智力活动的两种形式：目的理性（德语：Zweckrationalität）与价值理性（德语：Wertrationalität）。当泥瓦匠砌砖时，他的行动受目的主导：筑一面墙，这面墙将成为房子的一部分；他的行动也受目的系统主导，薪水与如何消费就包含在这个目的系统中。如果他用镘刀抄起砖块上的蜘蛛，把蜘蛛送回草丛，或者他没有杀死蜘蛛，而是把它平铺在灰浆里，那么他的行动就受价值主导。这是一种对生命的普遍尊重。这种价值观没必要理论化，甚至都不会有人察觉，但是让泥瓦匠选择了某种行动而非另一种。在这种情况下，泥瓦匠完全没有考虑（意识到）目的、效率与利益。

所以，问题出在下列术语中：在日常的被抛状态中，我们使相互指涉的用具系统运转。被抛将我们卷入目的理性行动的循环，而这些循环是用具系统运转过程中的步骤。当存在以某种价值而非工具之间的指涉为参照，决定或完成某个行动时，陷入被抛的存在就会陷入迷茫。

在已成为经典的文字中，海德格尔指出，日常性与用具系统的吞食引起存在的"均衡"：每个人都开始做"常人"必须做的事，重复"常人"说的话；存在着的是一个无人称的"常人"，而不是每一个个体的人，不是每一种意识。[8]然而，人存在的特性在于人根据筹划与价值做出的决定，在于人承担的责任，在于人自我建构的方式，以及可能为建设共同世界做出贡献的方式：决断与介入。海德格尔用抽象却有力的词汇表达了这一特征：人（此在）是一种"为其存在而存在"[9]的存在。人不是具有存在特点的物，且与物毫无关系。人是我们在哲学上所说的"主体"，而且是严格意义上的主体：正是主体使自己存在（成为人）。所以，没有比失去使自己成为人的能力更严重的事了。

　　结合上述分析，关于日常被抛的分析引出了两个对于科技智人来说非常重要的概念：决策与决断。要想使自己成为人，必须做出决定，而在被抛状态中，决策被削弱、被均衡，变得不本真，处于悬而未决的状态。所以，我们追求的智慧要求我们实现"决断"这个十分明确的效果，即做出决定并给出方案的能力。我们需要的就是这种推动新的介入的智慧。

　　工具性让我们失去人性，这一点明确表现在：除了我们几乎无时无刻不在做的事情，其他事都让我们觉得困难。我们任凭相互指涉的用具系统摆布。当我不再从目的角度而是从价值观或意义的角度，以及决策的角度问自己为什么（这确实需要很多努力）时，从那个时候起，一种奇怪的不适随时都会冒出来：我问自己为什么看电视（娱乐用具系统），为什么在堵车的时候排队（交通用具系统），等等。我什么时候做的决定？导致我这么做的又是什么呢？

让我们来看一下哲学的解释，这种解释本身不具有革命性，但是能帮助我们理解科技智人：行动比思考更容易，完成行动比理解行动的意义或把它指向某个决定更容易，构建用具系统并使之运转比在生存上承担责任更容易。被抛是一种长期的落后，思考相比于"行动"与"手艺"的落后。

▶▷ 1.2　人类世界的科技

如今，科技哲学可以利用多种现代方法，既有分析性的，又有建设性的。各个领域、各个国家的作者[10]都带来了各自的感触、文化背景以及提出问题的方法。在这个基础上，让我们继续科技智人的分析。

科学、技术、科技

当今时代的特征不是科学，而是科技。过去，科学是现代文明的特征。科学努力使世界量化，为一种明确的价值服务，这种价值就是进步，首先被理解为认知的进步。而如今，科技具有后现代或后工业文明的特征。在后现代或后工业文明中，努力的方向与价值观很分散，甚至可能出现分歧，尽管我们可以从中总结出一种思想——舒适的思想——不过我们也不确定自己想不想把

"舒适"变成一种价值观。让我们来澄清一下科学与技术/科技之间的关系以及"技术"与"科技"这两个词在意思上可能存在的差别。

一开始，技术哲学还不叫这个名字。19世纪，在突如其来的物质主义背景下，工业革命要求人们对机器与机械化、工业与工业化进行思考。相比于描述性、分析性哲学或伦理学方面的思考，经济与政治领域的思考发展得更快，远胜于前者。这些思考很快就被集体行动吸收，表现为不同的形式（批评的、空想的、积极的或社会主义的）与不同的思想运动。马克思主义就是在这些思想运动中诞生的，后来从其他关于机器和工业的哲学思想中脱颖而出。

在我看来，更重要的事似乎不止于此。以恩斯特·卡普（Ernst Kapp）为例。19世纪的德国哲学家恩斯特·卡普[11]跟马克思一样，是黑格尔的左派信徒，但是他移居得克萨斯州，过起了垦荒者的生活，这在黑格尔的信徒中十分少见。南北战争结束后，恩斯特返回德国，并于1877年出版了关于技术哲学的著作。该书的理论基础是技术与生理学的类比，也就是将人体器官投射到外部世界：铁路是一种血液循环，电报局是一种神经系统。普罗泰格拉的论断"人是万物的尺度"是指导恩斯特分析的线索。一切人类活动，不管是内在活动（文化）还是外在活动（科技），都应用人类学或用人类自己对自己的理解进行阐释。这里的理解不像唯心主义思想那样是先验的理解，而是建立在人类实际完成的结果之上的理解。

　　恩斯特的思想与 19 世纪工业主义哲学思想在问题系上存在明显的区别：恩斯特的问题在于科技与科技对象的本质，他以哲学人类学为视角，从结果（下游分析）进行分析，而没有从政治经济学视角讨论劳动与生产（上游分析）。法国的阿尔弗雷德·埃斯比纳斯（Alfred Espinas）如今已被人遗忘。1897 年，他发表了一项野心勃勃的研究成果，从文化人类学的视角探讨了古希腊技术的文化根源 [12]，也就是宗教的、艺术的、哲学的、社会的和政治的根源。如今，这项成果离奇隐没之后，我们又重新发现了这一文化人类学视角。在技术哲学领域，文化人类学是马克思主义视角之外的另一种选择。

　　从哲学上说，只有当科学与技术在构成上的区别而非"自主"技术的概念得以明确，只有当最敏锐的作者提出一条可以作为技术哲学基础的论断——"技术不是应用科学" [13]，技术哲学才有可能构建起来。尽管字典仍然把技术定义为"应用科学"，我们还是应该先舍弃这种观点。

　　科学是一种话语。对科学的思考是试图理解这一话语的构建方式，比如数学化、模型化、实验、证明等，与这些方法相应的结果可以被称作"真理""科学真理""科学效果"或其他名字。

　　技术是现实世界的行动，不是话语。有人认为一切技术行动都必须以一种话语为前提，而话语是预先储备的技术知识，这种观点也许是错误的。这种说法属于"认知神话"，西方哲学一度遭到其入侵：一切都是知识，一切知识都是话语，古希腊的祖先称之为逻各斯。让我们举几个反例：体育活动中的姿势，比如网球中的反手拉球，不一定需要技术知识（生理、弹性固体的性能、弹道等方面的知识）的话语；干酪蛋奶酥不一定需要技术知识（极其复杂的化学知识）的话语；学会点火与让火持续燃烧不一定需要技术知识（氧化还原的化学知识、高温和涡流的物理知识）的话语。

从另一个互补的角度，即技术与科技拥有物的存在方式，物是行动（使用行动，它与生产行动相比至少具有同等程度的决定性）的载体。技术与科技的哲学试图理解科学之外的东西，属于行动哲学而非认知哲学。研究的主题关乎手段与目的之间的关系，物的使用，使用的风险、益处、反作用，以及与这些手段相对应的预期目的，效率（Alexander，2008）。这时，目的不再直观地表现为真理，而是表现为计划的实现。

现代科学可以被定性为"技术科学"，这个术语主要由吉尔伯特·霍托斯（Gilbert Hottois）引入，用来给科学与科技在实用方面的重叠部分定性。但是，技术在构建科学话语的前后阶段的重要性，没有让科学与技术之间本质和地位的区别发生任何改变。要理解当代文化的轮廓，就必须分析其中的区别。

总的来说，科学与技术之间的区别跟话语与行动之间的区别相同——这意味着忽视这种区别在哲学上是灾难性的，而且我们不能专断地判定两者之间存在的依赖关系与价值关系。[14]

接下来的问题是：技术与科技之间的区别可不可以用哲学来解释？如今，大部分科技哲学著作都用英语书写，"科技"（technology）一词由此传播开来。英语几乎不用"技术"这个词，但这个词是存在的，意思很局限，却又值得注意：艺术家的"技艺"（画家、钢琴家……），或者多数情况下直接依靠身体的技巧（舞者、体操运动员……）。于是我们得到以下猜想，它虽然简单却很有说服力："技术"指向与身体直接相关的行动[15]，以动作为序列；而"科技"直接或间接地指向物，宽泛地说，就是一切与物的使用、生产以及世界中的在场有关的东西。动作是技术，而物是科技。我把这些成为科技的中心并且能定义科技的科技对象叫作"人工制品"[16]（artefact）。所以，科技智慧不仅需要一种行动哲学，而且专门需要一种物的哲学。这里的物不是传统哲学中的物，而是日常中多种多样的物：日常物品及其使用的哲学，科技对象在人类世界中在场的哲学。

哲学家们曾多次尝试让"科技"这个词以"技术的科学"的意义存在，就像生物学是生命（bios）的科学一样，但是他们没有成功。[17]因为长期以来，"科技"在法语中指的都是"技术"之外的东西：我们不说钢琴家或画家的科技，也不说性科技……技术与身体直接相关，不会归结到科技范畴。但是如今，最广义的"技术"通常包括"科技"一词的含义。

我们或许认为，与过去的技术或科技相比，伟大的"科学性"是现代科技（不是所有科技）的特点。在我看来，这个想法看起来合理，但是不正确，因为"科学性"的界定十分模糊。意识到现代科技中电子与信息技术这两种重要技术的加入似乎更值得关注。这两种技术不一定体现在人工制品本身，而是体现在制造过程中：一枚隐形眼镜或一艘碳纤维帆船本身不包含电子或信息技术，但如果没有这些技术，这些产品既不会被设计出来，也不会被制造出来。生物学或生物技术中的人工制品也属于科技，因为如今的遗传学与电子信息技术，以及其他高科技手段都是密不可分的。

我们有理由发现，跑步是一种技术，而用视频记录下跑步的步幅，并用电脑进行分析，从而改善姿势与效率则属于科技（Don Ihde，1993）。如今，大部分体育竞技都有科技的辅助，不管是视频录像，还是材料科技等；如今，不穿高"科技性"的跑鞋，人们都不跑步——人们运用大量科技，进行设计、制造与推销。

所以，技术与科技并不相对，而是互为基础，完全同动作与人工制品一样。不管高科技帆船装载了多少分析系统与决策辅助系统，在舵柄旁，舵手依然掌握一项技术，也就是跟简单坚固的有形物体直接相关的身体技能。人体与最复杂的人工制品之间存在功能联系，尽管两者的技术精密程度大不相同。我们需要理解的是这个整体，至于我们如何划分技术与科技之间的分界线，这并不重要。而且更重要的原因是，身体与技术之间的分界线也不明显：舵手的手臂可能装着固定骨折的钉子或关节上的塑料假肢，舵手能通过电子屏幕"看到"船的前部和帆，"感受"船的倾侧，注视着电子屏幕上的人工地平线。我们需要理解这些综合的整体：身体／技术／科技。

最后，因为我们在关注"高"科技（hightech）[18] 的同时，也关注了"低"科技，所以技能与科技之间的区别与连续性似乎更加明显。让我们想一想写字。写字是一项与自然完全无关的技术，主要由身体动作构成。很久以前，写字就存在了，其重要性人尽皆知，表现为低科技：尖刀在沙子上画出符号，后来在黏土板与更硬的石板上划刻，之后又在用植物与动物皮制作的纸（纸莎草纸、羊皮纸、纸）上书写。蜡笔与纸是低科技产品，是写字这种原始技术的产物。印刷术这一科技所带来的影响，使人类交流发生了革命性的变化，孕育出了著名的"古登堡星系"。不过，就个人而言，如今的"写字"存在高科技形式，其中最主要的是微型电脑键盘，有时甚至是连接了语音识别系统的麦克风。写字是语言技术，"文字处理器"（英语：word processor）是语言科技——可以纠正拼写错误，给出同义词建议等，最后打印下来，大大减少"古登堡星系"的数量和成本。电脑这一人工制品用科技的处理取代了技术的动作。低科技的写字发挥了高科技的信息技术。

　　不管是在技术与科技之间，还是在高科技与低科技之间，区别系统无处不在，我们可以按照科技含量的高低，将这个系统无限"分层"——但这不是重点。高科技怪物核电站与低科技问题密切相关：阀门、管道、铅管管道……高科技奇迹隐形眼镜则需要人的眼泪才能起作用。

科技与人的特性

　　从一开始，技术就站在人类这边，它曾经是人类化的核心。而"科学"则在不久前才成为人类的友军。如果我们等着牛顿运用搬运重物的技术，那么我们可能永远等不到牛顿。几万年来，我们点燃火苗并且利用火的力量，却从未想到燃烧涉及的物理与化学原理。毋庸置疑，火不是人类生存与生俱来的条件。条件应该是科技的人工制品，是人类特有的通过技术创造出来并延续下去的人工制品，而且，如果没有这项技术，人就永远无法成为人。

从史前时代开始，人类就将某些自然的或人工的存在纳入自己的生存范围。在最古老的人类墓穴中，人们重新发现了一些动物与部分人类（女人、奴隶……）。逝者生前与他们紧密相连，以至于死后也需要他们来陪葬。但是，人们同时也发现了各种人工制品（武器、珠宝、厨具……），逝者生前似乎也与这些人工制品息息相关（Don Ihde，1990）。

在人性之初，这种对生命以及物的依赖就是典型的人类特征。在我们内心深处的某个角落，我们一直都明白——或者不管怎么说，很久以前我们就明白——我们的生命与人性归功于人工制品。现在，我们却变得不明白这一点了：一位要求与小提琴一起入葬的演奏家是在延续祖先的传统，这种做法或许可以被接受，艺术因此被神圣化。但是，如果普通公民要求同手机或摩托车一起入葬，让这些东西躺在他身旁——就像我们的祖先身边也躺着打猎的弓或战马一样——那么可能就会引起一阵愤慨，愤慨的内容是价值观的崩塌……

把人定义为制造工具的动物（tool-making animal），这归功于本杰明·富兰克林。如今，我们明白这个定义不完全准确：部分动物的技术中也存在工具，一些“动物文化”[19]中也存在技术。但是，只有人类为生存的各个方面设计技术，而不仅仅是为某一个特定方面。人的特性就在于此：为火与武器创造技术；发明可以制造其他工具的工具，从而构建人工制品谱系与系统；创造烹饪以及建造房屋、制作炊具和珠宝的技术……技术实践多种多样，代代相传。和智人一样久远的、起初进展缓慢的技术大爆炸，或者说科技环境的延展构成了与人的天性密不可分的技术文化。

如果把人的技术特点同另一特点——语言，进行比较的话，我们就能更深入地理解这一技术特点。因为人也被定义为拥有逻辑的生物，也就是说，人类与"语言"和"理性"密不可分。在《技能与语言》的第一卷《姿势与话语》[20]中，史前哲学家安德烈·勒儒瓦－高汉（André Leroi-Gourhan）从两个方面记录了人类历史。他解释道，具有代表性与象征性的语言是人的特点，赋予人类语言的是大脑。除此之外，手/脑互动也是人的特点。手与脑的互动既赋予了人出众的灵巧手艺，又让人对做过的事有所思考。如果人的大脑、双手、技术与语言在这么长时间内没有共同进化，那它们可能就不是今天这个样子。共同进化必须为人类文化（语言的、象征的）与科技文化（物质的）的共存充当模型，这两种文化实际上构成了独一无二的智人的独一无二的文化。人的两种特征——技术与语言——奠定了上文中强调的紧密相连的两方面——科学（表征话语，语言）与科技（智力指导的物质活动，技术）的本质区别。

语言支撑着人类生存的技术方面（但是，反过来读也是正确的），促进了集体以及不久之后的社会的形成。因为就算智人只能成为"制人"（homo faber）——工具的制造者与技术的使用者——制造与使用的过程几乎都需要一致行动，而这一点只有不断进化

的社会关系才能做到。一致行动包括几代人之间通过遗传和学习
达到的一致，这需要人类集体内部的某种文化。集体文化与技术
文化共同发展；反过来，一致行动与文化传承加强了人类之间的
联系。这样看来，我们很快就能够发现，人类制作的主要是人类
自己，也就是具有社会性与文化性的存在，他们依靠交流能力获
得新的潜能。我们能打破逻辑（logos）与技术（technê）之间的
古老联系吗？那些在一开始就把我们变成人的东西，会轻易地发
生彻底的转变吗？会让人失去人性吗？我们似乎难以相信这些说
法。让我们再凑近看一看。

　　技术与语言的关系是反思技术时最常见的问题之一，表现为
表征与意义世界（语言）与物与物质实践世界（技术）之间的对立。
勒儒瓦－高汉指出了其关系的起源："其实，自旧石器时代起，主
要是农耕时代起，象征世界（宗教、美学或社会象征）一直在地
位上高于技术世界，而且社会金字塔通过赋予象征功能更多的优
越性，从而以双关的方式构建起来，然而科技才是一切进步的动
力。"[21] 为什么在涉及人的特性时，语言比技术优先呢？

　　在我看来，我们对自己的印象似乎因为一种双重优先陷入了
危险的失衡状态，这种双重优先来自刚刚提到的等级：

　　——（表征的）认知优先于行动，这是一种表象主义或认知
主义偏见（本质在于感知，而感知通过现实的"心理表征"完
成）；[22]

　　——动作行动，也就是行动（找不到一个更贴切的词与英
语的"doing"对应）优先于生产行动，也就是制造（英语的

"making"），这是一种贬低技术"制造"的偏见。

即便在行动哲学的内部，只有"高贵"的形式，只有行动道德才拥有过哲学的殊荣，而行动的技术形式，也就是物的制造和使用却没有。[23]

要想对贬低技术"制造"提出异议，我们可以重新从安德鲁·哈里森（Andrew Harrison，1978）的著作入手，这部著作别出心裁，主题是制造与思考的关系。哈里森的分析关注艺术创作，在这个领域制造是一种特殊意义上的思考。但是在此之前，他直接抨击了我刚刚提到的两种偏见。哈里森注意到，我们以语言、以包含了语言的智力形式来定义人类，而且这个定义非常刻板，排除了其他的可能性。于是，当我们准备从智力和思想的角度来理解道德行动时，我们遇到了第一个困难。不管怎么说，道德行动在这一刻或下一刻都是世界上真实存在的行动，是具体行动而不止是一种言语表现。但是，道德哲学可以解决这个困难，它关注的是道德主体"思考"（假设通过语言进行思考）了什么，而不是做了什么。然而，如果涉及理解制造物的过程中生成的智力，这个物可以是哈里森思考的沙雕城堡，也可以是弓、鱼线、窝棚等；如果涉及把技术制造理解为实时介入具体行动的思想，那么我们就没有哲学方法。我们不能用备用的表象论模型来解决问题。因为根据表象论模型，首先，我们就会对自己想做的事情形成一种想法或认知（用语言来表达？），这个思考过程调动了全部智力。其次，就是实现这个想法，这个制造过程不需要任何特殊的智力。如果是这样想的话，那就不会有人搭窝棚了，也就不会有人修修补补或者烹饪食物了。我们只能实时思考自己的行动，不管是在制造中还是在行动中。人的特性就在此。认知偏见与对技术制造的贬低让我们偏离了这一特性，而科技哲学将我们重新带回。从人类起源到科技智人，人一直拥有一项特殊的本领：与物建立智力上的联系。认识到这一点，不就是上了一堂基础的智慧课吗？

技术对象的世界

吉尔伯特·西蒙栋的哲学著作《技术对象的存在形式》[24] 为技术哲学提供了坚实的基础。西蒙栋试图分析科技对象的形成，用进化来解释形成。不过，这种进化不同于自然进化，而是与创造和形式的完善具有相同的作用。技术对象在形成过程中获得了主要性质，即具体性，也就是存在性与功能性，这一主要性质使技术对象融入世界："[……]具体的技术对象，也就是进化后的技术对象，正在接近自然对象的存在形式，趋向于内部的连贯与因果系统的封闭，因与果在系统内部循环。除此之外，技术对象包含了一部分自然世界，这部分自然世界作为运作条件加了进来，所以也属于因果系统。"[25] 这一特征尤其适用于现代科技产品。

西蒙栋继续分析，定义了技术对象的个体化和技术对象的运行单元，运行单元可以被分为三个层次。[26]

（1）技术元素，组成技术个体（例如：电视机接收器的显像管），类似于生物器官。

（2）技术个体本身（例如：电视机接收器），相当于人工制品，类似于自然生命体。

（3）技术整体，技术个体的必需部分，但又不是技术个体的组成部分（例如：电视机接收器的电力供给，可以接收的发送信号，电视节目……），相当于生物与生物的生态龛所必需的环境。

另外，勒儒瓦－高汉宏大的技术人种学[27]，构成了技术哲学的事实与分析基础。依靠自己拥有的4万份描述技术对象的文件，而且是他亲眼见证并且经常使用的文件，勒儒瓦－高汉描绘了智人的物质文明。无论何时何地，智人都在制造并使用工具。部分工具，比如火、横口斧或纺车，是人类历史的中心，更别说武器了。勒儒瓦－高汉主张人文科学不能局限于艺术、宗教或权力系统，必须深入地位卑微的具体事实，因为具体事实是人类生存的直接条件，而且，人文科学必须研究物与工具的系统。为什么不把这种人种学方法（重点不变，严密性不变）运用于互联网和百忧解时代的科技智人呢？

西蒙栋和勒儒瓦－高汉开创的道路仍然有待探讨。上述哲学基础没有贬低技术对象与技术对象的使用，但是我们尚未充分利用这些哲学基础。因为海德格尔曾经判断真正的哲学问题在于技术的本质，而不在于技术本身[28]，所以哲学家觉得十分幸福，因为他们能够在"本质"这个如此熟悉又如此自由的世界中探索。在我看来，这一导向似乎是诸多技术哲学理论先天不足的主要原因之一。我们不能从"技术"这一单一东西的本质出发，去思考与自己的笔记本电脑、手机、山地车或网球拍维持的亲密关系中发生的事情。恰恰相反，亲密关系中发生的事促使我们专注于大批科技对象，也就是陌生的和熟悉的人工制品这些非常独特的存在的区别和绝妙之处。

所以，我们应该从技术的本质这个大问题，过渡到对对象本身的思考。[29] 要进入这个世界，就让我们思考一下机器吧，对于分析来说，机器似乎是最容易分离出来的技术对象，同时也是最令人担心的。除了海德格尔分析的工具之外，机器是一个更复杂、更自主、更"技术"的单位。以下定义在技术哲学领域没有争议："机器与工具最大的区别在于操作过程中的独立程度，所谓的独立程度与操作人员的熟练度和精力相对：工具听从操控，机器听从自主行动。"[30] 机器是一种自主的工具；所以，根据工具与生理学上人体器官（"organon"在希腊语中指"工具"）的相似度，我们可以说机器是生命体的相似物，更具有自主性。

更进一步说，我想从两位工程师，亨利·安热尔·德·奥里亚克（Henri Angles d'Auriac）和保罗·韦鲁瓦（Paul Verhoye）的类型学谈起[31]，他们研究关于机器的哲学。他们写道，人在维持与环境的关系（感知、处理信息、作用）时，运用了自然手段与非自然的文化手段：机器。在他们给出的机器定义中（"人与环境处于积极—动态关系时，人所使用的一切文化对象"[32]），浮现出一个值得注意的概念——假体，这一概念甚至为所有技术对象提供了一个范式：机器不仅是器官，也可以是人造器官，而人造器官就叫作"假体"。再提醒一次，不要急着贬低假体：不是所有假体都是木腿，想一想（带来微笑的）烤瓷牙、（带来视力的）隐形眼镜、（拯救生命的）冠状动脉搭桥术……

刚刚提到的物根本不是"机器"。如果必须按照假体的模型理解技术对象，那么技术对象就不再属于机器范畴，于是对人工制品这个概念的兴趣油然而生。人工制品（拉丁语：artis facta）是一切由技术制造的物。机器是人工制品，但不是所有的人工制品都是机器。

于是，安热尔·德·奥里亚克和保罗·韦鲁瓦区分出几种人工制品的类别。[33] 具体行动的特点是必须消耗能量，所以在具体行动这一方面，作者首先区分的是工具，比如杠杆、螺丝刀、锯子、自行车等："这些是最原始的人体假体，是人体适应环境的装置，让我们能够充分运用四肢。而所谓的适应既可以适应性质，也可以适应数量。"[34]

工具的特点是必须为人所"用"，也就是说：

（1）人必须为工具提供运作的能量；

（2）人必须指导器具，提供必要的"指示"。

让我们记住这个工具的定义，记住能量供给和信息供给这两个必要条件。

最后，来看一看严格意义上的机器："相反，机器是拥有自己生命的工具，而且我们再也不能说，一旦人不使用机器，机器就什么也不是。"[35] 机器的特点是它可以跳过其中一个工具运作的必要条件：要么不需要能量的供给（摩托车、电钻、火器……），要么不需要信息的供给（所有自动装置）。[36]

长期以来，技术哲学与技术伦理学都证明了技术对象从不孤立存在，仅仅以整体为单位存在，不仅在上文提到的"技术整体"

内部是如此，在雅克·埃吕尔（Jacques Ellul）命名的"技术系统"内部也是如此，

技术是一个系统。20 世纪 30 年代起，刘易斯·芒福德（Lewis Mumford）甚至希望在《科技与文明》中证明，这个系统自身带有一种文明。这段论证先由一段经典的时钟分析展开。[37] 时钟的发明实现了时间的调节与活动的安排。时钟最早出现在寺院，然后是人们的工作地点与生活场所。最后，节拍的格律分析成为西方文明念念不忘的一项参数。我们还经常列举铁路的例子，以及一切在铁路工作的前后阶段与之相关的方面：我们从中发现了一段堪称完整的物质文明，而且美国的西部之"征候"表现出这一文明的加速蔓延（电报、学校、法律、商业等随铁路同时出现）[38]。

一项原始技术，例如火，可以独立存在，尽管融入其他相关技术是自然趋势（从结果上说，比如烹煮食物、让棍棒变硬；从源头上说，比如收集、弄干和保存木材）。但是，一旦技术的种类增加，而且互相关联——最晚从新石器时代之后，就是这种情况——技术就会遵循工具、机器、交通工具、通信手段、知识、社会结构等各方面之间相互依存的逻辑。技术只能存在于系统中，系统远远超过人工制品本身：根据费尔南·布罗代尔（Fernand Braudel）的核心概念[39]，这个系统就是物质文明。

人工制品的分类

比起技术对象的分类这个探寻技术对象本质时必须回答的问

题，我们先分析一下人工制品在人类世界的存在方式——这是人与人工制品的共存所提出的问题。

我们可以区分出八种人工制品的存在方式，八个种类或分类[40]——这几个词的使用很灵活。这里的分类是定向分类，考虑到人工制品通常具有多种用途，或者说像接下来会看到的那样，从一种存在方式进化到另一种存在方式。

分类标准如下：

一、与人体的亲密度或相容度；

二、大小、重量、物质性；

三、能量型工作方式和 / 或信息型工作方式；

四、供个人 / 集体使用。

这些标准的组合使以下分类具有各自的特点。

（一）纳米级人工制品：所有分子级科技（源自希腊语"nanos"，意思是"小的"）。其中最重要的可能是药品、不久之后有关人类遗传的手术、所有生物技术以及力学、电子学乃至量子学领域可能运用的纳米技术。

从定义上看，当这种人工制品工作时，肉眼看不到它们的在场，尽管它们的在场与人类生存的宏观层面相互影响：我们看得见服下的药片，但看不见药物的"有效成分"在身体里的活动。合法的或非法药品都属于这一分类。自愿的或被迫接受的辐射，以及自然环境的化学污染或放射性污染也一样。对于我们之中的某些人来说，永远存在于体内的纳米级人工制品在细胞层面发生作用，从而改变生物参数（避孕药品、降血压药品……）。

（二）假体：所有修复或替代人体器官的科技。例如，眼镜和隐形眼镜、固定骨折的钢针或人工关节、假牙，当然也包括人工机械瓣膜和心律调节器等；或者还包括体外仪器，例如用于重症监护和透析的仪器。

从定义上看，几乎大部分假体在人体内部，或者与人体十分接近。下列人工制品也属于这一分类：双筒望远镜和天文望远镜，以及加入了头盔显示器、3D眼镜和其他发展成熟的人工制品的"虚拟现实"系统——而电视或电影与自然场景相去甚远，不属于假体类存在方式。重听患者的听觉假体是最直接的假体，而电话或磁带录音机确切地说不是声音和听觉的假体，因为它们身上用具、工具、仪器、机器的特点太过明显，不管怎么说在现有科技中是如此。但是，植入皮肤的微型声控电话系统，也就是没有任何按键的电话系统，可以算是电话的假体类存在方式。

（三）服装：广义上的服装，不仅囊括了我们通常所说的"服装"，还包括鞋子和帽子。其中帽子包括头盔，头盔同时属于假体。不要忘了还有水下或太空中生存用的高科技装备——"潜水服"和"太空服"。

珠宝和人体装饰也都属于这一分类，比如人体彩绘、文身和穿孔。对于科技社会中的人类来说，鞋子在很久以前就已成为"类假体"。这件工具多么实用！手表也是一件"类假体"，存在形式属于服装类。只要能买得起手表，它就可以跟衣服上的袖子融为一体。服装类人工制品离我们最近，但依然在身体之外，覆盖了大部分身体和世界的接触面：维持温度，保护身体，携带轻便的东西（口袋是神奇的纺织制品，它在衣服上增添了袋子这个神奇的史前人工制品），显示职能和社会身份（与职位体系和社会礼节体系相符的制服），显示宗教身份和婚姻状况（结婚戒指）……不要忘了，在这个身体与世界的接触面，不论何时何地，美感、外表和传递给他人和自己的个人形象都是最重要的。

（四）基础设施：建筑，还有道路、桥梁、水网、废水排放网、电缆、通信电缆或电话电缆，这些都是交流、运输和网络的物质载体。

这些人工制品是有形的，尽管它们或多或少都直接包含了一些信息要素，其中典型的例子就是工作协议（因为缺少道路法的道路十分危险，无法使用）。这些人工制品在工作时不需要能量——不消耗有效能量，也不需要信息——本身不使用传送的信息。基础设施主要供集体使用，尽管最终的服务对象是个人（我的房子和通往房子的路，我的水龙头和电力装置）。这些结构符合"infra-"（下面的，下部的）这个前缀，因为它们在发挥作用时位于其他人工制品之下。基础设施是使用其他人工制品的条件，也是其他人工制品工作时的载体。没有电网，就没有电；没有马路和公路，就没有我们认识的汽车；没有供我们活动的建筑，我们几乎什么都不能建造，什么都不能使用。从定义上看，基础设施本身是手段而非目的。高速列车的轨道或变压器本身不是目的，而是网络的一部分。错综复杂、相互连接的基础设施网络组成了科技文明的运作载体。

（五）静态用具：锤子、钳子和钉子，蜡笔、白纸和书，还有独轮车、自行车、皮划艇……这些工具，不管是简单的还是复杂的，从能量型工作方式的角度看，都直接使用人力；从信息型工作方式的角度看，都直接依靠人的指挥和信息处理。

让锤子动起来钉钉子的，是肌肉的力量；指挥这项操作，让锤子朝着手指捏着的钉子移动的，是视线掌控下各种姿势的协调配合。我们可以这么解释，锤子和钉子是静止的，只是因为我的能量和大脑对信息的处理才在运动（电钻正好相反，它是一台仪器，虽然电钻也在我的手中，也在视线掌控范围内）。工具属于这一分类。书也是一种静态用具——只有在人的手中，只有被人看到的时候，书才"发挥作用"——书与锤子不同，比起能量，书更需要信息。

（六）个人设备或能量型用具：轿车和刈草机，吸尘器和电冰箱，所有设备基本上都配备一台发动机，而且供个人使用。

剃须刀是静态用具（第五类），电动剃须刀是个人设备（第六类）。能量是第六类人工制品的主要方面，一般体现为发动机，发动机利用的能量不直接源自人类，这一点区分了仪器和工具，区分了电钻和锤子敲打出来的雕刻刀。从术语的技术层面说，能量源不一定是发动机。帆船就是最好的例子：帆船运用的技术——不管是高科技或低科技——与皮划艇的技术不同，区别就在于帆船航行时需要的能量不再直接源自人类。对于依靠信息工作的人工制品来说，个人设备依赖的主要还是人的指挥，尽管它表现出部分自主性。比如，洗衣机的洗涤程序代表了部分自主的信息型工作方式（时长、温度，还有决定洗衣时长的待洗衣物的自动称重），但这个程序是由用户"亲手"决定的——当设备能够自己确定衣物的颜色是白色还是其他颜色，面料是棉还是合成面料，是精致还是粗糙时，就不再需要用户的决定。我们合理地称呼这台设备为"洗衣机"，它出色的实用性清楚地表明，发展或代替了人类劳动、力量和熟练度的人工制品主要是机器。

（七）集体机器：工厂、火车、飞机、核电站……这些大型机器不是为个人或家庭服务的，而是生产、交通和能量或信息供给网络的枢纽。

对于任何机器来说，能量（消耗或生产能量）是最主要的一方面，尽管信息在高科技机器中出现的频率越来越高：飞机、火车和工厂听从信息的指挥，而且只听从人的指挥，虽然现在大部分情况下（人的）指挥都有"电脑的辅助"。[41]工厂是在可能的情况下，通过（机器的）机械化运作代替人类体力劳动的模型。如今，机械化运作在某种程度上是人类指挥机械化操作的工作。由于集体性的重要地位，集体机器和基础设施（第四类）之间的联系也表现得更加明显：集体机器构成了并且维持着科技文明"厚重的"基础设施网。集体机器网实现了我们身边个人设备（第六类）的运作：家电需要电力，晶体管收音机需要工厂生产的电池，刈草机需要火车从精炼厂运输的汽油……这些机器大大减缓了人类集体物资的消耗，也就是说，赋予了人类一种足以征服和改变自然的无与伦比的能力。

（八）信息机器：所有型号的电脑，各类自动装置，包括电话、高保真音响、照相机，别忘了还有电视机。

对于这类机器的运行来说，信息是主要方面，尽管在物理世界，一切信息活动都消耗能量。信息机器运行时需要的能量甚至全部物质都是次要的，这些都是纯粹的信息载体。这就是信息机器的特征。机器运行时需要的能量和物质似乎逐渐对信息造成"干扰"：笔记本电脑和手机的电池成为真正的负担。电池还在，只是因为我们不知道怎么去掉电池。

掌握了各种机器提供给我们的物质和能量之后，这些信息机器赐予我们一股前所未有的信息力量。如今，我们一致认为在这股力量中看到了科技的未来，同时设想出一条机器的进化逻辑：逐渐信息化，逐渐非物质–能量化。例如，音乐的翻录始于完全机械化的留声机，并随着电动式扬声器、放大电路、压电式扬声器的出现不断进步；后来随着 CD 的出现，音乐的翻录采用了信息型工作方式（就算是一台"客厅"播放器，读取音乐的也是电脑）；最后，在下载音乐时，发生转换的只有非物质的信息代码"比特"。

人们很容易发现一些混合形式，也就是不同人工制品存在形式的杂交品种。而且，由于不同的类别十分接近，所以这些混合形式更容易被发现。另外，人们还发现人工制品经历了从一个类别进化到另一个类别的过程。

上述分类还遗漏了人工生物制品。人工生物制品是生物技术对人类的要求，不仅表现为纳米技术（第一类），还表现为与人类处于同一级别的生物。我们饲养的大部分动物，种植的大部分植物都是人工的结果，源于新石器时代之后的人工选择。[42] 毋庸置疑，我们食用的谷物和道路两边的植物都是人工制品，我们曾经从狼中间选择的所有品种的狗也一样。但是，这些生物不只是人工制品。就算是人工种植的玉米，就算是一株"转基因"植物，也都是会生老病死、表现出独特之处的生物。我认为，就算是食品工业中的酵母，转基因技术中的细菌，也都是自然的生物，人类改变了这些自然的生物，为了自己的利益使用它们并让它们发生转变。说到底，只要是工业原料……活着的原料（一桶细菌），就是自然的生物。

所以在我看来，有生命的人工制品这一类别似乎还处于构思阶段。它正在凸显，但是还不能完全与其他类别并列，因为被人类利用、经过改造的生物尚未具备人工制品的生存方式。人们关心——目前有一点关心，不过之后会越来越关心——工业化养殖中动物的生存条件，但是没有人关心电视机的存储条件。所以，不要认为有些事情先天注定，因为将来我们会需要身上保留下来的生态嗅觉：各种生命组成了一个团体。在科技文明中，对这个团体的关心落在了人类肩上，而且，对这个团体的关心不等同于对人工制品的管理。这个想法还未熄灭。

技术的自主性？技术的中立性？

技术是一个大写的"系统"，这一思想还包括以下几点：技术独立发展，就像一台高度进化的机器；技术具有自主性，自己给自己制定规则（auto-nomos）；所以技术奴役人类，把我们变成工具。当我们把"系统"的首字母大写后，就发生了骇人的转变。

这种说法令人害怕，但是有没有道理呢？

雅克·埃吕尔提出了既自主又危险的技术系统理论，吸引了一大批欧洲和美国的追随者，他的书在这些国家风靡一时。"自主技术的意思是说，技术最终只依靠自己；技术描绘出自己的路线；技术是首要因素而非次要因素；技术应该被看作一个倾向于自我封闭、自行决定的有机体：技术本身就是目标。"[43] 在埃吕尔看来，自主技术对文明的威胁不是技术史上某次意外的负面影响，而是……技术史的核心："技术本身就是限制的打破。对于技术而言，没有什么不可能的或被禁止的操作：这不是技术的附属特征或可有可无的特征，而是技术的本质。"[44] 埃吕尔、海德格尔以及所有技术本质的基础理论研究者都认为，"技术的本质"就是"出格"，一种非人类的傲慢（hubris），就是科技的自主性。不过在希腊悲剧中，引发悲剧的傲慢是一种人类的出格，是人类的无知。人类把自己看作神明，启动了命运的齿轮，不可救药地走向了不幸。如果技术也同样傲慢，那么就会出现普罗米修斯故事中的问题：人类因为技术的傲慢或出格而获罪，不可救药地走向不幸。但是，根据技术自主性的论题，技术脱离人类控制之后，技术本身就会成为问题的根源，也正是因为技术逃脱了我们的控制，所以才会成为问题的根源。技术的力量具有非人类的特征：一股自主的、非人类的力量控制着我们。技术的自主性意味着目的性的缺失，也就意味着人类缺乏目的性，缺乏决策和价值观。[45]

所以，从技术统治我们这个角度说，或许可以说技术在实行一种真正的"统治"。但是情况真的如此吗？机器越过了手段与目的之间的分界线吗？这里涉及一种转变的理论：一开始（差不多一直到现在……），技术有利于人类。然后，技术失去了人性，如今甚至对人的存在提出了质疑。《木偶新闻》（Guignols de l'Info）节目上，木偶弗朗西斯·卡布瑞尔（Francis Cabrel）的台词很妙："进步，还是以前好！"（有线电视台，1990）。如果我们想象得出"自主"化的技术，也就是说技术自己给自己制定法则，而不是从人类那里接受，那么就可以对转变做出简单的解释：机器转而反抗我们，"机器人"变得十分聪明，以至于要推翻我们。

　　上面这段科幻片剧本从哲学的角度指出手段与目的之间的衔接，这种衔接不一定是好事。如果只是从手段变成目的的话（本来为我们服务的机器奴役了我们，从手段变成了目的；而我们，则从目的变成了手段[46]），那么科技哲学很快就可以写完，它只不过是对秩序和理智的某种呼唤。但是，在科技世界中，目的与结果一样，都不会轻易让一条实用的分界线区分彼此。我们的生存在指涉网络中更加精细，更加错综复杂，这些指涉网络不都具有工具性。当我一边收听广播里的早间新闻，一边等待机器准备咖啡，一边从冰箱里拿出橙汁时，重点不在于区分哪些是手段，对应的是哪些目的；我与厨房里现有的"工具"并不构成实用关系，我们之间的关系更加复杂，更加感性，更加亲密。广播的声音轻柔地把我从困意中叫醒；咖啡机发出咝咝声，声音很小，但是朴素又忠诚；冰箱的凉意一下子让我沉浸在一个理想的自然世界里，那里的泉水是新鲜的果汁……我没有使用"工具"，现在，我和那些有助于建立情感联系的物品平静、舒适地生活在一起。对人工制品与我之间权力以及奴役关系的分析一定可以靠近技术的本质。[47]

我们跟谁有关系呢？我们跟"技术的本质"，跟这种自主的、抽象的、居高临下的、失去人性的力量无关；跟人工制品的亲密有关，这是一种具体的、情绪化的亲密，无法通过结果／手段的分析和权力关系去理解。

与技术自主性相对的另一极端，是技术的中立性。其实，在工程技术哲学中，人们难以容忍来自"文学性的"技术哲学的抨击。为了让"文学性的"技术哲学重新回到最初的误解，人们指出，技术只是一种手段，跟其他所有手段一样都是中立的。[48] 长矛也许是打猎时的利器，或者是战争中的恐怖武器，但是错误不在于长矛，做出选择的是使用者，而长矛是中立的。所有技术手段都如此，不管是刀还是核物理。

反对者认为中立性理论实在"天真"，而且实际上属于意识形态。支持者则认为反对者的警告同样是一种意识形态的偏见。技术恐惧者与爱好者相互藐视。

退一步就能够发现，技术的自主性和中立性这两个论题其实都使用了同样的分析法，即手段／目的的分析。我们需要推理的，是技术的这种两面性。只有当我们仅仅把技术看作手段时，技术才是中立的，难就难在"仅仅"这两个字上。还是以手握原始长矛的人类为例。长矛是一根削尖了的、坚硬的普通棍子。人类知道在某些情况下，长矛是一件比徒手搏斗或陷阱更有效的工具。

他锻炼了一项用长矛捕猎的技能，目的是杀死猎物，填饱肚子。那么当周围部落的人想跟他争抢食物时，他会怎么做呢？

这里牵扯到技术和人工制品的逻辑：不仅要实用，还要高效。实用和高效之间的区别十分重要，促成了科技教唆者的一面。当我们忍受着痛苦——比如剧烈的牙疼时，如果这时有一种药物既可以分散疼痛，又没有有害的副作用，比如扑热息痛（不仅限于扑热息痛），那么这种方法不仅实用，而且高效。我们可以选择一直不吃药，继续忍受痛苦，但这不是一种正常的或者说"自然的"行动。药物的功效引诱我们采取某种行动。当然，从定义上看，诱惑是可以拒绝的。

毫无疑问，每一种人工制品，武器也好药物也好，都是一种手段，但是又不"仅仅是一种手段"，而是特定的手段，因为这些人工制品在可以发挥功效的情况下，是人类所拥有的最好的技术，最好的人工制品。从前的人类在多数情况下，都不曾体会过对于高效行动的需求，是技术手段的效果凸显了高效行动的"目的"；而且，既然目的可以实现，技术手段的效果还促使人们实现这个目的。从这一点看，"技术手段"不是中立的，体现在两方面：

（1）技术手段，也就是完成行动X所需的效率最高的手段，它的效果不足以把行动X变成一种合乎期望的行动，即某个"目的"。但是，从定义上看，技术手段的效果足以把行动X变成一种可能的行动。然而，拉开新的可能行动的序幕，这绝不是"中立的"。举个例子：如果人类拥有一项高效的、没有副作用的技术，可以在怀孕之后决定孩子的性别（或者孩子的瞳色或肤色），那么这里所说的可能性就不是中立的。这项技术创造了一种可以成为"诱惑"的可能性，可能性中隐含了种族方面的考虑以及决定，考虑和决定时可能参考了某些价值观。从概率的提高这一原则看，技术不是中立的，它被赋予了教唆者的能力。

（2）技术手段，也就是效率最高的手段，它的存在排除了其他手段。雅克·埃吕尔曾经下了一个巧妙的定义：技术是最佳方法（one best way）[49]；因为比较级（"最佳"），所以技术是独特的，比较级包含了效率的逻辑。埃吕尔明确道，当一种技术手段存在时，就再也没有什么能与它竞争，选择已经做好了，与中立性无关。当手持长矛的猎人知道枪是什么时，他其实已经没有选择的余地，为了获得枪支，他什么都会去做（尤其是在周围部落拥有枪支的时候）。只要可能，就会"自动"替换成最佳方法，这一机制使科技物质文明征服了整个星球。这条原则在每一种人类文化中流传，并且经常破坏这些文化。从效率的不可抑制性这一原则看，技术不是中立的。

概率的提高和效率的不可抑制性，这两个原则同时发生作用。它们不会被归结到上文争论的技术自主性，但是准确地定义了技术的非中立性带有的危险。科技智人必须找到某样东西，反抗新生事物和效率的压迫，反抗科技教唆和征服的力量。不过，我们没有理由从价值观的角度进行思考，也没有理由认为技术的非中立性就是坏事。技术不是中立的，是文明的积极力量。最近，人们发现科学深深扎根于现实的人类生活中（各方面的生活：社会、心理、政治、经济、美学……），人类的认识把科学拉下了与世隔绝的、中立的和绝对客观的神坛。同样地，在淡化科学神话的同时，也应该通过哲学上"通货紧缩"的分析，淡化技术神话。技术并不比科学更加"中立"，而且这是一件好事。[50]

布鲁诺·拉图尔（Bruno Latour）在反对科学的"中立性"上写了不少文章。他曾为某个自动地铁项目撰写了一部著作：《阿拉米斯或对于技术的爱》[51]，其中有一个近乎极端的例子。我们应该读读阿拉米斯的故事。阿拉米斯是一个具有典型法国特色的政府专家项目。项目失败了，也就是没有投入使用，失败的原因只有一部分与"技术"有关。处于困境（部委小组修改了无数次意见）的工程师们应该祈祷：愿科技像人们所证明的那样自主！愿科技像人们所证明的那样中立！[52]

科技远远谈不上自主或中立，是科技与社会、心理、美学、政治、经济等方面的联系织就了科技。这些联系首先是与人类的联系，本质上也都是与人类的联系。无论在什么地方，都有强大的联系把人类和事物联结起来，就像布鲁诺·拉图尔说的漂亮话一样，这些事物是我们的"低级兄弟"。

彼得–保罗·维贝克（Peter-Paul Verbeek）的著作（2005）以科技的行动性（基于科技是行动者这一事实）为主题，将布鲁诺·拉图尔提出的分析模型以及唐·伊德（Don Ihde）的后现象学方法运用于伦理视角重点关注的人工制品，比如产前超声检查，并且发展了上述理论。在近年几部著作中（2011），彼得–保罗·维贝克果断地进行了"伦理转向"。在我看来，"伦理转向"是现阶段科技哲学的特征，超越了从前与科技的自主性或中立性相关的结构性问题。

▶▷　1.3　人类的科技生活

生活在当下

让我们回想一下 2000 年。让我们回想一下二三十年前我们想象的 2000 年的样子。我们是多么失望啊！月球上的周末、重力汽车和癌症的快速疗法在哪里呢？许多科技梦依然是不停在我们眼前溜走的想象。

不过我们经常看到，现在有一些革新，不过这些不是我们预想的革新，所以不被注意。办公桌上，儿童房里，工作中，笔记本电脑随处可见。世界上的每个地方，几乎每个人的口袋或包里都有一部手机。人们随处都能碰到这些已经变得自然的物品：数字音乐便携式播放器、微波炉和冷冻柜、连接设备……这些就是革新。我们期待着一场轰动一时的科技革命，而我们经历的是一场近在咫尺的科技革命。这就是为什么我们感到有些困惑。

我们要谈论的不是未来学，而是现在。时间的相对加速主要源于科技，要求愿意思考的人们去看见而不是预见，去把握现实的尺度而不是让自己置身于一个可能存在的假想的未来。这不是一条悖论。预见比看见简单得多，也更让人安心。但是，没有人能够预见一个他未曾看见的世界的未来。我们需要一种"现在学"。

我们变了，我们的变化远远超过世界的变化。我们不仅仅居住在一个不同的世界，因为所有的人类都各不相同，不管是在过去还是在将来。我们以不同的方式住在世界上。

要理解"居住"在某个世界的含义，就要重新回到存在论分析。"居住"在这个世界其实是最基本的存在方式，为生存的其他维度提供坐标。这里的"居住"不仅表示存在于某个地点的方式，还表示存在于某个环境的方式，这个环境由意义，或者说由有意义的关系组成。这些意义并非预先存在于事物中，是人类的居住生活赋予了事物的意义。

"居住"是人类特有的一门艺术，一门生活的艺术，伊凡·伊里奇（Ivan Illich）在一场精彩的报告会上说道。[53]19世纪30年代，日本哲学家和辻哲郎围绕人在某个"环境"中的居住生活，构思了一种哲学思想。他的哲学思想提供了一些要素，从而让我们对"居住在这个世界"的理解不那么西化，也不那么"技术化"（和辻哲郎，2011）。海德格尔以诗人弗里德里希·荷尔德林（Friedrich Hölderlin）[54]作为开头，分析了人在地球上的居住生活。海德格尔通过回到（绕了一些弯子）"诗意"这个词的词源，阐释了荷尔德林"人诗意地居住在地球上"的表述：希腊词"poiein"的意思是"做""行动""建造"。住在这个世界，就是建造一个世界，一个物质世界和一个有意义的世界。我们住在自己建造起来的世界里，住在由"住"本身建造起来的世界里。住，也是在建造住所的同时构建自我。但是值得注意的是："只有在住得下去的时候我们才能建造"，海德格尔写道。[55]

"居住"问题在科技世界中发生了迁移：毋庸置疑，如今的人类"科技地"居住在地球上……但是还能说是"居住"吗？为了描述一种混乱状态，口语中我们会说某人"不知道住在哪里"——
这也就意味着他不知道自己是谁。我们是否走到了这一步？

　　存在哲学教会我们不要把世界和"沉浸"其中的人分为两个
各自拥有本质的先存实体。只有在铺展一个由意义、行动、价值
组成的世界时，人才会存在，而且人的世界正是通过"住"这一
行动构建起来的。所以，科技不是让我们"沉浸"其中的世界的
"特性"。科技是一种存在于世的方式，一种铺展世界并且通过行
动存在于此的方式。科技是我们居住在世界上的方式。正因如此，
我们才是科技人。

　　科技哲学教会我们不要把科技看作近来科学认知和市场经济
碰撞后强加于我们的命运。恰恰相反，科技，尤其是被忽视的制
造和使用两个方面，一直在为人类的人性化发挥作用，是我们与
世界建立积极关系的重要方式。因为对于人的自身存在来说，科
技是重要的，所以科技不是一个需要驯服的外在因素。科技拥有
人性，需要理解和阐释，需要在价值选择和未来选择中确定科技
的位置。

　　智人一直居住在技术世界里，或者说一直"技术地"居住在
这个世界。早期人类技术，比如打猎、采摘、烧火、凿石头，以
及后来出现的早期农业技术可能都很简单，但是必不可少，跟现
在的科技一样重要。从前，人的身份就意味着"技术地"住在这
个世界上。

　　我们的科技世界变得"不宜居住"，这个观点说到底不过是反
对技术积极倾向的技术转变论的翻版。不过，这个观点可以变得

更加引人注目：如果今天，我们无法继续保持与科技发展亲密的信任关系，如果科技的本质变成这样，那么谁来构建人的"居住"呢？如果我们每两年换一次，而且带走了成套家具的公寓不再是"住所"呢？如果我们拥有的"游牧"品（数码播放器、手机、笔记本电脑）把我们变成游牧民呢？

事情没有那么简单，相反，我想说明的是，我们与科技产品的亲密关系至少跟从前物质世界中人的居住感受相同，尽管一切都不相同。我们以不同的方式居住在一个不同的世界里。充当人与世界的媒介，这个职责总会落到一些物身上，不过这些物会发生变化。

"人性地"住在这个世界，就是改变世界，在世界中创造自己的世界：因为这个原因，魔法和技术行动或许在很久以前就并肩前行。[56] 阿尔诺德·盖伦（Arnold Gehlen，1957）解释道，世上的人有生存的负担（Belastung），而且负担令人不快，所以技术就是一系列卸除负担的手段。从一开始，技术就应该被理解为人类生存中的便利。魔法和宗教代表的便利具有典型的象征性，与之相比，技术带来的便利具有典型的高效性。从字面意思来看，不管怎么说，我们的世界离不宜居住还很远；从下面这层意思来看，我们的世界越来越宜居：越来越舒适，越来越易于居住。

从今往后，我们在居住时会注重一条便利原则，一条舒适原则，因为我们选择了科技地居住在地球上。我们还需要思考，这个选择是否对地球是什么样，以及地球能变成什么样抱有误解，是否违背天性，是否违背大自然。我们究竟是科技地住在大自然还是正在破坏大自然呢？也就是说，我们不是住在大自然而是病态地寄生在大自然的身上。地球能忍受我们的居住吗？

其实，这是一个古老的问题。我们需要回溯到术语史中"技艺"（technê）这个词，这是二千五百年前亚里士多德在《物理学》中思考的问题。在亚里士多德看来，在西方文明的初期，技艺区别于大自然，大自然拥有自己的存在和变化原则，而技艺则从外界接受这些原则。大自然实行自治，各种终极目的在大自然中发生作用。大自然知道自己想要的，并亲自实现这些愿望。但是技艺既不知道自己的愿望也无法自己实现，只能融入存在，融入其他目的的自然过程，这些目的不同于大自然的目的。如果我们止步于此，那么就很容易接受变得疯狂的技术破坏大自然而没有融入其中的观点。起初，亚里士多德构建的技术形象与技术的"他者"，天然的"他者"——与大自然的形象相对应。这一区分明确了额外的行动者——人的位置，人让自然完成人所想要的东西的同时，差点丢失了所有的尺度，差点破坏了一切和谐：我们承认希腊人所说的傲慢行为，人的出格行为，这种傲慢和出格行为引发了所有的悲剧。人在大自然中的技术生活也属于傲慢行为，蕴藏着悲剧的萌芽：无法承受的人的人造性。

让我们试着从另一个角度组织一下这个问题的已知条件。我们居住的世界既不是大自然，也不是科技，因为更准确地说，我们的居住方式既不是自然的，也不是科技的，而是两种方式的未分化状态或者说两种方式的融合：我们自然地住在科技世界中（对我们来说，开车和步行一样自然），而且科技地住在自然世界里

（如今，没有高科技设备，人就不会计划去高山上远游）。重点在于理解这种居住的方式。

用途优先与占为己有

今天，了解科技的用途是第一位的。也别忘了其他方面：设计和生产，推销和消费。但是，我们已经不可能从这些传统的基础出发解释科技。

在科技智人的世界里，保留下来并继续发展的人工制品和科技是那些已经成功处于人与世界的中介位置，并成功为自己找到存在龛的人工制品和科技。我们使用电脑，不是因为电脑被发明出来，而是因为文字处理或电子游戏进入了我们的使用范围——也就是常见的电脑在家庭和游戏中的用途。制造出第一台笔记本电脑的发明家或工业家根本没有料到电脑会用于家庭和游戏。世界上实力最雄厚的公司从前人身上吸取了市场的教训：控制科技产品未来的，不是设计和生产这些工业的逻辑，而是产品的用途。科技智人使信息化仪器为我所用，就像从前他们使许多机器、仪器、工具和假体为我所用一样；另外一些产品之所以适用，只是因为人使用了它们。

笔记本电脑适应了人类，但是，从前信息技术要求人类适应它。之后，计算能力也是为使用的便利而服务。科技的便利，自然学习和透明学习变得不可或缺。不久之前，人们还在出售包含配套软件的大部头教材，而且最好自学教材并且随身携带教材。如今，针对少数情况下使用者的学习需求，软件本身就包含教学功能；而且，更为重要的是，人们在设计软件时就考虑让软件的使用非常直观。通过图形记号和实时操作跟踪，尤其是手势记号（鼠标箭头是一只抓取、拖拽、放进文件夹的手，一支画线的铅笔，一根点击菜单的手指……），软件为使用者在操作过程中可能产生的需要提供建议。一切都遵循一种灵活的逻辑，同样的事情可以通过各种不同的方法来完成（被点击的下拉式菜单、键盘操作、单独出现的背景式菜单、个人命令……）。这些专门的操作和对应的记号形成了一种文化，这种文化与火、烹饪、耕种、打猎或战争等古老的技能一样，与科技智人和世界之间的接触面融为一体。专家把这类参数称为"易用性"[57]。

在从前的企业里，当电脑收到强制的指令时，就会发起反抗。后来，员工需要一台合适的笔记本电脑和最新版软件进行工作[58]：因为此时电脑的办公用途和娱乐用途开始出现了。如今，BYOD（"Bring Your Own Device"，带上个人设备）现象让企业的信息技术负责人目瞪口呆：员工希望在工作中携带和使用个人数字化设备，并且把设备连接到企业网络（这对于信息安全来说成了一场噩梦）。他们用口袋里的钱买了这台电脑——在大部分情况下，这甚至是……他们的圣诞礼物，因为带有水果图案商标的通常是奢侈品。他们不再区分数字化产品的私人–游戏用途和"业务"或"办公"用途。

产品的使用首先基于科技的适应。对科技的适应与其他真正涉及人的事情一样，既不是在设计工作室决定的，也不是在市场讨论会上决定的，更不是在政府部门办公室决定的——学校也不会教这些。

当一位工业家善意邀请我们进入高端科学领域时，我们可能会从中"受益"，但是不要认为科技发展就始于高端领域。恰恰相反，我们每一天的使用决定了汽车、电脑和墨镜的存在。市场专家不断追踪产品的用途，他们从不决定任何事——或者更准确地说，如果我们没有一直唯唯诺诺、漫不经心而且沉浸于消费梦游症的话，市场专家就无法决定任何事。但是，上述消费者的被抛状态只是消费者决定权的中止，而且，因为消费者很少掌握决定权，所以一旦掌握之后，就会更加坚定地行使这项权利。现在，正中下怀的广告借助我们已使用过的产品，向我们推荐更加方便使用的附属产品：合适，总有更合适的。

使用和适用将部分人工制品安置于存在龛，人就是通过这些存在龛，科技地居住在这个世界。把日常性提高到哲学层面是必需的，因为使用时人工制品的谦卑恭顺，以及适用带来的微妙变化构成了生态意义上的环境，这个环境中上演着人工制品和科技实践的生成，也上演着科技的伦理和政治形态，而且后者将会成为主要的成分。

科技智人应该明白：洗衣机对生活造成的改变比任何一位政治家都要大，每周减少女人的（以及个别男人的）劳动时间比任何一条社会准则都要多。洗衣机比我们称为"政治"的东西更要政治，比讲师的废话要更有道理。科技的适用几乎没有引起我们的注意，但却是存在的一个方面，比人关心的社会、经济、政治和道德的问题都要重要。

举几个日常生活中的普通例子。如果在某个世界里，体力劳动从劳动世界中消失了，大部分位置移动都靠科技解决（从飞机到自动扶梯，其中包括汽车和地铁），那么跑步就成了一种全新的活动。跑步不需要任何集体组织，也不需要特定空间，因为我们在哪里都能跑。每个个体都与自己的身体建立了十分特别的关系，感受力量、疲劳，尤其是运动特有的心理亢奋。理论上，我们可以赤脚跑，也可以穿着最普通的鞋子跑。但实际上，跑鞋在很大程度上改变了跑步者的感觉。科技是美好的，令人安心，因为科技正在被使用，并且科技将使用过程，将产品放到一种实用的亲密关系当中，让产品适用。这里的适用不只是一种使用关系，更不是广告欺骗。我们喜欢我们的鞋子，鞋子激发了跑步的想法。这项科技成功融入了跑步这一直接与身体有关的技能，同时也融入了城市中的定居生活。在这种生活中，跑步意味着自由和新的自我发现。

早晚洗一次澡，或者更频繁地洗澡，也许是远离科技文明之后我们最怀念的事。这一需求——或者从更宽泛的意义上说，卫生需求——对于我们来说，已变得与睡眠需求一样自然。洗澡的需求源自一种依赖，这种依赖与生理没什么直接的关系，但是远远超出了"舒服"这种简单的逻辑，这里所说的"舒服"是普通意义上的舒服。科技为每一天的卫生行为提供了便利，我们习惯了这样的卫生行为，这种习惯使日常的卫生行为融入人与世界的正常交互。这个存在龛中，热水和沐浴液等产品发展起来，如今这些东西构成了我们对身体的认同感。

　　哲学家喜欢说"我们'看世界'"，但很少有人说，许多人透过眼镜和隐形眼镜看世界，或者最"走运的"人透过墨镜看世界。年纪越大，老花眼就越严重，但是科技在我们与看见的世界中间插入了矫正玻璃片，这些玻璃片简单而纯粹地保留了人的某些东西。我们对这些产品的适用与我们的联系十分密切。这种适用没有构成一种特殊的生活方式，一种因为科技而"变了形"的方式，而仅仅构成了生活本身。如果这件产品不能改善人的生活，那么"改善"这个词就没有什么意义。

　　一些分析揭示了现代文明对社会上人人奉行的精准的时间安排有多么依赖。对于那些仍然使用手表的人来说，这些分析可以为手表现象提供基础。下列问题每个人都能够答得上来：我们每天看几次手表？为什么看？不看又会有什么结果？假期第一天最激动人心的时刻之一，不就是在夜晚降临的时候，人们发现自己白天没有一直戴手表，因为自己不需要知道白天的每一刻时间吗？我们戴在手腕上的是社会条条框框的枷锁。现在有一部分人不再戴手表，但是对于绝大多数人来说，不戴手表是因为手机屏幕会显示时间，而他们看时间的次数同样频繁。我们可以把这种科技带来的转变理解成同样的时间限制发生了转移。把手机关机或不戴手表，这两个动作的效果其实是一样的，只是后者与身体的关系更大。

　　设计电话[59]最初是为了满足远距离听音乐会的需要。最终，电话没有被用于听音乐会，但是科技淘汰的压力让它进入了另一个存在龛，个体之间"一对一"对话的地方。电话在这一方面获得了可喜的发展。手机的传奇 [60] 是一个激动人心的故事，讲述了与存在有关的科技的适用。

撇开无伴奏合唱这种纯粹与身体有关的技能不谈，我们所说的"音乐"，是使用不同产品之后产生的。李斯特的《超技练习曲》使用的是钢琴；浪漫派交响乐使用的是管弦乐队。人类文明的高雅文化必然与使用乐器有关。使用乐器的最高点在于高超的演奏技艺，这代表了一种完美的适用。至于绝大部分人听到的音乐，必然与电子信息设备有关，其中最好的是高保真设备。或许，音乐通过乐器、技术以及今天的声音再生科技，始终都是人类存在的一部分。

驾驶汽车是现代产品独有的一种用途。人们可以用与汽车的感官共享和人体结构在车内的投射这两方面的术语，构思出真实的汽车驾驶现象：视线发生变化，关注"道路"和周围环境，视野比行人开阔得多；为了完成人为控制的手脚动作，注意力需要高度集中，肌肉需要高度紧张；驾驶员根据仪表盘估算参数，仪表盘是人体的额外器官……驾驶摩托车也是如此。这种适用是与存在有关的适用。汽车驾驶员能以合适的速度连续过弯，或者一下子翻过一座小山丘。他们品尝到了一种使用的感觉，这里的使用具有不可低估的存在意义，而且只有一部分属于"实用"范畴。使用汽车就足以解释挤满街头巷尾的车型，我们准备在车上花的钱和对公共交通的厌恶。因为适用与情感有关，情感在适用中所占比例至少与实用性是相当的。更确切地说，适用表明在我们与产品的关系中，实用性与情感之间没有明确的分界。

使用产品不只在于使用这个简单的过程：产品是人类生活的伴侣，而不只是手段。所以，使用产品同样属于我们从前所说的"惯例"，也就是生活或者幸福生活的方式、习俗、习惯。一个延续很久的惯例让这些方式、习俗和习惯成为人与人的关系中，或者人与他的低级兄弟——物的关系中，普遍的或者说受欢迎的形式。

在兰登·温纳（Langdon Winner）、唐·伊德（Don Ihde）或艾尔伯特·鲍尔格曼（Albert Borgmann）著作中，美国科技哲学思想（以不同的方式）再次提到了"生活形式"（Lebensform）的概念，路德维希·维特根斯坦（Ludwig Wittgenstein）曾用这个概念为语言习俗和行为习惯形成的存在整体定性，对于一个既定语境内的特定人群来说，这些习俗是容易理解的。[61] 某种生活方式是一个非常综合复杂的存在整体，没有与之相关的整体理论：只能对局部进行分析型描述——唐·伊德针对切身体会到的人工制品的亲密感进行了现象学分析[62]，应该读一读相关分析。唐·伊德把这些人工制品所处的世界叫作生活世界（lifeworld），但是他转换了胡塞尔提出的生活世界（Lebenswelt）概念：人类在某一瞬间亲身体验了这个世界，然后语言和理性使这个世界成型。

我们知道，在语言学领域，每种说话方式只有在包含了整个世界的时候，才能在世界特有的、无穷多的可能中选取某种意义，任何一种形式语义学（一种或多或少将语义数学化的理论）永远也无法将无穷多的可能收集齐全。在科技哲学领域，要理解使用优先，就必须采取同样的策略：汽车、手机和洗衣机具有丰富的、复杂的意义，这个意义由多种条件决定，同时也具有亲密意义、道德意义和政治意义。但是，只有当这些产品的用途和产品的适用融入我们的生活方式，融入这个十分复杂的结构时，这些产品才具有上述含义。我们应该想着改变一下家里的人工制品，从而调整室内的风格。艾尔伯特·鲍尔格曼（1992）就是这么做的，他主要关注电视机，这是许多家庭生活方式的核心要素。使用电视机或汽车让整个"可能做到的事"的结构发生了改变。我们不能在精神上忽略这些对"设备"的选择，这是对生活的选择，因为人工制品组成了科技智人生活方式的结构，而且，科技智人越是意识不到，人工制品就越能有效地组成生活方式的结构。

重新适用，比如演奏，源于每件人工制品的工具性。艾尔伯特·鲍尔格曼（1984）准确地定义了科技的实用性这一与生俱来的功能：科技的天性就是服务过程中的高效，就是最迅速、最便捷地提供某种服务、满足某种需求或者提供某种安慰和娱乐。科技的这一价值在英语里的表述是"the availability of commodities"："使用我们可能需要的东西"，"产品和服务的可利用性"。

与语言一样，组成了人类生活方式的科技不能只归结到实用性。因为科技中涉及的使用不是中性的，而是一种无止境的、承载着意义并且产生意义的适用。这是一种存在性的介入。使用一辆汽车或一台电脑时，人与人工制品的亲密关系拥有无法削减的厚度，产品的存在与产品的实用性不可分割：使用一台难看的电话与使用一台漂亮的电话不是一回事。在此基础上，我们更能理解为什么人们会购买"实际上不需要的"东西，为什么他们会"因为开心"而使用这些东西。

透明原则

最完美的情况是，工具性让人们遗忘工具的存在。实用性和适用程度达到最高点时，人工制品就会变透明。根据非常著名的哲学辩证法，最完美的媒介会抹去自己的痕迹，从而留下或真或假的即时关系。我把这条人与科技产品的关系法则叫作"透明原则"。对于人工制品来说，透明完美地实现了工具性，同时还实现了人工制品的适用。如今，数字透明实现了全球化和普遍化（人们用英语单词"pervasive"来表示这一特点）。数字透明为个人和集体行动者带来了惊人的力量，同时迅速适应用户，与用户建立了十分亲密的关系。这些结果对科技智人提出了一些基本的价值问题，这些问题既有伦理方面的（Ess，2010），又有政治方面的（Brin，1999）。

我们知道，用处只是人工制品的一方面，但也是我们应该注意的一方面。这是因为产品的用处既重要，又不明显。所以，人工制品不完全是一件物，而是一种手段，一台设备（英语：a device），也就是一种指涉其他事物的存在，而且会在满足需要的指涉功能中消耗自己的存在。科技产品是实现某种意图的手段，是以完成另一件事为目标的手段。科技溶解于这一目标，不让人们察觉自己是十分有效的手段。重点在于我读的书，而不在于我用的眼镜；我出发是为了度假，不是为了开车；让我激动的是比赛，不是我看的屏幕；重要的是我写的文章，不是我敲击的"键盘"；征服我的是睡意，不是我刚刚吞下的药片，而且我已经忘了是什么起的作用。

　　说到这里，我们要再一次提到海德格尔。在与透明的技术手段有关的分析中，艾尔伯特·鲍尔格曼结合了几页海德格尔对不起眼的物品所做的最精彩的论述。我们已经无法"察觉"这些不起眼的物品了，只有艺术家为我们揭示其本质。水壶已无法引起人们的注意。从形状来看，它出自某位陶器制造者之手；从物品的历史看，水壶的历史贯穿了一个家族的历史；从来源、意义看……水壶是一种器皿，一种盛水的容器，一种与塑料瓶类似的工具（塑料瓶要轻得多，而且可以反复密封）。如果我们在物品中只看到一种使用手段（device），那么更"方便"的塑料瓶就会取代长颈瓶和水壶。我们住在这个世界，这个世界由为我们服务的物品组成，但是有时，这些物品只是服务的提供者，没有其他方面的功能。鲍尔格曼把这种现象叫作"the pervasive transformation of things into devices"[63]，即物品向着服务提供者的普遍性转变。正是因为物品成了服务提供者，所以人们看不见物品，物品变得透明。

　　从现象学来看，阅读过程中意义的即时在场，音像传媒上画面的即时意义，都是科技媒介融入身体的范例。融入身体的媒介是透明的，为意义、内容、文化和人类服务。正因为书本或亲笔信（低科技），电影或CD（高科技）是透明的，我们才能立刻存在于这些物品将我们送达的世界。"自动驾驶好比身体的外延。在这种情况下"，唐·伊德解释道，"我想感受世界，就好像世界与我之间没有科技"。[64]

沉醉于透明的同时，我们仍然需留意人工制品的厚重。人工制品的厚重存在于我们与世界之间，改变着世界。这种厚重可能是几乎看不见也感觉不到的隐形眼镜的厚重，可能是一台高效的机器的厚重，可能是化疗的厚重，可能是任何一种无法察觉其行动的纳米级产品的厚重。

我说话的对象是某个人而非电话。但是我也知道，自己是通过电话跟他说话。六个月之后，我会想起跟他说过的话。我能够确信那天告诉了他相关事宜。不过，我可能记不清楚是不是"亲口说的"，是在电话里还是在电子邮件里说的。在真实的交往经历中，科技媒介是透明的，但是我们依然可以感觉到它的透明：在电话里，我知道自己在跟一个缺席的人说话，我既看不见他的眼睛，也看不见他的笑容。也许，与他口头上交流对我来说更难一些——或者在某些情况下更简单一些。

更进一步说，如果我说话的对象是个骗子呢？如果我在电视上看到的，是为了影响我、被改造歪曲的内容呢？如果照片上的歌手不是录音的那个呢？如果飞机在飞行过程中爆炸了呢？如果存有所有工作文件的电脑死机了呢？科技媒介的透明隐藏着一股可怕的不透明的力量。通常，我们需要为这些害处负责，而且某应急措施实施起来并不困难：不要再说"我看到了"，而选择说"电视上是这么放的"；不要再说"X 事件"，而选择说"记者告诉我们的 X 事件的信息"；不要再认为坐在车上的动作或吞药片的动作微不足道；不要再以为只要你有什么事情要告诉别人，任何一个有手机的人就可以"随叫随到"；让我们培养一下自己对于科技透明的敏感程度，以免成为科技不透明的受害者。大多数施加于我们的影响都无法抵挡这些明智的措施，有时甚至连操控都不能。这些措施是以具体的、个人的科技智慧解决问题的开端。

清晰的头脑才能带来智慧：我们应该意识到围绕在身边的、十分密集的依赖网：能量依赖、信息依赖、经济依赖、团体依赖、心理依赖。当人工制品或科技系统正常运作时，它们是透明的。但是，当正常的运作停止或受到干扰时，它们就会变得更加不透明。这涉及当代人类生存的脆弱性：人类生存的科技支撑十分轻便，但是轻便中包含了潜在的威胁，而我们尚未完全意识到这一威胁。最近，哲学家马克·考科尔伯格（Mark Coeckelbergh，2013）提出把科技进化看作人类弱点的进化。弱点没有消失，但是新的弱点不断出现。当某种药物表现出毒性时，透明就会成为不透明。当舒适显示出危险时，科技便利的脆弱性就暴露了出来，而人几乎毫无防备。我们需要考虑一下，能不能以130公里/小时的速度在公路上滑翔。实际上，高速行驶也需要智慧，弄不好就会变得不透明，变成一场致命的事故。全球定位系统（Global Positioning System）是一项神奇的透明科技。全世界的人每天都通过手机、汽车来使用全球定位系统，飞行员和海员也在使用这项科技。GPS系统把地球上所有地方转换成地图上标明的地平坐标，把透明的地理空间变成定位。在定位科技便利、舒适、透明的背后，是这样一个事实：GPS是一项基本由美国掌控并且由美国军队控制的技术，全部"服务"或部分"服务"可以瞬间中止。

　　在所有提到的例子中，我们都可以采取行动，只要我们事先意识到当人居住在这个世界，科技透明原则是辩证的。透明与不透明的辩证法要求科技智人拥有清醒的认识，而清醒的认识就是初生的智慧。

2. 当下

重要的事就是要理解当下。共同进化这一概念可以帮助我们以上一章科技的静止状态为基础，对变化进行系统分析——变化是动态的。分析将包括科技所处的所有环境：不仅包括人的环境、文化环境——其中包括科学环境，也包括自然环境、生物环境。[65]科技智人参与了生物种群的运动：生物与人工制品的共同进化。

▶ ▷ 2.1 共同进化

人工制品的进化法则

我们用什么方法来描述共同进化的现象呢？上文 1.2 节中人工制品的分类可以确定进化的方向。

第一种结构十分简单，区分构成吸引极与排斥极的人工制品，就能够得到。

构成吸引极的人工制品有：

——纳米级人工制品：可以微型化，可以变得不可见并且可以不被察觉的产品（避孕套之后是避孕药）；

——服装：可以成为人体一部分的产品；手机和耳机是类服装，是服装的附属品；

——个人设备：可以分散为个人设备的集体机器（例如私家车，但不包括公共交通）；

——信息机器：信息型工作方式逐渐取代能量型工作方式（例如人们倾向于在网上下载音乐，而不是出门买一张唱片）。

构成排斥极的人工制品有：

——假体：人们更愿意通过外科手术矫正近视，而不愿意戴眼镜；

——基础设施：不再到处修建公路，不再不停地铺设新电缆，建设新电磁发射器；

——静态用具：独立工作的工具代替了耗费人力的工具，例如家用机器人；

——集体（能量型）机器：不再建造核电站。[66]

由此可以发现，进化流向是由排斥极到吸引极，而且当进化流向受益于先进的科技——电子技术和信息技术时，流向更加主动。

我们还可以列出一些法则，或者说解读当下时做出一些假设。

——微型化法则

人们排斥"体积庞大"的人工制品。电子技术被卷入微型化进程，推动了人工制品的微型化。于是某一特定类型的产品逐渐开始减小体积和质量：声音和画面的读取器和记录器、电脑、电话……甚至包括部分型号的汽车（虽然汽车的功能是运输）。微型化孕育出著名的游牧仪器，这些仪器定位的中心是身体而非家庭。这一代产品出现于家用电器之后：音乐、电话系统和信息技术逐渐成为身体的卫星而非建筑的卫星。

——去物质化法则

去除物质形式的实践就是去物质化。通过"去除产品的物质形式"，人们明白了自己正在向着某种真正的非物质——信息——转移，虽然信息的存储和传输方式是电子的，是物质的。如今，完成一笔金钱交易通常不需要操控货币，电脑负责交换数据，从而实现银行卡的转账或付款。金融经济只在电子渠道流通，比"实物"经济重要得多。音频在下载音乐文件的过程中去除了物质；人们写的书不再是一捆纸，而是硬盘上的磁道；企业规定电子化办公和"无纸张"工作，没收了复印机和打印机。

——融合法则

人工制品逐渐多功能化，一种产品取代了多种工具或机器：办公室的电脑取代了打字机、传真机、计算器以及无数文件、信件、档案的文件夹等；家用机器人擦丝、切菜、混合、搅拌等；多功能微波炉解冻、再加热、烘烤和自洁；手机从一开始就功能齐全，囊括了闹钟、备忘录、电子游戏以及现在的照相机、音乐播放器和浏览器，也就是说手机几乎提供了所有服务。融合法则带来的趋同迫使部分类别的人工制品不断进化，尤其是电子产品。

——简化法则

人工制品使用起来越来越简单，因为人们排斥复杂的操作步骤。电脑的进化就是个例子。简化操作的代价通常是产品自身复杂程度的大幅提升："操作简便"的电脑比从前的庞然大物性能更强；上手容易的汽车塞满了电子技术；我们的手机和相机有时有且只有一个命令键，但都是性能强大的电脑。

我们可以继续把这些进化法则总结为两条重要原则或者超级法则：

——信息化超级法则——质量和能量向信息转移：科技在运作过程中逐渐减少了对物质移动和能量消耗的依赖，增加了对信息处理的依赖。

——个人化超级法则——集体产品向个人产品转移，而且大部分情况下越来越接近人体。

经过大量远距离观察和简化，我们可以确定进化的方向：人工制品逐渐靠近我们，靠近我们的身体（个人化超级法则），靠近我们的精神（信息化超级法则）。科技智人离他们的科技越来越近。

一些物质上的进化障碍限制了上述趋势的发展：能量的产生和存储、污染、不可再生资源的管理。但是，最严重的问题不在于此，而在于这样一个事实：在这些进化的基本法则中，我们找不到列出一条限制法则的理由，这种限制可以源于人类、文化或哲学。科技的共同进化主要依赖与人的相互作用，但是相互之间的作用既不表现为自觉的、全面的控制，也不表现为限制，这里所说的限制可能是文明上的进化障碍或者间接的物质上的进化障碍。我们科技地居住在这个世界，但是并不是有意识地控制着科技的共同进化。我们不关心在人与世界的关系中起媒介作用的事物。我们从未对人工制品体系负责，但是人工制品体系却负责我们每天的生存。

共同进化

过去，人们经常注意到人造物进化论与生物进化论之间的相似之处。[67] 这两种理论在形式和部分结果上有相似之处，但在法则和机制上却完全不同。

人工制品共同进化，因为它们之间相互合作，而且还与人类相互合作。首先，人工制品之间存在合作，而且合作密切。关于这一点，人们可以查阅漫长的技术史，其中任意一个时间点都可以说明这种合作共同进化。[68] 锤子和钉子在功能上存在直接依赖关系；便携式电器和电池之间存在主动推进共同进化的接触面；随后出现了交错进行的共同进化，例如，当代汽车的发动机中，冶金、碳氢燃料、电子、陶瓷、塑料等科技推动了发动机的进化。吉尔伯特·西蒙栋、刘易斯·芒福德、雅克·埃吕尔详细地说明了技术对象从不单独存在，它们存在于某个整体内部，这个整体又组成了整个技术体系。所以技术对象也不会单独进化，它们共同进化。这些合作共同进化可以理解为适应：汽车和路面不停地相互适应；电话适应汽车（移动电话耳机）；电脑适应电子通信；

办公室适应电脑；城市适应适应城市的汽车……

进化的动力不是来源于自身，而是完全依赖与人的共同进化。如果说科技是人所固有的，那么别忘了，人也是科技所固有的。例如，电路不断发展进步，是因为一些人有了想法，另外一些人有钱，还有一些人有需要。科技的进化是科技与人的共同进化。这一现象不是单方面的因果关系造成的，我们至少应该把这一现象看作双方的相互作用，或者看作一个共生系统，一个相互作用的网络，这个网络是合作共同进化的特点。电路的进化要求电子专业的学生学业有成，反过来，正是因为学生拥有高性能的电子系统（电脑、通信设备……），所以他们更出色。

通常，人对用途的重视使人工制品适应世界，从而将它们放入一个存在龛；反过来，人工制品进入存在龛后，也为人开启了新的生活形式。因此，电脑变得易携带、易操作之后，我们可以采用不同的生活方式或工作形式。存在龛的竞争为人工制品进化论提供了竞争机制。这种竞争机制对于选择来说是必不可少的。如果没有选择，就不会出现进化，只会出现新生事物的不断堆积。竞争既不是为了食物，也不是为了生物繁殖，而是为了进入确保"生存"和"繁殖"的存在龛。所以，我们可以说科技产品的进化是"自然"进化，甚至是符合"达尔文主义"的进化：进化的原因可能是突变，有时突变是偶然发生的；也可能是与达尔文理论中自然选择一样残酷无情的经济和人类社会的选择。

上述内容涉及人工制品之间的竞争共同进化。科技体系和现有的人工制品包含了许多品种，其中部分产品是为了某种目的出现的，是研究和探索的成果，有时也可能为了适合某种用途，为了适应使用者和环境而出现；其他产品则是无意中出现的，因为偶然、误用、挪用或其他原因而出现。这些变种构成了一个新品库，构成了多种多样的科技产品，其中部分品种受研发实验室保护，另一部分分散在自然界；这些变种之间开始了有意无意地竞争，竞争的原理类似于市场原理，这里的市场是一个使用市场：某市民有两辆车，他开了较小的一辆去购物；某园丁更喜欢用塑料柄的工具，不喜欢木柄的工具；某少年更喜欢用手机发送邮件，不喜欢用家庭电脑；某位农民用的手机曾以城市高级干部为目标人群；某电子乐迷在电脑上听音乐，而不用高保真音响听音乐；某员工在笔记本上使用表格软件，而不使用数据库……竞争体系中，某些变种导致了选择现象：后来，体积庞大的汽车不常用，那就把它卖了吧；后来，没人在家里用"大"电脑了，我们可以摆脱它；后来，我们决定购买一台性能良好的电脑来播放音乐文件，而不是"室内音响"；后来，最新的软件系列可能不需要包含数据库；后来，人们需要尽快在农村地区覆盖手机信号；后来，人们必须改变工具的手柄、椅套、把手的形状、音响扩音器的颜色、酸奶的含糖量……

选择体系本身是盲目的，没有任何明确的目标，也没有任何意图：它不考虑营利性、实用性或者其他明确的价值。而且，这一体系在很大程度上受到偶然因素和非理性因素的影响。但是，这些并不妨碍选择体系进行高效的选择……这与自然选择一模一样。

　　现在，我们还要再往上述模型中添加一条共同进化的相互性。汽车与人接触后发生了变化（驾驶操作更简单，安全系数更高，体验更舒适，外观更有新意也更加多样），人与汽车接触后也发生了变化（活动更方便，更像游牧民，危险意识更强，身体耐力更差，接受了混凝土和沥青中的生活）；人与电脑接触后发生了变化（更严谨，记忆力更差，更爱玩），电脑和人接触后也发生了变化（使用起来更方便，更令人开心，更好玩）。所以，在共同进化中寻找单方面的决定作用或寻找明确的目标可能都是荒唐的。

　　但是，我们从中还是看到了别的问题：从人的角度看，共同进化中的变化并不都是"改善"。如果科技进步就是指人工制品的共同进化，如果严格意义上的进步就是指人与人工制品的共同进化，那么是否意味着科技进步并不都是进步，或者说并不都是严格意义上的进步呢？

"进步"

　　很少有概念与进步这个概念一样属于意识形态。有人简单地把进步同科技混淆在一起，这是草率的分析。科技没有触及的领域，"进步"可能也不会触及；某项科技的反对者可能也是"进步"的反对者……进步概念的政治性严重干扰了其含义：一些内战中最血腥的政党有时被称作"进步者"，提高自由资本主义社会再分配的拥护者有时被叫作"进步力量"。我们还有机会把进步这个概念"拉下神坛"吗？

　　因为我们对进步抱有一种信仰，所以总会找到解决人的问题的技术方法，但是这是一种半信仰，它既可以被当作半满的水瓶，也可以被当作半空的水瓶……但是瓶子里的内容是一样的。我们问自己有没有理由继续怀揣信仰，而从不放弃信仰。这种进步的想法源于乐观主义——有时也源于空想主义——一种刻在犹太基督教血统里的乐观主义。后来，乐观主义又进一步深入人心。现代之初，哲学家弗朗西斯·培根和勒内·笛卡儿倡导乐观主义。工业革命之后，卡尔·马克思进行了"科学的"再阐释，又根据市场经济对广告做了阐释，这些阐释也为乐观主义提供了支撑；最终，乐观主义成了一种模糊的进步观念，从此，美国的科技空想主义就把这种观念植入了"全球"意识。从历史上看，知识、手艺、物质享受，可能还有幸福，似乎都随着时间不断增长。这条上升曲线上出现的所有转折点都是不正常的，必须通过改革或革命、新的法律或新的战争来进行矫正。

　　历史学家发现，"1750 年的英国人在物质生活上与恺撒军团的士兵更相似，与自己的曾孙反而相差甚远"[69]。这不是说历史出现了断层，而是说科技的范围"从电视机一直延伸到光芒四射的火石"[70]，加快了历史的进程。这里的"逐渐"表示延续性。物质进步也好，技术进步也好，科技进步也好，在一开始都不是讨论的主题，而是史实，是人种学上的事实。[71]

　　这一事实还未进入意识形态，不过已十分接近：进步是一个精彩的现代故事，是现代起源的故事。我聆听了一场围绕这个"起源的故事"的演讲。或许大家都知道这场演讲，也认同其中的内容。这场演讲可以是虚拟的，也可以是真实的，它按照叙事顺序讲述了现代的起源（通过"讲述一段历史"或"几段历史"）。进步的故事描绘了当下，并且赋予其意义，让人们期待一个更加美好的未来。正如 20 世纪五六十年代的社会学家所说，故事的"结构像神话，作用像神话"。

　　进步的故事是线性的。记录这个故事的文明中已经出现了科技，因为只有印刷术才能书写。马歇尔·麦克卢汉（Marshall McLuhan）明确指出："叙事意识中按部就班的进步与语言以及意识的本质毫不相干，但是与印刷品的本质关系密切。"[72] 我们像书写一部规整的纸质书一样书写进步，我们像阅读书里的进步一样阅读现实中的进步，就像英语中说的"by the book"（根据书本）一样。人工制品创造了自己的故事模板：书籍。人类在世上的科技生活创造了自己的思考方式：进步的故事。

　　在笛卡儿（1637）和孔多塞（1794）的时代，理性和启蒙思想赶走了进步。18 世纪，进步成为政治哲学的中心主题。19 世纪，进步是企业哲学和社会哲学的中心主题，并且作为教条、宗教和科学轮番出现。最经典的讨论进步的专著，是 1910 年出版的儒勒·德尔瓦耶（Jules Delvaille）的博士论文。这篇论文中，"进步"的首字母"P"是大写字母，从纸的一头写到另外一头。这部专著恰好是第一次世界大战前撰写的，而在第一次世界大战期间，技术将在欧洲发挥最糟糕的一面。进步之所以失去了首字母大写的权利，或许是为了纪念这场荒唐的战争和它的杀人技术？

　　20 世纪初的历史学家儒勒·德尔瓦耶（1910）和该世纪末的哲学家弗里德里希·拉普（Friedrich Rapp, 1992）提出了相同的解释：进步的概念在本质上不是阐释性的，不是（对过去或现在的）解读，而是一种服务于筹划的动力。进步首先是进步的筹划。康德的调节性原理为我们理解进步的概念提供了哲学框架。在调节性原理中，进步被赋予了十分明确的地位：进步是一种精神，是一种整体观念，它既不妄想成为对现实的科学认识，但也不是简单的主观阐释；在一种文化处于精神稳定的状态时，进步的作用是实现统一，确定方向，为维护认知、认知筹划和行动筹划的秩序提供规则。调节性原理也是一种康德意义上的"实践"原理，属于道德范围。[73]

因此，共同进化中一个十分重要的方面展现在我们面前：政治层面，这里所说的政治表示与集体行动、共同计划以及共同价值、公共规则、约束相关的事物。进步这个概念主要是一种政治观念。现代性这个概念就是一个政治问题。我们可能需要一种新的现代性，这一需求提出了一个与社会、经济和科技之间的碰撞有关的政治问题。[74] 所以，在"自反的现代化"（现代化的现代化）理论中，进步的故事可能会有后续发展，而且后续发展可能属于政治行动：欧洲继续社会民主主义的同时，由于市场经济发展的转变，富裕的社会朝着改良主义和意志主义转变。

但是，这不是再一次投入到了神话的怀抱吗？"当然！"社会民主主义和改良资本主义的反对者肯定会这么说。例如，美国有所大学的马克思主义思想家克里斯托弗·拉什（Christopher Lasch）揭示了进步是一种完全虚假的、想象的价值观，没有任何现实基础。[75] 维克多·斯卡迪格利（Victor Scardigli，1992）的社会学思想也支持上述观点，他的思想在社会问题上的立场没有那么鲜明，但是加入了实地研究，所以更有说服力，例如：进步是集体想象出来的东西，这个想象物是讲述工业和商业社会起源的神话故事。科技文明中非常隐晦的集体宣传强迫我们接受进步。

如果关于起源的神话故事暴露出幻象的本质，同时为了改善所有人的生存，这个故事又被拿来动员群众的话，那么文明就会发生动荡。最后，我们一开始提到的瓶子究竟是半满或半空呢？

但是，现代生物学告诉我们进化不一定是改善。在微波炉里再加热的塑料食品盒没有改善从前的砂锅。灵长目动物也不比恐龙高级。让我们把人工制品的历史理解为一个共同进化的体系：物与物之间、人工制品与相互关联的人类之间、人类与人类之间的共同进化。每一次共同进化都可以投射到不同的参考轴上——资源利用率、经济效益、持久性、可获取率……——但是这些参考轴都不是绝对的。对于观察者来说，这些参考轴也没有先后，因为他们的视角不同于行动者的视角。在共同进化中，虽然有外在的绝对价值作为参考，但是我们依然无法找到一条能以一种绝对的口吻衡量"进步"的、或者说表示改善的参考轴。[76]

科技实践

科技的共同进化在存在龛和文化龛内部进行，每一次这些存在龛和文化龛都是特定的。我们可以和阿诺德·佩西（Arnold Pacey，1983）一起，追踪与摩托雪橇有关的共同进化。在爱斯基摩社会，摩托雪橇适应了爱斯基摩人的打猎活动和出行。对于加拿大护林人来说，摩托雪橇是开发森林时的交通工具。在美国的滑雪场，摩托雪橇……和其他科技一样，佩西也在分析中区分了摩托雪橇包含的三个相互作用的方面：文化层面（筹划、价值、信仰……）、组织层面（生产结构、劳动结构、消费结构……）以及严格意义上的技术层面（知识、工具、机器、化学产品……）。科技始终是一种科技实践（technology practice）。在科技实践中，上述任何一个方面都不是首要决定因素。

思考了人工制品的使用和适用之后，我们就能明白为什么这么多关于科技在社会中的融入的分析存在严重缺陷，为什么这么多关于科技创新或技术转让的研究没有任何结果：我们只考虑了科技的技术层面，没有考虑文化和组织层面。阿诺德·佩西在案例研究的基础上揭示了上述问题。他以印度的水泵安装为研究案例：不管（西方）工程师带来了什么改进技术，没过多久水泵都会炸裂。直到人们考虑了地方组织以及水泵在使用和维护时的实际情况，问题才得以解决。人们发现，如果在村长或任何一个细心保养水泵的人家里安装水泵，水泵就保养得很好；如果在一条人人都会经过的小路上安装水泵，水泵很快就报废了。[77] 由于技术转让而得以修建的水泵和村社共同发展，这就表明人工制品的文化融合表现为人工制品适用于个人和集体；人工制品只能被安置在一个特定的社会龛和存在龛。既然水泵负责人的情况因为这一产品的存在而改变，那么社会和存在的进化一定会发生。这个故事具有典型意义：不要再为了解决存在进化、社会进化和组织进化的问题而寻求技术手段（technical fix，为了让产品恢复工作状态，在细节上进行技术修复），也不要再把进步史当作一段技术手段的历史来阅读。阿诺德·佩西提议重读英国工业革命，这是伟大的现代故事中一个光辉的片段：起决定作用的是工厂（factory）的生产结构，而不是蒸汽机。早期纺织厂的机器依靠水或动物的牵引转动，但是蒸汽机的效率源自纪律、分工、资金流以及提供生产和消费的人群，而不是能源。[78]

伟大的进步故事总是把技术发展说成原因，把社会发展说成结果。这是一种政治教条，或者说得更难听一点，是一种顺从的思想：人类无法停止进步，我们必须适应进步。如果反过来，共同进化是科技与人类之间，是自然、文化、知识、筹划、价值等各方面之间复杂的相互作用所形成的体系，那么一种超越顺从的智慧，一种能够计划下一步行动的智慧就会成为可能。

曼纽尔·卡斯特尔（Manuel Castells）引用了一句克朗茨伯格（Kranzberg）的法则，这条法则很具有很强的说服力：科技本身非善非恶，但也不是中立的。[79] 这就是为什么今天的科技时代留下一个疑问。它没有被写进任何一个伟大故事，没有被写进科技进步的光辉历史，没有被写进科技带来衰落的黑暗历史，也没有被写进其他故事。可是，它又不是中立的。

▶▷　2.2　分界

人类科技地生活在自然界，人类自然地生活在科技中，关键就在于分界。"分界"这个词的所有含义用在这里都很恰当：某一范围的边界、可能产生新物质的干涉条纹、激起战斗的前线。

自然是人类和科技共同进化的环境，也是最大的环境，所以这里出现了一个三层的共同进化体系：人类 / 科技 / 自然。由此可以确定共同进化中的三条分界线：人类与科技之间、科技与自然之间、人与自然之间的分界线。

自然与人工制品

科技 / 自然的分界线上，科技似乎是人工的象征。从此，第三个术语自然就只能作为一个反面参与进来：人工制品是区别于天然的人工吗？是与天然相对的人工吗？是替代了或将会替代天然的人工吗？

"感冒不严重。"医生对重新穿好衣服的病人说，"人体会自我防御，不过需要一周才会产生抗体。有了抗生素，一周就好了！"幸好我们有抗生素，病人一边想一边掏出他的银行卡。

我们真的走到这一步了吗？我们创造了一个百分之百的人造领域吗？这个领域以非自然的方式让我们感到安心，但是有没有让我们与自然、现实、生活隔绝了呢？我们是人工地居住在地球上吗？这些问题我们都不能确定。分析自然的意识形态价值或许是明智的，因为除了科学和进步这两个概念经常作为意识形态的代表，天然 / 人工的二元性也处于代表的前列。[80]

一切又要从亚里士多德开始说起。我们记得，亚里士多德的《物理学》[81]把存在这个整体切割成两部分，一部分存在的产生和进化原则是内在的，另一部分的原则是外在的。"Phusis"，或者说大自然，由自身具有生成原则的存在组成。而"Technê"，也就是技术或者古人所说的"艺术"，由依赖外在的生成原则的存在组成。树木属于大自然，独自发芽，独自生长。木床属于"Technê"，因为它需要木匠。这一区分似乎无法反驳，它让我们把所有存在分为"天然的"和"人工的"。树是天然的，床是人工的。

亚里士多德没有遗漏最基本的观察：制作木床的木材来自树。所以，技术生产"产品"的基础是大自然提供的资源（石头、木头、矿石……）。人造存在由天然物质构成，而天然物质经历了（人为）转换的过程。这是一种看起来有迹可循，又清楚明白的本体论。

亚里士多德不曾生活在大树下，也不曾只食用树上的果实。他住在房子里，吃着精美的菜肴和奶酪（非常古老的乳制品加工技术），喝着不是从泉水里流出来的红酒，穿着织好的衣服还有凉鞋。不过，亚里士多德的哲学问题不在于描绘他的环境，而在于形而上地自问存在的起源和生成原则。自然／技术的二元性回答了这个形而上的问题。

我们的分析不考虑这个问题。分析的出发点是另一种需求：科技智人可能对更加准确地描绘真实环境，以及摒弃自己生活在"大自然"中的想法感兴趣。因为自然、天然的东西（土壤、寒冷、雨水、天然食品……）不是人类的自然环境。我们不是直接走在地上，而是穿着鞋子走路，而且鞋子通常踩在柏油、混凝土、瓷砖、地板、地毯上。我们饮用的水经过了处理和检测，呼吸的（室外）空气受到监测，（室内空气）经过加热而且加了香氛，食用的食物经过检测，符合食用标准，最后又经过消毒，或者至少被洗过。我们与天然产品的关系由卫生和健康掌控。天然的东西甚至可以这样定义：接触之后需要洗手的东西（土壤、动物和其他）。

科技智人的直接环境不是自然，也不是与人工制品"互补"的自然：柏油或地板不是大地的互补品，而是替代品。我们的环境是一个不断融合自然和人工制品的连续体。新石器时代以来种植的植物，比如草坪和苜蓿，篱笆、田野、森林（除了原始森林）就提供了一个例证；或许人类最好的朋友，比如狗和奶牛，以及所有出自人类之手的生物产品也是一个例子。

区分天然/人工是空洞的，下面这两句陈述就清楚地暴露了这种空洞，虽然这两句话意思相反："一切都是天然的"，"一切都是人工的"。归根结底，速冻汉堡的成分都是天然的，朗德森林完全是人造的。所以我们需要注意一下自己的说法。第一次被带到乡下的城里孩子可能以为那里的一切，道路、田野、牧场、奶牛、篱笆、水井、村庄和钟楼，都是"天然的"，这些东西从前就在那里，而且一直独自生长。这时必须指出他的错误。长大后的城里孩子可能以为，"盖瑞格特"（Gariguettes）草莓产自某位加泰罗尼亚老爷爷的原生态花园，他亲自照料这些草莓。这时必须指出他的错误：草莓产自实验室，实验室位于阿维尼翁的法国农业科学院（INRA）（盖瑞格特品种于1977年研发成功）。在我看来，实验室的盖瑞格特草莓虽然不是"天然"草莓，但是味道似乎也不错。

上述与"天然"有关的想法只是一个例子，背后则是一种更为普遍的意识形态现象。所有文明都用"自然"秩序解释自己的秩序和规划。[82] 社会秩序往往会显示自己只是延续了自然秩序，从而树立威信，如果违背自然秩序就会变得荒唐可笑。下面这种假设就算倒过来也说得通：某个文明对于自然秩序的理解有效地决定了它的社会秩序。

自然秩序自然化人类实践的例子并不少。

——亚里士多德（和基督教）学说中，传统印象里的自然孕育出善良美好的人类和物种。同样地，人类通过配种和选种技术改良植物和动物品种。

——达尔文认为，自然凭借残酷的选择和生存竞争向前发展。英国工业革命中残酷的社会秩序也是如此。

——从遗传学角度看，脱氧核糖核酸是天然的超级电脑，所以同样地，人类干预基因排列，插入更优秀的基因（转基因）。

天然的东西不是中性的参考，不是我们衡量人工制品人造程度的参考。它是每个时代都会变化的神话。

为了把科技／自然的对立性"去妖魔化"，让我们试想一下人造产品的天然性，这个概念描绘了人类所处的真实环境。让我们重新从人工制品的分类开始。在出现"天然的人工制品"的分界线上，我们的主要发现是食物：烹制的菜肴，啤酒、红酒和所有发酵饮料，这些食物都运用了非常古老的生物技术。它们真的属于人工制品吗？或许有人迫不及待地想回答：不是，这些是"天然的存在"，只是经过了加工，所以它们是转天然产品。但是按照这种说法，汽车和电脑也是转天然产品，只是比薯条和牛排多了几道加工工序，但"本质"都是一样的。

我们可以把食物看作可食用的实用产品，可以直接从大自然中获取（野草莓），可以通过低科技生产出来（传统手法制作的面包），也可以通过高科技生产出来（速冻食品）。栽培的植物构成了生命体，家养动物则是真正的活机器（这些动物负责供给食物、看守、干力气活）。对于人类文明的物质文化来说，这些植物和动物都必不可少。人类文化"耕种"、饲养、驯服、选择有生命的人工制品——主要目的是食用。这类生物产品位列人类/科技的共同进化的吸引极，因为即使回到新石器时代，这些生物技术依然是当务之急。有生命的人工制品已经构成了一个完整的工业。

关于科技/自然的分界线上发生了什么，合成品可以帮助我们看得更细致。合成品是科技生产出来的产品，基本的原材料是正常情况下大自然生产出来的或者可能生产出来的东西。人们沿用了亚里士多德的分析。卡尔·米切姆（Carl Mitcham）指出，如果一件产品实际上不是科技"制造"的，而是科技"处理过"的，那么化学家一般称之为合成品而不是人造产品。换句话说，这件产品经历了一个科技化的进化过程，这个过程类似于天然的成形过程。[83] 所以合成品是天然物的接班人，甚至可能是天然物的一种形态。阿司匹林是一个典型的例子：古代医学使用的白柳煎剂中就已经出现了阿司匹林的有效成分（乙酰水杨酸）；20世纪，人们经过分析，用更常见的原料合成了阿司匹林。在分子结构上，合成的阿司匹林和天然物质之间并无差别，它是"合成的天然存在"。直接混合氢气和氧气之后得到的水是合成的，但不是人造的，而且毫无疑问，它也不是天然的。

尽管"处理"（process）这些人工产品的过程中有科技的加入，但是这些产品是天然的，是天然的合成物而不是人造产品。吉尔伯特·西蒙栋[84] 写道，技术对象属于"被生产出来的天然物"。人类生产（susciter）的能力是亚里士多德学说中"Phusis"（大自然）的等价物或者中转站。这就是自然和科技的分界线上发生的情况：自然能力与人类能力的结合产生了存在。

如果我们任凭"artifice"这个词的含义向"诡计、欺骗"靠拢，那么要理解自然/科技的分界线，只有人造产品是不够的。或者，我们需要重新定义人造产品，但是这个哲学任务可能会沦为字词上的简单争论，因为它与前后脱节了。[85]

但是当务之急不在于此，因为恐惧占领了人类和科技的分界线。生物技术造成了恐慌。恐惧的理由中有的是错的，有的是对的。错误的理由源于对"自然物"的混乱的认识。我们刚刚谈到过这些认识，而且我们应该可以制止这种错误的想法。正确的理由属于另一个范畴，而且这个范畴即将显示出自己的决定性作用：科技文明的政治经济。

ESB（Encéphalopathie Spongiforme Bovine，一般被称为"疯牛病"）、OGM（"转基因产品"）、20世纪80年代的艾滋病传播、冻卵技术、产前诊断、干细胞……这些生物技术问题涉及完全不相干的领域：农业和动物性食品、人类繁殖、生老病死、保险和社会成本、科学的局限、政治责任、宗教、金融犯罪……所有领域都在这里，它们相互纠缠，让人感到十分困惑。让我们理一下思路，从人们感到担心的最常见的理由开始说起，这也是错误最多的理由。

一些悲观的先知认为，人类似乎"越过了非生物和生物之间的障碍"？如果人们认为真的存在这样一个障碍或者一条界线，它是"未经许可禁止跨越的限制"，那么可以说生物技术越过了障碍：从此之后，人类掌控生物，就像工业时代以来人类掌控物质一样。[86] 我们已经是生活的"主人和所有者"了吗？这种说法轻率吗？我们有必要申请许可吗？向谁提出申请呢？虽然不能直接请教神灵本人，但是伦理委员会和生物伦理委员会自告奋勇，扮演了神灵的角色，还结合了神学家的角色。科技文明中彼世的代言人和伟大的价值观不比其他文明少。

基本的初步观察必不可少。使用有生命的人工制品，人类和植物或家养动物共同生活，与工具化的生物体进行必要的互动，这一切都不新鲜，也不是什么革新。新石器时代以来，智人通过科技融入生态圈，工业革命以后出现了科技大爆炸。人类文明中永恒的自然如今遭遇了其他力量和另一种逻辑的包围。人类与生态圈的结合，就是对天然存在的利用，而且这种结合变成了对天然存在的改动。所以人类不仅使用无机原材料，还使用植物（采摘和后来的农业，以人类对物种的选择为基础）、动物（打猎和后来的畜牧业，人类选种使物种发生巨大改变）、微生物（发酵饮料和奶酪中的酵母、显微镜下才能看到的细菌和真菌）。人类与生态圈的结合构成了物质文明。物质文明通过简单的途径（打猎和采摘）、复杂的途径（培育出绵羊之后纺织羊毛）或者深奥的途径（传统医学或现代医学），让自然为人类服务。

所以，生物技术实践不是近几十年突然出现的，但是几十年前，生物技术实践的意义已经变了：人类与生态圈的结合经历了工业化。如今所谓的"工业技术"不仅是工业化的结果，更是基因工程（ingénierie génétique）想法迅速实现的结果。从"ingénierie"这个来自英语的外来词中可以发现端倪：生命是"原材料"，经过了工业的处理。[87]那么疑问如下：在这个工业化过程中，问题真的在于人类与生态圈的结合吗？难道不在于工业化吗？老实说，我们不是真的害怕免疫抗生素或含有除草剂的玉米（这种玉米再怎么说也没有汽车尾气可怕），但是我们害怕把这些东西强加于我们的，或者推荐给我们的工业、经济、政治机制。我们怕得没错。生物技术确实存在问题，但这些问题既不是生物学上的问题，也不是科技问题，是政治经济方面的问题。我们确实有理由感到害怕。

这里涉及一个疑惑，而且这个疑惑一直挥之不去：我们提出的关于科技的问题是不是我们不愿意提及的非科技问题的线索？而且在这条自然和科技的分界线上，我们真正要谈论的是不是别的问题：公正、自由、民族、尊严、幸福？

让我们再来谈一谈转基因产品的问题，也就是"农业综合企业"问题。观察科技的哲学家们没有自欺欺人。多米尼克·布尔格（Dominique Bourg）[88]写道："如今，农业成为一种根除机能紊乱问题的固定术。"我们就从转基因产品这个完整的具有代表性的例子，去试着理解怎么样和为什么。

人类能够改变生物体的基因，最常见的方法是在携带基因的DNA 中加入从其他生物身上获得的基因。对基因的"操控"被大规模运用，因为它赋予了转基因产品一些特性，这些特性可以带来直接或间接的收益：增加产量或提高产品质量、免疫疾病或寄生虫、免疫人类使用的毒药，比如除草剂和杀虫剂。不管有没有得到官方许可，世界各地都大面积种植转基因产品[89]，尤其是北美洲和南美洲（玉米和大豆），还有亚洲。联合国支持转基因产品，认为转基因食品可以为第三世界的农业带来收益[90]。美国国家科学院也表示支持。[91]

但是，我们不可能对"转基因产品"一视同仁，必须对它们加以区分。区分之后许多好问题就出现了，所以不能把它们放进同一个口袋。[92]

——基因 A 可以让稻子在盐水里生长或者耐旱。这种基因带来的农业效益很明显，尤其是在第三世界。问题在于：谁来生产这种稻子？是出售（谁来卖？如何定价？）还是买断式授权？

——基因 B 产生的毒素可以灭虫。那么很明显会出现生态问题，因为昆虫对于部分植物的繁殖来说，是必不可少的。但是，在人类向昆虫公开宣战的背景下，这些合理的问题需要重新定位：这场战争从化学战争过渡到基因战争，产生了新的优势（减少了流入大自然的化学物质），同时也造成了新的缺陷（突变基因扩散）。针对优势和缺陷的分析首先应该是技术和科学上的分析。

——基因 C：免疫杀虫剂、除草剂、农药……摆在我们眼前的问题不再与技术或科学有关：出售这些杀虫剂、除草剂、农药的企业和出售免疫基因的企业是同一家吗？当然是同一家，而且在这种情况下，市场操控颠倒了基因操控的预计效果：实际上，我们会增加倒入大自然的化学物质，因为"好"植物免疫这些毒药。

——绝育基因 D（绰号"终结者"[93]）可以让人在没有重新购买的情况下，无法再次使用获得专利的植物品种。于是，市场操控成了基因操控的主要动机。我们曾经到达了宏观调控的极限。基因 D 带来的问题是一个全球性的政治经济问题。

——基因 E：免疫抗生素。由此产生的问题似乎是一个技术问题：作为基因转换过程中的标记物，这种基因很实用。但是从免疫基因的扩散来看，它具有潜在的危险。在人类与微生物的生态竞争中，免疫基因的扩散应该是政府的担忧，政府应该有能力调控直接的经济利益。基因 E 带来的问题其实是与公民健康有关的政策问题，也是政治经济问题。

或许我们应该期待，政治家这个概念发生变化，这样才能解决生态责任问题、公民健康问题、与个人经济利益相对的公平问题。我们已经可以得出结论，正确的害怕生物技术的理由在于，这些生物技术融入了人类文明的政治经济，在于它们的"切入角度"，而不在于与"生物技术"直接相关的问题。现在，生物技术从工业角度，或者确切地说，从"工业家"的角度进入了政治经济领域。人类的科技文明中有一个正在发展的产业——农业综合企业，它继承了上个时代的工业框架，并根据这个框架构想植物和动物的生产。1904 年，马克斯·韦伯（Max Weber）把现代人从抽象的角度，根据数量模型看待生命的奇迹、自然和土地的情况称为"世界幻想的破灭"。我们则更进一步。我们沿用经典的工业模型、生产者的模型，固执地追求增长，把这条原则当作教条。假设有一块面积确定的地，如何挣更多的钱？如何做到每年都比去年多挣钱？

　　转基因产品的问题向政治经济问题，以及科技选择的民主问题转移。克朗茨伯格法则适用于生物技术：首先生物技术不是中性的，它们最终会带来收益还是厄运反而是次要的。混乱之所以会到来，不是因为"魔法师的弟子"人数骤增（因为几千年以来我们一直都是魔法师的弟子），而是因为人类文明中部分领域与时代脱节。更重要的原因在于我们无法改变政治，无法改变信息和决策的功能。比起新科技的威胁，我们反而被过时的意识形态和机构压垮了。而且，我们因此陷入了困惑，无法思考新的约束，无法为个人和集体的选择定义一个新的基石。

　　但是，自然就在那儿，简单而宁静。任何一件人工制品都不会阻止我们接近自然。赤脚站在沙滩上，和一只野生动物在森林里擦肩而过，面朝沙漠、冰川。让我们忘了把我们带到这里的飞机或火车——但也不要忘得一干二净。科技手段也能让我们再一次与自然离得更近。它们可以成为一种媒介，尽管它们是透明的，但是不应该完全被遗忘。[94]

　　自然和科技产品不像汽油和水一样完全分离。有人认为，自然和科技产品之间的分界线是一种限制，规定了规范和禁令，但是这种形而上的想法既模糊，又让人感到困惑。实际上，这条分界线是进化的边缘，新事物会在这里突然出现。

科技与人

我正在描述一个三层的共同进化体系：人 / 科技 / 自然。刚刚我们看到，在科技 / 自然的分界线上，情况十分紧急，人必须有所意识，并且将意识最终化为行动和智慧的萌芽：把科技的去自然化"去妖魔化"。在人 / 科技的分界线上，我们必须做同样的工作：把科技的去人性化"去妖魔化"。

与自然的亲近、人工制品和人体之间的亲近（个人化超级法则），以及人工制品和人的精神之间的亲近（信息化超级法则），这些新的亲近的方式首先是"人性化"的，并没有去除人性。一开始，木棍延伸了手臂，石头加强了拳头的力量，这些例子清楚地表明"organon"（工具）和器官之间是和谐的：木棍和手臂类似，石头和拳头类似。我们之所以能够使用有形的工具，是因为人体是一个低级机器，而工具适应这个机器。[95] 智人通过有机体的接触面——人体，运用并操作具体的事物，而人体又与科技的接触面人工制品相结合（从木棍到遥控系统）。科技的接触面辅助人体，人工制品的发展则赋予了这个接触面越来越多能量和信息方面的性能。在发展的过程中，信息从另一端与人相连：精神。同样的道理，电脑以及科技越来越强大的信息功能可以表明，人正在使用信息化工具，这是因为人的精神可以被看成一种高级机器，具备和信息系统相互作用的能力。因此，科技产品进化的连续路线应该是从人体（低级机器），到人的思想（高级机器）。

让我们从人体开始说起。近距离接触人体的是医学：医学属于生物技术。生物医学这一领域可能是人／科技的分界线上最容易引发冲突的区域。

科技文明深刻地改变了"我"和人体的关系。可以肯定的是，科技智人对人性的理解也因此发生了改变。如今，成为"身体的主人"不仅要依靠苦行、体操、瑜伽等活动，还要依靠生物医学技术（药物、外科手术、假体以及减肥、肌肉锻炼、恢复青春的辅助疗程……）。"我"对身体的影响要比不依靠人工制品的条件下，意志、锻炼、身体保养对身体的影响大得多。但是，作为交换，"我"和人体的关系逐渐脱离了自己的意志。意志成了间接因素，人工制品、牵涉他人的行动、知识以及基础的科学、社会、经济结构把个人意志变成了媒介。在"我"和人体之间，生物技术作为第三方加入了进来。对此，我们还没有形成一种智慧。

实际思考之前，我们应该把田里的杂草除干净，然后估算一下自己打算种植的作物——"生物伦理学"——可以带来多少收益。科技文明没有道德共识，没有共同的伦理价值观。[96]世上存在许多道德价值，但是没有得到一致认可：这些价值观属于特定团体，比如宗教团体、思想团体或职业团体，也包括医学团体；也可能是职业道德（医生、记者、教师）。根据这些独特的价值观，人们就会抱有不同的态度。如果以后"生物伦理学"暴露出虚幻的本质，那么就更容易众说纷纭。但是，缺少道德共识（我们可以对此感到高兴或懊恼，但是这不重要）始终是一个基本背景。只要浏览一下出现的问题就可以确认这一点。

人的生育是一个正在普及化的生物医学产业，它遵循开／关的逻辑工作：避孕可以没有小孩，停止避孕可以有小孩。如果这两种技术还不够的话，还有各种助孕或流产的技术可供选择。现有的助孕技术一般会"生产"许多多余的胚胎。如何处理这些胚胎呢？我们有权利做什么呢？部分价值观认为，这些胚胎是"潜在的人"，虽然现在被冻住了。那么是不是应该为尚未出世的生物保留大量冰冻墓地呢？另一部分价值观认为，这些细胞团不在"父母的计划"之内，也不再是为了孕育一个人，所以可以杀死这些胚胎，因为在道德上，这个过程类似于自愿流产或佩戴子宫环（受精后避孕）。进而有人就认为，既然这些胚胎最终都会走向死亡，所以我们可以在它们身上进行科学实验，也就是在杀死胚胎之前做些有用的事。不同国家的法律，不同团体的活动正在这两个选项中做出选择。但是事实是，我们不知道自己想要什么。从道德上来说，从哲学上来说，我们不知道这些半人半科技的人工制品是什么。关于这一点，我们应该达成共识。

异种器官移植（把动物身上的器官移植到人身上）是生物医学在未来可能选择的一条道路。目前，有关人员正在研究不会在人体中引起异体排斥的转基因猪。而且在不久的将来，人可能会克隆自己的细胞，然后"在动物身上培育出"备用器官。一些价值观认为，这是一种可恨的行为。另一些价值观认为，拯救人的生命，改进人的身体肯定是好事，而且从道德上看，这些基因产品和动物血清制成的疫苗是类似的。说到这里，关于这个困惑，想必所有人都能达成共识，这既是道德上的也是哲学上的困惑。

为了根除某些遗传病，或者为了抑制引发某些症状的先天因素，科技重组基因组，干预人的基因型。一些价值观认为，这是一种优生学的实践，触犯了一块神圣的领地。另一些价值观认为，这些技术只是通过其他手段，继续根治疾病，就像从前根治天花一样，就像从前的疫苗和预防措施一样。至于疫苗和预防措施，已经没有人会严肃地提出质疑。[97] 但是，在能否直接干预人的基因型的问题上，人们没有达成一致，这是基本背景。

上述例子中，我们可能忍不住会想，尚未达成的道德共识也许正在成形，说到底这只是时间问题，是人适应科技变化的问题。第一条木腿，疫苗的第一次注射，第一次心脏移植都产生了同样新奇的效果，后来，我们让人在自己心中的形象"适应了"科技能够在人/科技的分界线上做到的事。人和科技与新型人工制品融为一体，这一点的确已经获得了共识。以体外受精作为最新的例子：如今，体外受精的小"胚胎"和其他孩子一样，这一点毫无疑问。按照假设，我们或许会产生价值观上的问题，但是这个问题很小，人们只是来不及适应科技的发展——"您觉得自己还没做好吃猪肝的准备吗？菜就要上了！"

自从亚瑟·C.克拉克（Arthur C. Clarke）引入了"电子人"（cyborg）的概念，这些半人半科技的存在就一直在科幻小说中出现，从马口铁机器人，到分辨不出真假的基因产品［雷德利·斯科特于 1982 年执导的《银翼杀手》（Blade Runner）中的复制人[98]］。电子人总是想反抗人。从 1872 年塞缪尔·巴特勒（Samuel Butler）的《埃瑞璜》（Erewhon）开始，警告也变得如出一辙：机器变得越来越智能，将要超越人。人们最早用"权力"这个字眼表达去人性化。人将不再是主人，人的科技文明将"失去人性"，从人将变成服务于机器、电脑、科技的手段来看就更是如此。"人工智能"是信息技术的前景，人们期待着这一技术的实现，它一直是科技想象物中的热门主题。就要实现人工智能了，再加把劲儿，我们本该在 2000 年实现的[99]……

科技可以与人共享"思考"的能力吗？科技智人会和拥有相同智力的人工智能在星球上共存吗——如果有一天科技智人离开了地球，还会和人工智能共存吗？这个问题涉及的哲学思想有些太过专业。但是如果把问题放大，就可以根据约翰·豪奇兰德（John Haugeland）[100] 的立场找到位置。他认为，机器不能"思考"的想法就是一种意识形态立场，是让所有分析变得荒唐的哲学偏见：如果我们一开始就认为只有人才思考，那么，从定义上看，不是人的东西自然就不思考。很多时候我们都可以说计算器计算的时候"不思考"，而人"通过思考"来计算；但是如果是和一台电脑下棋，我们就不太容易承认自己经常被一台不"思考"的电脑打败。如果说如今机器能够做到的事不一定需要思考，比如打败象棋专家或者在迷雾中让飞机降落，那是因为我们所谓的"思考"在科技身上似乎不适用——或者是因为在不同的阶段，都会有虚伪的人重新修改思考的定义，从而把机器已经胜任的事情排除在"思考"之外，从而不停地让人一知半解的领域延伸得更远。

现在，对我来说重要的只有一个结果：共识的缺席。哲学共识和道德共识的缺席伴随人工智能而生。关于人工智能，人的精神的相似物，我们没有达成共识。同样地，关于生物技术产品，人体的相似物，我们也没有达成共识。

最终，科技与人之间，身体与精神之间的气氛跟科技与自然的分界线上一样紧张。对于那些萦绕在大众脑海中的产品（从异种器官移植到相当智能的电脑），人们都抱有一种恐惧，害怕人工制品会让人失去人性。而且，当代人处于概念模糊的状态，这种状态有利于意识形态。

暴力似乎常常是解决恐惧的办法。19世纪初，英国勒德分子的反抗方式是单纯地破坏机器，他们控告机器偷走了人的工作。[101]"只要我们能做到，就让我们破坏所有机器吧。"塞缪尔·巴特勒让《埃瑞璜》的人物如是说。因为机器从人那儿偷走的东西远比工作多得多。机器占据了人的位置，占据了高级物种的位置。[102]如果《埃瑞璜》的预言一定会成真，那么毫无疑问，21世纪的人与这个预言的距离要比19世纪的塞缪尔·巴特勒近得多。

要想做出评价，仅对事实做出判断是不够的，还应该回到恐惧的源头。我们的恐惧源自一种哲学上的失望。天堂，伊甸园这座天堂不见了，幸福完美的人本应该拥有的"自然状态"不见了。[103]这个神话出现在法兰西文化中，同时也出现在许多文化中；但是，在法兰西文化中，这个神话多亏了让－雅克·卢梭的解读。虽然卢梭的解读存在争议，但是依然频繁出现。作为开创浪漫主义流派的启蒙时代思想家，卢梭在哲学上对古典主义理性构建的乌托邦提出了最入理的反对意见。现在，我们应该重新正确地把握卢梭的思想。卢梭不仅认为人是"堕落的动物"，他们在建立社会的同时，腐化了人身上善的本性，同时他也认为，并且在《爱弥儿》中明确表示，人在意识中依然拥有无法改变的善的本性，而且只能靠自己重新认识自己是谁，以及自己可能变成谁。真正的回归自然应该是回归良知，其实就是回到人的本性，也就是回到人的建设计划，用人的潜力中最好的部分建设人的计划。让我们失去人性的不是社会，不是进步，也不是人工制品，而是计划——其实是计划的缺席——因为没有计划，所以我们任凭社会、进步程度和人工制品不断发展。我们不是只会去自然化的自然生物；我们是一种可以不断改进的生物，以完善性为己任。可靠的人，有人计划的人不应惧怕科技。当科技在没有人的计划的情况下向前发展，而且人对此感到害怕时，那么我们应该控诉和破坏的就不是科技。人没有和物或人工制品交战。只是我们必须换一种方法思考人和物之间的关系，而不要把两者间的关系简单地看作本质的排斥。我们不能仍旧满足于把人定义为不是物的东西，把物定义为不是人的东西——总是"从本质上看"。我们统治物和自然的习惯应该受到质疑。我们的"低级兄弟"，非人的自然存在和非人的人工制品应该站在一个更像兄弟的位置，这个位置应该成为科技智慧的支柱。不是人并不意味着什么都不是。20世纪60年代末，吉尔伯特·西蒙栋已经表述得十分清楚了，但是我们一直没有认真思考这一点："因此，科技对象融入文化的首要条件，是人既不比科技对象低级，也不比它们高级；是人可以靠近科技对象，并学着认识它们，建立起一种平等关系，一种交流互利的关系：从某种意义上说也是建立起一种社会关系。"[104] 布鲁诺·拉图尔提出建立一个"共同体"机制，以社会的形式聚集人、人工制品和天然存在。"非人越是与人共享生命，人就越是处于一个共同体。"[105]

人与科技之间是活跃的进化地带。没有任何本质区别提供逻辑，没有任何传承下来的教条规定价值观。人与科技共同发展，从而构建自我。人造产品对我们来说是天然的，因为人的自然进化实际上一直都是文化进化；如今，文化进化是一种自然—科技的进化。

▶▷ 2.3 昨天，今天，明天，后天

科技智人参与的共同进化能否区分时代，能否定义时代之间的断层和不可逆转的变化呢？用更深奥的话说，共同进化体系的运动有没有吸引子？我们能否找到吸引盆呢？也就是说，是不是越过某些边界就会造成决定性影响呢？或者共同进化体系是不是在整体上保持稳定，评价指标的增减是否平衡，除了个别变动之外，是不是所有参数最终会再一次回到相同状态呢？用哲学术语来说，时间对于现代科技文明的意义是什么？我们的文明是一个全新的事物，还是和其他文明一样呢（特例除外）？

在哲学上重新把握现在

重新把握时间不仅是个人迫切需要解决的问题，它首先是哲学迫切需要解决的问题。现实中，"现在"从我们手中逃开，一心想着逃离我们的注意，逃离我们的视野，为了追寻后天而不是"明

天"。后天的我们比现在惬意得多。然而"现在"是行动的时间，清醒的时间，决策的时间，也是真正谈得上智慧的时间。如果不生活在当下，我们会从自己身上夺走人的能力。

科技智人没有生活在当下，他住在未来的海市蜃楼中。我们应该处理一下混乱的时间分段：少一点未来学，多一点哲学上的"现在学"。未来学让烦恼改道，中止现实中的担忧，或者把担忧放进括号。但是担忧让我们介入世界和行动，介入自我构建以及与他人共同完成的世界构建。所以，从形而上的角度看，要想成为一个更本真的存在，认清当下是必需的。认清当下就是认清自己。

如今，电视荧屏和杂志封面向我们宣布生物医学的功绩：神奇的器官移植，新分子的发现以及借助电子技术完成的首次远程外科手术……这里所说的"如今"只是新闻里的"如今"，确切地说是广告消息里的"如今"。而真正的"今天"在离家几百米或几公里远的社区医院或者小城市的医院。我们应该去那里看一看，如果可能的话就简单参观一下，如果不方便的话就只能等到健康出问题的时候了，到时候我们会看到医院的房间和工具。21 世纪初，我们经常会在走廊里，或者在老旧的扶手椅上，或者在人造革都裂开的病床上等很久，有时甚至要等上一整天。有的医院就像学校、养老院、疗养院，我们有充足的时间凝视剥落的画和铺了半个世纪、被踩坏的瓷砖。明天，一切可能会更好，到了后天，一切肯定会更好。但是我们活在今天。可是我们不相信今天。在许多工业化国家，直到现实摆在我们面前，我们才会意识到，别人呈现给我们看的"当下"——便捷、舒适和奇迹，其实只属于一个画出来的世界，而不属于真实的世界。

　　我们可以靠幻想活着，想象自己生活在广告画出来的世界，活在富人都游手好闲的电视剧世界，或者活在人物杂志[106]的世界。而且我们相信这就是现在正常人的生活，到了明天，或者最迟到后天，这几乎会是所有人的生活。这些想象让人抛弃了现在的时间，抛弃时间之后，人又在现实生活面前惊慌失措：住房、就业、消费、健康、文化、外表、性。真实的今天距离梦中的后天太远了，以至于差距导致了绝望，绝望又表现为服从或反抗。看完电视后服用一粒胶囊再睡觉和下楼烧毁一辆汽车都是绝望的表示。我们怎么就走到了这一步呢？怎么会用科技文明产生的财富创造出一系列令人绝望的幻象呢？这个问题的答案可能很长，可能有很多种，但是关键因素在于：科技人义无反顾地陷入广告中的"后天"，这个"后天"不仅没有帮到他们，反而让他们感到绝望，让他们了无生气，不愿意在今天行动。

　　关键在于学着看见，而且不能听任那些精通预见的演讲蒙蔽自己的双眼。其实预见比看见容易，而且预见也让人觉得安心得多，舒服得多。我们要弄清楚"预见"是如何让我们觉得安心舒适的。杂志的标题常常是"明天的汽车""明天的房子""明天的工厂""明天的药"……它想借此说明明天之"后"的事。如果以"今天的汽车"为标题，杂志吸引的读者可能会变少，写文章的困难也会增加。因为，要想描述今天的汽车如何工作，需要有一定的能力，而且要想写得既易于理解又生动有趣，需要一定的才华。但是如果以易于理解又生动有趣的口吻描绘未来的汽车，那就简单多了。只要和某汽车制造商的市场经理（在餐馆）聊上两个小时，再读上一两篇其他记者的相关文章，任何一位记者都能写出来。这就是为什么从前的杂志读者会期待在 2000 年看到磁悬浮汽车！这也是为什么我们不清楚自己的汽车的悬挂装置如何工作。

当务之急是学会看见，这促使我们用智慧代替意识形态，调整时间分段。

——昨天既不能被遗忘，也不能被美化，明智的选择是铭记昨天，而且昨天并不像我们担心的那样濒临危险。

——今天应该被看见，被理解。如果没有这一步，那么讨论科技智慧就是白费力气；所以必须努力培养清晰的思维、调查能力、批判精神。我们缺乏这些能力，比想象中还要缺乏。

——明天只能等待，怀着希望或恐惧去等待：明天应该被实现，而且应该变成我们希望的样子。

——后天可以成为比较健康的游戏心理（幻想，"自以为"）的对象。关键在于不要在"现在之外"的后天感觉良好。

上述告诫看似平常，其实是一些艰巨的任务，因为我们将重新回到现实，回到行动和责任中去，简单地说就是重新介入——而"后天"宣扬吹捧的意识形态让我们脱离现实。广告商、金融分析师、雇主、政治家……和"后天"在一起，所有人都感到舒适，只要给他们信任、选票和欧元就够了，或者，保持沉默就够了。宣传让时间变形，一种系统的未来思想乘虚而入，成为我们思考的习惯。我们只提一个最糟糕的例子，就以 20 世纪 90 年代的互联网经济"研究"为例。这些研究（专业网站、简讯、机构或企业出版物、商业计划……）写满了数字、曲线和图表，但是只有预期数字，而真实数字——实际交易额——完全找不到。各种分析相互引用，大量引用，纯粹就是为了推销，每项分析关心的都是如何产生投机经济的泡沫。[107] 这些经济活动者怎么可能没注意到，下一季度的销售额有详细的预估，但是哪里都找不到上一季度的实际销售额呢？明年圣诞节的预计广告收入上了头版头条，而去年圣诞节达到的广告收入却没有人关心。如今，新闻广告的前排依然由新兴企业占领。有的新兴企业规模庞大，它们精心操持着与未来有关的投机活动，抽取证券价值，掩饰低收益、甚至经常亏钱的事实（只举 Twitter 这一个例子）。在投机过程中，未来引发的广告性中毒产生了强烈的反作用。但是，这种意识形态上的时间分段仍在别处进行着。

　　精神安慰、懒惰、尾巴主义和操控，这些机制不足以解释意识形态上的时间分段。这种分段蒙蔽了现在。从哲学上说，"现在"意义的丢失在科技文明中是不正常的，因为我们想象的科技文明是务实的。未来心理完全忘记了未来是人用科技创造出来的东西。书写未来神话的同时，我们也赋予了未来所没有的客观性。对进步的信仰曾经帮助我们构建工业和科技世界，也帮助我们构建民主世界。这种信仰的本质变了，变成了一种真正的未来神话。[108] 但是注意：正如某条企业管理学理论所说，对未来的重视不会让我们的文明进入"计划模式"，只会让文明进入"投机泡沫"模式。

　　但是，科技文明中，时间的加速不是显而易见吗？这或许可以解释"后天"的重要地位：我们马上就到"后天"了，既然什么都过得很快。"'昨天'没有任何利益，'今天'稍微有一点利益。""新经济"的魔术师们对"现在"或"刚刚"视若无睹，他们这么回答那些对此感到震惊的人。

麦克卢汉曾经把推动变化定义为文明新的价值观，然而现在许多文明立足于保守的价值观。随着印刷术和媒体的发展，进步的故事，或者说一段历史，已经成为我们心中挥之不去的"后天"史。科技文明中时间的加速与信息技术的天性有关，与信息技术传播某种时间的表征，并将其标准化、普遍化的能力有关。叙事的科技变成了高性能的信息技术，于是叙事的科技增加得越来越快：收音机花了38年的时间才拥有五千万用户，电视机花了13年，而互联网只用了4年。[109]信息技术越是传播自己的"后天"故事，自身的加速就越会被看作时间的整体加速。

于是未来对我们造成一种"冲击"。[110]无论是什么都会立刻被超越，该怎么办呢？学过的所有东西一下子就过时了，我们学什么呢？社会上，部分行动者义愤填膺，但是高涨的情绪等于不行动。企业的字典里，"反应快"逐渐比"聪明"重要。国际政治和经济政治舞台上，因为不确定即将发生什么，所以行动瘫痪了。一旦行动，产生的结果来得太快，影响又太大。等待并处理当务之急似乎是唯一可行的方案。这是一个彻彻底底的悖论：因为时间走得太快，所以只好保持不动。在这个世界里，"更明智的做法"意味着："放弃吧。"明智的决策意味着畏首畏尾的决策，再怎么说也是处处受限的决策，没有选择余地，既缺乏勇气，也缺乏智慧。科技人正在失去与智人的联系：他把"智慧"的意思颠倒了！

科技的承诺

我们应该解释一下"后天"投射出来的幻象，这些幻象形成了对于科技的普遍印象：这些期待，这些超出我们能力的要求，从某种意义上来说，只能在想象中得到解决。那它们又是从哪儿来的呢？

正如艾尔伯特·鲍尔格曼在定义中所说，科技的承诺这个概念打开了阐释的视角。他注意到科技完成了两三个世纪以来人的核心计划。这一计划被刻在人类文明的中心，以至于成为一个盲点：这项计划就是支配自然，从而让人从病痛、饥饿、痛苦中解脱，并且通过某种方法，让人从压迫中解脱；尽可能地解除人的负担。这个承诺可以追溯到培根和笛卡儿的时代，追溯到启蒙时代的萌芽阶段。鲍尔格曼注意到，工业革命确实产生了相反的结果（痛苦和不公），直到 19 世纪末，甚至到 20 世纪，这一承诺才实现。承诺的实现同时意味着承诺的更新，承诺的内容也获得了普遍共识。

如果人们认为承诺也是广告中的核心概念，那么承诺的概念还可以进一步扩大。广告词必须提供购买或使用的理由。广告词中的产品或商标做出的承诺是它们答应做到的事。人们受诱惑的驱使，让承诺的意思滑向选举时的承诺，并且继续滑向虚假的承诺。于是下列情况出现了：面霜没有让肌肤重返年轻，衣物其实也没有白上加白，失业或危险没有减少。我们不应该把科技的承诺和广告中的承诺、选举时的承诺或虚假的承诺相提并论。尽管科技可以扮演这些角色，但是总的科技承诺则在另一个文明共识的层面上发生作用。这一共识默默地支撑着广告或候选人的承诺。鲍尔格曼明确地说，就连大众消费也不像我们想的那样，是虚假的广告承诺的结果，反而是隐蔽的科技承诺的结果。科技暗含的承诺一直在发生作用，且具有决定性，牵引着消费社会，用拖车拖着广告商和政治家："从根基上看，消费文化根本不是广告的结果。普遍的物质和服务（commodity）消费是在履行科技的承诺。"[111]

在我看来，科技的承诺从此之后构成了人类文明中最重要的一种想象结构。我们的政治向往和道德向往，甚至最庄重的承诺，都在期待从科技的承诺中找到实现目标的全部或部分方法。一种看似荒唐的态度认为，连生态危机都更加依赖科技，因为科技是弥补科技危害的唯一办法。这一共识隐含在我们的知识、制度和行动中，占据着文明契约的地位，沉默不语，不易察觉。[112]只有关于科技的想象结构才能解释我们赋予时间的意义，以及当代时间分段的错误。其实在承诺中，时间基本上都用来等待，等待而非行动。坐等事情的解决，而不是行动起来。所以我们对未来故事抱有迷恋：它们为我们展现未来答应我们的事情，科技答应我们的事情。这些都是等着我们的事情，而不是需要去做的事情。

科技承诺的概念解释了幻灭危机以及失信引起的反抗。这个概念同样解释了一种潜伏得更深的永久的失望，因为我们以为人类命运的所有改善都是应该的。每一次科技进步都催生了新的期待，因为我们与科技的情感关系是期待的关系：每一次成功，每一次功绩只不过是履行了部分承诺。"最后"，我们有了对抗某种疾病的药。"最后"，我们往某星球上发送了探测器。"最后"，我们能看 50 多个电视频道。在这种环境下，哪怕舒适或便利受到了一丝一毫的限制，都是难以忍受的……因为对于我们来说，一切都是应该的。科技智人的心里充满了幻想，他从些微失落走向了巨大的幻灭。他一直处于被动，甚至在奋起反抗时，也依然很被动。因为在这些需要遵守的承诺中，他从来不是承诺人，也不是本应该行动的人，他一直都是受益人。文明承诺的永久受益人，被动的受益人，我们的运气可真好……确切地说，如果这个愿望成真了，那么我们的运气真的很好。但是事实偏偏不是如此，所以就出现了幻灭危机。因为我们指望科技创造人的幸福而不指望自己，所以，不管是个人的幸福还是集体的幸福，当幸福迟迟不来的时候，我们就会立刻反抗。科技人发起了心理学中所说的"被动攻击型"行为，对欺骗做出反应。这是一种反常行为，会在最痛苦的人身上出现。这也就是为什么雷蒙·阿隆（Raymond Aron, 1972）会思考 20 世纪 60 年代末的起义，还用了"进步的幻灭"这样的字眼。最后，阿隆结合了法兰克福学派[113]的理论，也就是马克思批判市场经济和西方民主的理论："理性辩证法。"法兰克福学派认为，启蒙时代的理想转而与它的源头——人文主义价值相悖，因为社会和生活的理性化是系统的、强制的，服从于一个为统治和去人性化服务的秘密纲领。启蒙时代的承诺可能是一种欺骗。

我们必须对科技的承诺做出新的阐释，这样才能把自己变成行动者而非受益者：科学的承诺是这么说的，为了改善人的生活去"主宰自然"。这其实是我们人，是每一个人应该做的事。让我们想一想什么是"更好的"人的生活，相互讨论一下这个问题，读几本好书，把我们的预感同现实以及不同的地点、时间尤其是人物进行对比……这就形成了一种智慧，甚至是一项哲学事业。

智人从不曾是命运的食利者，将来也不会是。对我们来说，没有什么是应该的，谁也不曾答应我们什么。但是，我们可以自己给自己许下承诺。

科技革命的潜力

科技智慧的愿望是释放科技的革命潜力，而不是耐心、服从或者降低目标的调整。从前，科技革命不是我们期待的轰动一时的变化，而是一场内在革命。它更新了人的存在方式，从而让人工制品自然化，让人能够科技地居住在这个世界。

让我们先从下面这种说法开始。这种说法认为，现在的文明不再是工业文明，或者说不再是现代文明。我们生活在一个后工业和后现代的时代。然而，在昨天和今天之间翻页时，我们似乎遇到了困难：我们用"不再是工业的，不再是现代的"来定义现在的状态。直接用肯定词给人的文明定性是不是一个难题呢？

让我们来考察一下 20 世纪 70 年代出现的后工业概念。工业时代从工业革命一直持续到 20 世纪下半叶某个不确定的时间点。这个时代拥有自己的科技：蒸汽、冶金工业、铁路、工厂、石油工业，最后还要加上核能。但是，按照共同进化的逻辑，这些科技被电子和信息技术取代或利用，不过没有消失（核电站和航空母舰弹射器一直在使用蒸汽）。所以，一个文明新时代接替了工业时代。人们对它的称呼五花八门。

"后工业时代"这个名称比较有说服力，它源自美国社会学家——其实是未来学家——丹尼尔·贝尔（Daniel Bell）。1973 年，他提出"后工业社会的到来"。对于贝尔来说，时间可以分成三段：基于提取（主要是农业）的前工业时代，让位于基于制造的工业时代，而现在，工业时代又让位于基于数据"处理"的后工业时代：电脑和电子通信，信息和知识的流通。[114] 以信息和知识为基础，以"智能科技"为基础的社会，以一种完全不同于工业社会的方式组织起来。后工业就是这个社会的特点，而工业社会以机器的科技为基础。值得一提的是，在所有权、定价、交换的本质和消费这些方面，信息和知识的流通以及商品的流通遵循不同的规律。劳动和物质资料的所有权不再是社会结构的中心，这就导致旧的社会和经济结构都过时了。工业时代，社会和经济交流的大背景是竞争，而在后工业时代也许是合作。

最近，约翰·J．多诺万（John J. Donovan）[115] 和许多网络时代的分析师从一个更偏向于经济和科技的视角，把互联网看作"第二次工业革命"。互联网这项科技带来的附加值拥有不同的本质，它在企业内部以及企业关系之间引发了一场持久的文化革命。这场后工业文化革命与等级制度和竞争制度一刀两断。这两种制度此前从未发生变化，从最早的美索不达米亚帝国，一直到成立于19 世纪并且一直存活到21 世纪的商业巨头。这里，科技的革命潜力再一次被看作合作潜力。

后工业时代重新定义了政治经济的基础——先不要急着判断好坏。[116]美国社会学家朗奴·英高赫（Ronald Inglehart，1977，1990）探讨的依旧是"先进的工业社会"，他从中得出一个具有典型的后物质主义特征的价值体系，并称为"宁静革命"。当物质需要得到满足时，就会出现"生活质量"方面的需要：环境保护、女性地位、毒品、道德……社会冲突和个人规划不再围绕工业时代的物质价值（物质价值一般表现为对个人收入的要求），而是围绕非物质价值。在20世纪的最后几年，科技哲学家提出一种说法，让现代到后现代的过渡成为积极活跃的、受意志驱使的过渡。难题在于决定而非接受现代性的新形式，因为困难主要在于从接受到决定的过渡，而不在于从现代到后现代的过渡。[117]

哲学家再一次从一个更偏向于观念的角度，描述了文明的后现代状态，其实就是后现代危机。这个危机很严重：人们失去了定位，失去了19世纪末以来建立的所有模型；这次危机其实是一次合理性危机。让-弗朗索瓦·利奥塔（Jean-Francois Lyotard）认为，我们失去了宏大叙事，失去了关于现代性、科学、进步和文明的元叙事（métarécit），多亏了这些元叙事，集体企业或私营企业才构建起来。[118]把现代的混乱描述成叙事危机，这不失为一次精确的诊断，至于叙事危机的后果，可以用"合理化"这个词来表达（利奥塔称之为"元叙事合理化机制的过时"[119]）。利奥塔还说，因为失去了基本的元叙事，人们见证了微小叙事的激增、话语的间断以及特殊性的爆发。在巴黎学派看来，后现代宣扬不

同的异教信仰，接受偏离正道的愿望和意义。至少，宏大叙事的
合理化危机就是科技文明的特征。

彼得·斯劳特戴克（Peter Sloterdijk，1989）把这次危机描述
成一种普遍的混乱。我们感到恐慌，冰凉的恐慌冻结了所有行动，
因为现代性自己脱离了自己，开始为了运动而运动，处于一种失
控的发展状态，并最终陷入瘫痪：太多的车子导致不能开车，因
为交通堵塞了。追求一种"新的现代性"，这或许是面对这场危机
的反应。如今，现代性没有了以往的骄傲。所以，不要再歌颂后
现代的混乱了，是时候追随现代性的基本运动，"使现代性现代化"
并且走出工业时代了。我们正在走出工业时代（或现代），但不是
没有困难，这种想法具有启发性。我们在翻页时遇到了困难。[120]
美国实用主义哲学家约翰·杜威（John Dewey，1930）解释道，
现在是 20 世纪，但是，从精神上看，我们不是生活在 20 世纪。

让我们这么想：后工业革命尚未完成，我们依然是工业时代
过时结构下的囚徒。根据这一假设，文明危机或许是因为智人与
科技接触之后尚未转变成功，还没有让变化彻底改变自己。确切
地说，诊断迟了一步，与共同进化脱节了。20 世纪 60 年代，维
克多·弗基斯（Victor Ferkiss）明确地说，我们必须创造科技人，
但是现在这还只是个神话。如果没有科技人，留在古老权力手中
的科技将会带领人和星球走向决定性的失败："20 世纪末，人面
临的真正危险既不在于科技的自主性，也不在于科技价值的胜利，
而是科技从属于上一个历史阶段的价值观，在于那些不理解科技
所包含的内容和结果、只追求个人或集体利益的行动者对科技的

开发利用。"[121] 这就是革命性所在。

这里我们再一次碰到了科技智人的当务之急。我们需要以一种更彻底的方式划分时间段，而不是把时间分为后工业、后现代或自反的现代。科技具有动力的价值，命令的价值，推动我们超越上一个时代。如果我们划分时间的方法可以揭露"后天"神话这一现象并指出其原因：对旧的工业时代的利益的保护，那么这就是一种更加彻底的划分方法。我们必须意识到，记者和广告对科技新时代的庆祝抢在了事实之前，他们为我们讲述"后天"的故事，故意制造一种事与愿违的结果：让他们推销的事物放慢脚步，让他们庆祝的事被平庸埋葬，让人不再相信他们吹捧的东西。

因为科技本身就拥有一种无与伦比的革命潜力。我们首先应该保护这种潜力，抵御新闻和广告使我们陷入被抛状态。新闻、广告每周都会报告一些"革命"——汽车、媒体、洗衣粉和卫生纸的革命。"如果没有人站出来宣布一项新发明将会拯救自由社会，那么就不太会出现新发明。"兰登·温纳观察到。[122] 撇开那些没什么价值的革命不谈，让我们试着把科技智人想象成新物种的革命者。这些革命者不再咬着刀，握着枪，但是，为什么不能戴着耳机，握着鼠标闹革命呢？

科技生态学

生态学研究生物与环境形成的动态系统中的生物。[123] 生态学不需要方法还原论，就能够分析复杂现象和整体现象，加之其学科间性，所以这门年轻的、具有创新性的学科构成了一种科技哲学模型。生态学和科学并不对立，除非我们把生态学和对花鸟的专情联系在一起，把科技和污染联系在一起……但是我想，不会有人这么蠢的（我知道我错了）。

我们不能一开始就认为，科技必须"融入环境"，这就回到了早期（亲切的）自然和（讨厌的）工厂之间的对立。科技就是我们的环境。我们要探讨的问题与自然、科技与人之间的共同进化有关。要想实现科技生态学，今天的科技生态学就必须让人们接受自然本身也会改变的观点。海岸线、气候、生物物种，这一切从未停止改变。这种无止境的变化就是生命的过程，是进化。固定住某个特定时刻下自然的状态，阻止进化的过程，这是一个非常荒唐的计划。既然我们在海边建造城市，那么一定希望阻止仍在进化的海洋的不断演进。在不得已的情况下，为什么不呢？但是，我们至少应该有勇气承认，我们在维护自身利益，因为为了自己的利益，我们想让自然停止演进。别再用自然有"权"保持不变这样虚伪的理由自欺欺人了……好像这么说就能解决问题似的。

科技不是"绝对的他者"，不需要用中立的眼光看待它的影响，因为在这个转归自然和人的世界里，科技可能什么也做不了。相反，科技是人的生活的一部分，和自然一样。我们应该由三部分组成。我们不能因为自然有权保持原样（一个适合人的自然）这个虚伪的理由，就认为可持续发展意味着"人的既得利益固定不变"。应该"持续下去"的，是如今融为一体的人、自然和科技的混合体（Puech，2010）。

融合了自然和科技的混合体是科技智人的环境，而且是准确意义上的环境。只有不停地与生物环境交互，生物才能存活。对于生命来说，生物环境始终是必不可少的。如今，生物环境和对于人的生活来说必不可少的科技环境结合在了一起。而且正如我们所看到的，科技环境是技术环境的接班人，长期以来，智人都是通过技术环境融入自然环境的。科技产品的进化遵循生态学和进化理论所特有的种群动态逻辑。共同进化这个概念已经属于科技生态学。在有关"使用"的分析中，人工制品对应的"龛"的概念（存在龛或科技龛）以及（使用市场造成的）"淘汰压力"的概念也都已经是科技生态学中的概念。

在自然环境和科技环境中，人是特殊的行动者。但是，人的特殊在于科技智人的特殊本质。这种天性奠定了我们在与人工制品的关系中发现的透明性。对于科技智人来说，与进化后的科技产品（汽车、电脑）的关系，在生态学上是一种十分常见的相互作用。我们处于环境之中。我们不断学着去适应环境，而且为了做到这一点，我们经常让环境适应自己，让环境逐渐把自然环境和科技环境融为一体。科技的生态社会技能是科技智慧的基础。

生物具备这种生态社会技能，即探索自己的环境并且最大限度地利用环境。与人工制品的日常关系中，人也拥有生态社会技能。科技是我们的环境，我们在这个环境中行动，就像自然生物在自然中一样。软件、数据处理系统、电脑，这些实体太复杂了，以致我们不能像操作简单的工具那样，靠几个按钮或操作杆去控制它们。我们像开采天然资源或开垦土地一样开发这些实体。我们寻找，发现路径，有时也会反复摸索。我们开辟使用的途径，标记使用范围。这种占领式的使用不符合"技术科学"，合适的做法不是成为信息技术专家，不是深入研究人们想要使用的人工制品。相反，人工制品期待我们听从科技制品的"共生性"（"共同生活的艺术"）的指引，听从它与自然的接触面的指引。无论何时何地，智人都在尝试和错误中发挥着自己超凡的互动学习能力。驯服一只狗和让软件正常工作是两种类似的活动。找到合适的一边犒劳动物，一边轻挠它耳后的办法，找到合适的在文档中插入页尾注释的办法，这两项活动都需要随机应变的智慧。智人通过前一种活动（驯服一只狗），构建起一个更好的存在龛；后一种活动也能带来相同的结果。

对我们来说，科技圈和生态圈融为了一体，而且这不是自然而然的结果，而是因为我们希望如此，因为我们建立了一个人的圈子，一个人的世界（Puech，2016，chapitre 2）。自然可以不属于人，科技可以不属于人；因此，科技生态学必须属于人，必须加入人的计划。

1962 年，蕾切尔·卡森（Rachel Carson）[124] 的著作引起一场轰动：由于人不断往大自然中倾倒杀虫剂、除草剂、农药、各种致命的毒素，所以我们即将迎来一个没有鸟儿歌唱的春天，一个"寂静的春天"。蕾切尔写道，现在，我们行使着支配自然的权力，这是一种漠视死亡的力量，但是，我们没有意识到自己正在酝酿一场人的灭亡。所以，当务之急是找到一些更加尊重自然的行动手段。[125] 另一种具有先见之明的生态意识来自巴里·康芒纳（Barry Commoner，1971）的著作，这本书揭露了一个垃圾（污水，

effluent）的社会，而不是一个富裕（支流, affluent）的社会。如今，"可持续"或"可承受"的观念似乎获得了共识：我们不能在不考虑生态成本的情况下，继续发展工业、消费和科技。也就是说我们意识到，自己所处的环境逐渐成为一个科技环境，这个科技环境有一个危险的、致命的阴暗面，关于这个阴暗面，我们认识得还不全面。但这并不意味着科技破坏了自然。康芒纳谈论的是人种的存活问题，而不是自然保持完好无损的权利。理查德·利基（Richard Leakey）和罗杰·鲁汶（Roger Lewin）在1995年谈到了地球生命史上的第六次大灭绝，智人引起的灭绝，但是智人也将是受害者之一。于是，智人变成了科技蠢人，人太愚蠢了，结果亲手造成了自己的消亡，是个自身难保、活不下去的傻瓜。

科技生态学力图实现更好的规划，它希望成为一种人的生态学。[126] 于是，我们又会看到与自然哲学的衔接问题（我们严重缺乏这一方面的知识）以及自然政治的问题。只要当代科技哲学没有获得当今自然哲学的支撑，它就会一直瘸着腿。不管愿意与否，我们都要回到现实：人是一种生物，有形的生物，承受着痛苦，最终走向死亡。但是反过来，人又生活在科技带来的极度舒适和便利中。尽管我们让自然"延伸"到我们周围 [127]，但是没有让自然融入我们。而且，能不能把自然的"延伸"看成一种庇护，看成是为了保护自然，把自然放到安全的地方呢（比如自然公园）？或者，说得更微妙一点，有没有着手创造一种新的一分为三——人、自然、科技——的生活方式呢？有没有尊重每部分的权利呢？曼哈顿中央公园，大城市的大公园或自然空地就是证明。它们位

于城市及郊区的附近，有时也位于市中心（比如法国的塞尔齐 –
蓬多瓦兹大学），多少有一些布置。我们正在创造一种新的居住方
式，这也是一种新的存在方式。人、科技和自然的共存是空想吗？
它不是一种生态空想，而是科技生态学的计划吗？

　　这是一项政治计划，也是迫切需要解决的问题，它促使我们
创造一种新政治。哲学家们说[128]：自然已经进入了政治——技术
进入政治的时间更长。从此之后，我们不仅要在政治上妥善地管
理人，还要在政治上妥善地管理其他种群：病毒、树木、汽车、
电脑、基因……自然不再是中立的，技术也不是。

3. 不再使用的新东西

当下是我们难以居住的纬度。科技智人就是在"当下"感受到了把科技与智慧结合起来的困难。困难的原因之一：有一些东西过时了。

破旧的、不用的、没有人再制造的东西，就是"过时的"。一件过去的东西如今已失去地位，但是似乎仍然想要推迟未来的到来，拒绝未来，给未来制造障碍。确切地说，"过时"的是那些东西还在被使用，因为我们还没有完全意识到已经用不着它们——尽管我们隐隐约约地能感觉到这一点。用过时的东西，就是品位差的表现。电视游戏、政治家的宣言、下次消费减少 0.14 欧元的湿巾优惠券、杂志上的夏日大调查……这种感觉是一种真正的伦理预感吗？一种智慧的颤动吗？这关系到品位的提升，而且这里的品位是尼采哲学中所说的品位——一种发现过时的能力，对某类不好品位的敏感。

在人类文明中，意识到新的过时的东西是确立新的立场的条件。这关系到释放科技的革命潜力。这一潜力受制于过时的遗产，遭遇了工业时代的行动者和价值观的篡改与回收。

当今过时的东西令人捉摸不透，隐约让人感到不自在，让人体会到环境中（人的环境、自然环境、科技环境）个体的实际生存与表征体系（各种权力、知识、传媒、话语）之间的落差，体会到现实（当下）与表征（话语）之间的脱节。有时，面对过时的东西，人们会表现出愤怒，比如越来越多的人抛弃了傲慢的态度。傲慢已过时。

记者、广告商、政治家、商人、媒体人……他们似乎都没注意到，自己在做的事已没有人做了。只有我们才能让他们清醒，当然，还不能带有攻击性，这可能意味着同过时的东西和傲慢展开竞争。我们要超越过时的东西。"换个频道"或许会成为这种新态度的标语，成为一种深刻的表达，传递科技时代的智慧，成为自我的苦行。

放弃、戒除、反抗、在小事上反抗、在小事上不服从，科技智人具备了这些智慧。这是科技时代的禁欲主义或佛学思想，以科技文明孕育的新的亲密关系为基础：与人工制品、他人、自然和文化的亲近。

有人说，舒适和娱乐带来巨大的空虚，科技智人生活在空虚中，不知道自己想要什么。而广告商和政治家会想到他们，努力向他们作出欲望的暗示。其实，应该把这种分析倒过来看一看：我们被这些暗示所淹没，已不知道什么才是真正的愿望。我们许愿和决策的能力遭遇了危险。但是，我们并没有失去这些能力，我们可以重新予以培养。

　　就拿冰箱这个范例来说吧。这台家用电器被视为人类最好的朋友。使用这台电器就必须有一种修养，游刃有余的修养，其中包含类似于智慧的思想。如果没有这种修养，随意地填满冰箱或者掏空冰箱，人的健康就会遭遇危机，就连心理平衡和经济状况也可能面临危机。要想利用冰箱，就应该让冰箱适应自己。我们在内心与冰箱相对抗，在这个过程中冰箱会逐渐适应我们，对抗的原因一般来自父母的教育，也来自对外表和健康的担心。所以，冰箱既被视为家庭好帮手，又被视为需要抵挡的亲密敌人。我们已学会抵御啤酒、奶酪和猪肉食品的召唤，就像我们已学会抵挡巧克力或酒的诱惑一样。这种驯服的智慧是关键，是人工制品适宜于人的雏形。

　　我们可以把超市、电视和报刊、职业动员会的发言或总统大选的演讲，以及酒、烟、汽车、金钱看作潜在的亲密敌人。如今，冰箱造成了更多死亡，不合格的食品卫生引发了各种疾病，死亡并不是外国土匪造成的。我们一直等待着远在天边的敌人（国界线上的敌人），却看不到近在眼前的敌人（厨房里的敌人）。

　　对于科技文明的结构背景，我没有什么质疑。我们即将在这些背景形成的纬度中，确定当今过时的东西。让我们把以下五点看作既定的事实吧。

　　一、物质上的富裕。科技带来了满足人的生活基本需要（饮食、抵御坏天气的保护措施、照料、卫生）的物质手段。这些物质手段的成本不高，必要时社会补助体系也会承担部分成本。对于大多数人、甚至是所有人来说，物质上的富裕确实让人获得了个人公寓、家具、家用电器、电视、汽车、电脑……从这个角度看，科技信守了承诺，所以没什么值得讨论的。

二、信息和交流上的富裕。科技给每个人带来了获取信息的途径。信息的获取几乎不受任何限制，成本几乎可以忽略不计。而且，可获取的信息种类也十分丰富，包括实用、文化、艺术、娱乐等各方面信息。图书馆和多媒体图书馆、网络、广播节目、公民教育是免费的，大部分电视节目是免费的，书籍、杂志和报纸的发行量增加。除此之外还有成千上万的信息"丰饶角"。

三、自由的使用市场。人的使用要求人工制品之间共同进化，同时也要求人工制品适用于人，从而融入存在龛。适用只能是自由的，因为产品适用于个人的私生活（什么都不能强迫我或者禁止我拥有或者使用洗碗机或泡泡浴缸，不能强迫我或者禁止我看报、在收音机上听古典音乐或者根据自己的喜好浏览网页）。

四、自由的交换市场。人们将把经济自由主义、市场经济，或者最好把宏观调控的市场看作正在普及的经济常态。在调控的限制下，人们可以设计、制造或买卖任何商品或服务。

五、民主共识。民主可以理解为两个相关部分组成的整体，这种表述很简单，但是意思很完整：选出代表或直接做出决定的普选和秘密选举；言论自由和政治结社自由。

科技文明的基础背景相互联系：民主共识和自由的交换市场使自由的使用市场成为一个枢纽，从而让科技文明带来物质上的富裕和交流上的富裕。有人对这个体系持有争议，我认为他们的反对过时了。下面我将提出一种新的方式，在这个体系内部，对这个体系做些改动。

▶▷　3.1　不再对当下进行揭露

科技智人必须意识到首先不再揭露的就是科技文明。但是，这并不意味着科技文明无可指摘，而是揭露这种形式已经告一段落。因为揭露一件事不需要花什么心思，内容也常常驴唇不对马嘴，所以这种形式早就失去信任。抱怨从不是一种智慧的行为，说别人坏话也不是。

我们马上会发现，揭露的修辞手法表达的是鄙视或仇恨。恰当的回应是劝揭发的人放弃自己讨厌的东西。假设真的像哲学家米歇尔·亨利（Michel Henry, 1987）说的那样，真的像开研讨会期间其他哲学家认同的那样，科技文明中，"生活已经无法忍受了"，那么我们应该有勇气去那些科技文明尚未波及的国家生活。如果看到宛若娇嫩花朵的西方知识分子突然到访，那些国家的人一定很高兴。当20世纪众多知识分子揭露极权制度时，他们已经到世界另一头去生活了；中欧的精英知识分子其实在20世纪30年代就已经移居海外了。但是我们清楚地看到，他们的斗争不能和如今关系到我们的斗争相提并论。对现代性的揭露是一种通常只是装模作样的文学体裁。

哲学家

科技智人最好不要相信他们的哲学家。海德格尔写下了闻名遐迩、晦涩难懂的文章，明确表达了对科技的厌恶，引领了鄙视科技文明的伟大传统。[129] 对此，我想用哲学短路加以阐释。在科技领域，短路的概念表示能量走了一条错误的"最短路线"，能量流向发生错误，导致电路系统停止工作。不幸的是，海德格尔思想体系中的短路，到了他的几位信徒那里，只能用一种更通俗的表达——"保险丝断裂"（pétage de plombs）来形容。海德格尔开创了鄙视的传统，赋予这一传统崇高的地位，认为它是形而上学的抗议，但是最终，鄙视的传统不免陷入肤浅和仇恨。

某天，现代哲学家们感觉到发生了什么革命性变化。他们昨天心平气和地继承下来的、代代相传的思想库从根本上受到了质疑。从前，科学已经剥夺了哲学家和神学家通往真实的优先通道；而现在科技文明又剥夺了他们通往幸福或受尊敬的优先通道。形而上学和科学之间还有旧账要算。形而上学认为科学从一开始就让自己蒙受了无数屈辱，所以通过抨击科技，进行报复。

海德格尔在揭露技术问题时，明显交友不慎。他与西方没落学说思想家奥斯瓦尔德·斯宾格勒（Oswald Spengler）交往，悄悄地借鉴了许多后者的思想。纳粹思想就是源自奥斯瓦尔德的理论。恩斯特·荣格尔（Ernst Jünger）以及呼吁反人道主义复兴，回到无限的"自然力量"的一代人也是海德格尔的交往对象。要想概括历史学家争执不下的进化问题，要想把海德格尔的没落说变成揭露者的悲观主义，必须结合两个现象：海德格尔想让纳粹德国征服大学和知识分子，但是这项计划失败了，不久之后，纳粹德国又在军事上遭遇败北。海德格尔走过漫漫长路时——以形而上学的抗议之名，对反人道主义和反理性主义进行再阐释——选择了一条捷径，他对现代性进行了简单而纯粹的揭露，他的揭露明显带有悲观主义和晦涩的特点。海德格尔的思想短路了。

海德格尔断言，只懂运算的科学和科技散布了自己非本真的思考方式。所以海德格尔认为，这就回到了一个基本的形而上的错误，这个错误构成了形而上学的特点，甚至构成了"存在命运"的特点。海德格尔还认为，技术让人无法思考存在，是一开始误入歧途的思想的结局。那么，一点挽救的办法也没有吗？理论上是有的：思想需要一个"新起点"，20世纪30年代，海德格尔就这个问题进行了研究。[130] 但是，自从海德格尔的个人失败和纳粹德国的集体失败已成定局，一种越来越诗意的哲学，一种纯粹的文字游戏就开始让这个新起点陷入晦涩。

晦涩的含义中，依然可以清楚地看到对现代性和技术"本质"的揭露。主要揭露的应该是技术的残酷可怕。确切地说，科技有一种癖好，它喜欢入侵一切、统治一切、降伏一切。这里的一切从自然开始，技术仅仅把自然看作一个任它利用的能源库和原材料库。摆置所有存在，也就是"座驾"（德语：Gestell），是统治和剥削一切存在的形而上原则。对于海德格尔来说，这种批评针对的就是科学认知，而且逐渐逼近所有西方理性或者现代理性。但是，海德格尔在这个文明问题之外提出的思想就成了没落的本体

论 [131]：没落的是"存在的历史"。为了让宗教元叙事变成一种绝对的悲观，海德格尔选择了一种无法救赎灵魂的宗教：一段黑暗的时间过后，存在不会重回光明，只会继续在黑暗中度过，没有任何期待，没有任何预示。海德格尔再一次把技术投入这个元叙事，并加以阐释。这是最古老的也是变化最小的元叙事，讲述的是既神秘又传统的宗教。技术进入了一个臭名昭著的、符号化的角色，对这类角色的揭露确实构成了一种文学体裁：那就是坏人的角色。

科技智人不再接受鄙视科技的伟大传统中充斥着的哲学傲慢。而且，因为无法救赎灵魂的宗教指向一个更加模糊的结局，所以人们更加不愿意接受这种傲慢。1966 年，海德格尔接受了《明镜周刊》的采访。1976 年，这篇采访被刊登出来，当时他已经去世了。采访末尾，海德格尔断言"只有一个神可以拯救我们"。所以重点在这里，在于让我们相信自己是罪人，所有的希望都必须交由一位还没到来的神灵保管，而这位神灵是相对于后现代宗教的另一个极端，他是不会到来的。

"海德格尔那一锤定音的判决中，他那救赎灵魂的'福音书'中，难道没有透露出特权阶级的无拘无束吗？他们生活在富裕的社会，而且最终忘记了自己应该做的事。或者，用韦伯的话来说，海德格尔所表现出来的，更多是出于信仰的选择，而不是出于责任的选择，难道不是吗？" [132] 让－皮埃尔·塞里（Jean-Pierre Séris）写道。他还引用了兰登·温纳的话："即使对西方形而上学进行了最有力的批判，也根本无法保证在任何情况下，人们都知道还有什么事情要做……"

因此，对于科技智人来说，形而上学对科技的异议是过时的，原因在于两个方面：形而上学的抗议再现了过去的宗教元叙事，但是对于现在到未来的过渡只字未提。

先知

科技智人最好不要相信他们的先知。某个哲学流派诞生了，对科技进行了揭露；这个流派仇视科技，它和追捧科技的未来故事一样，收获了巨大的成功。半个世纪以来，糟糕的先知作为一项名副其实的传统，一直伴随着科技文明。拥护技术恐惧症的思想中，没有哪种思想能达到海德格尔的思想深度，虽然有一些思想的主题或风格得益于海德格尔的主要思想。这些先知是糟糕的，他们的糟糕表现在两方面：他们的预言是错的，而且预言的都是坏事。他们的预言是错的，因为全球性灾难没有降临，我们距离灾难的降临还有相当一段距离。他们预言的是坏事，而且我们也知道是为什么：他们自认为掌握着世人不知道的真理，掌握着好的信息，所以世人在走向毁灭。我们可以把这些不知所云的预卜分成几种主要类型：焦虑、宗教信仰、仇恨、肤浅，并由此展开分析。

揭露科技时，有一类揭发包含的心机最少、不满最少，这一类揭发的特点就是焦虑。20 世纪 30 年代，刘易斯·芒福德的《技术与文明》几乎面面俱到。到了 60 年代，他的两卷本《机器的神话》更新了预言，让预言变得更加阴暗。不管有意或无意（因为先知一般是缺乏科技哲学背景知识的"评论作家"），一大批先知重复的都是刘易斯·芒福德的话。

刘易斯·芒福德最早是建筑家和城市规划师，关心的是人工制品形成的环境与人之间的相互作用。他思考了人在人工制品中间的生活方式。机器的两面性是现代城市的两面性，也是人的文明的两面性：机器让最好的事涌现出来，同时也实现了最坏的事。[133] 如果发现不了机器背叛的可能性，就会成为"机器神话"的受害者。芒福德的计划在于揭露这个神话，他的揭露披上了预言的外衣："多亏了这种全新的兆科技（mégatechnologie），居于统治地位的少数人将创造一种统一的超行星结构，这个结构包揽一切，为自主劳动服务。人将变成一种被动的动物，而不再作为一个自主的人格主动行动。人将失去目标，受到机器的限制。至于人的功能，按照目前技术学家对人的角色的阐释，要么加入到机器中去，要么因为不带个人色彩的集体组织的利益而受到严格的限制和控制。"[134] 把科技解释成人性的丢失，这种阐释的所有论据都在这里，动词变位用的是直陈式将来时。从时态和这一系列作品来看，这个预言可能清楚地意识到，自己无法阻止预言的事情。糟糕的先知把自己关在悲观预言的悖论中不出来：我知道会有厄运降临。就算我说了出来，也不一定能阻止厄运的发生。

在机器的神话中，芒福德承认人的计划控制一切、"征服"自然和生命。实现这一计划的科技可能孕育出死亡的力量。在芒福德看来，典型的例子就是曼哈顿计划（第二次世界大战期间美国的原子弹计划）。芒福德发现，"力量体系"（芒福德依然把这个体系限定在军工体范围内）取决于"金钱情结"："金钱是引起现代人幻觉的最危险的药物。"[135]

　　要想以生态预言的形式揭露科技，只要把上面谈到的揭露的内容照搬过来就可以了。几十年以来，不管是呼吁革命的时候还是呼吁改革的时候，激进的生态学一直诉说着同样的预言：科技将带来灾难。后天叙事始终是这些教条的华彩片段。这将是一个黑暗的后天，甚至根本不存在所谓的"后天"。20 世纪 70 年代，这个元叙事的所有要素都出现在经典作家巴里·康芒纳（1971）的作品里：我们被包围了，而且包围圈在无情地缩小，因为科技导致了所有错误的选择（无限量的能源消耗、污染、武器装备）。人被迫从生态圈消失，因为是他为科技提供了方向，与生命相反的方向："我们破坏了生命周期，将永恒的生命周期转化为一系列人为造成的线性事件。"[136] 我们在（科技）时代所说的"生命"其实意味着永恒中（生态圈中）的"死亡"。

　　预言式的揭露很难把我们的焦虑变成一种智慧，因为这种揭露构成了一个元叙事，但是元叙事已经过时了。要想动员群众，元叙事就必须创造一批信徒或战士。但是这两种存在方式不是智慧的形式，更不是当代智慧的形式。重申一遍，科技与科学不同，不是知识的话语：科技是实践的也是实用的，是一种行动。科技不应该受到反驳。试图从知识话语的角度对抗科技，在策略上是一种范畴错误。这是个致命的错误，迫使我们在话语中逗留——但是，我们一度在话语中赋予自己美好的形象，让这种话语持续下去或许真的很诱人……

宗教情感在揭露科技时也很常见："救赎"与"皈依"在这个语境中不是修辞格，而是参考价值。这种揭露方式的典型是雅克·埃吕尔。人们反复提及他的名字，但是并不了解他，认识这个名字却不了解他的哲学背景。让我们重新回到埃吕尔的评定，1954 年，他的评定就具有典型的后现代特征："文明的大厦就这样建成了。这不是一个集中营的世界，因为这里没有暴虐，没有狂乱，一切都干净透明，一切都井井有条——在这里，人的热情引起的过火行为都被小心地抹去了。我们不会再失去什么了，也不会再获得什么。我们心底最深的冲动，最细微的心跳，最隐秘的情感都被看透，被公开，被分析，被利用。人们会对此做出回应，准确地为我提供我所期待的东西。而且，在这种强调必要性的文明中，最大的奢侈就是给予我多余的东西，比如一场没有结果的暴乱，一个认同的微笑。"[137] 为什么技术手段的增加是糟糕的、危险的、难以接受的呢？雅克·埃吕尔解释道，原因就是增加的只有手段，却没有目的，因为手段是物质的而非精神的。[138] 雅克·埃吕尔评价科技文明的基础是一个非常明确的目的，一个绝对的标准：新教徒眼中的基督教。他始终明确地表示，他对现实的分析基于自己的信仰所揭示的价值标准。我们应该记得，雅克·埃吕尔不仅是一位法律老师，也是一位新教神学家，他信奉的教派最传统，对现代主义的憎恶也最深。他在法国的改革教会中发挥了自己身居高位的职能，而且神学方面的发表量超过了他在技术方面所做的思考。这个网站 www.ellul.org 详细介绍了埃吕尔皈依的过程："就在 1930 年 8 月 10 日这一天，上帝在他面前出现了。上帝出现时，他因为害臊一直不愿意说出来。"一个连上帝都出现在他面前的人的思想，只能像解读先知的思想那样去解读。当他一边解释现在，一边郑重地提出对未来的警告时，我们不得不接受他那具体入微的计划：重新建立一个神圣空间，抵御技术，因为他写道："奴役我们的不是技术，而是被转移到技术身上的神圣感……奴役我们的不是国家……而是国家的神圣化……"[139] 海德格尔也说过，只有一位神灵可以救赎我们……但是被"救赎"就是我们的需求吗？我们也不知道答案是什么。

　　神学立场不一定总会像这样公开表示出来。不公开表示会造成误解，不利于哲学思想。汉斯·约纳斯（Hans Jonas）和他的"责任原理"就是例证。《责任原理》的副标题是"技术文明时代的伦理学探索"。大部分谈论这本书的人恐怕都没读过，我曾经还确认过这一点。而这本书正是得益于没有人读过。而且，就算是那些读过一点的人，也很少会注意到约纳斯是一位宗教史学家，在德国是古代晚期诺斯替葛问题的权威专家，同时也是研究第二次世界大战时期纳粹屠杀犹太人问题的神学家——不过如果作为反思当代科技的范例，大屠杀还存在一些争议。约纳斯是一位年长的神学家（1903 年出生，直到 90 年代才出名），也是一位惹人不快的神学家。他会因为水管工人的工资比他高很多，"公共救济的受益人"的"排场"比他大而大发雷霆。[140] 就像教皇对性经验的看法一样，约纳斯对科技所做的分析也不能脱离他的宗教前提和个人经历：（重）读一读约纳斯，就可以确定他所有的分析都基于一件事，那就是他本人想知道"人的本质"是什么，还想知道他所认为的必须为后代保存下来的"本真的人的生活"又是什么。他的著作确实让人害怕[141]，不是因为他说给我们听的人的文明有多么可怕，而是因为他镇定自若地强迫我们接受宗教教条，却又不让我们发觉。

对科技的恐惧不断增长。在米歇尔·亨利的作品中，海德格尔的预感成了传统主义者的口号，有时也是行会主义者的口号，高喊着对"野蛮"的控诉。因为米歇尔·亨利认为，野蛮就是科技文明的实质。科学造成的野蛮比过去的野蛮更加糟糕，而且来势汹汹，企图摧毁地球上的所有的人与文化。[142] 技术与科学混在一起，像癌症——文明的绝症——一样增殖。"技术把生命、规定、调控置之度外。它不仅是极端的野蛮，是人的认知范围中最没有人性的野蛮，更是一种疯狂。"[143] 这就是为什么伽利略在米歇尔·亨利眼中代表了"野蛮的意识形态"（第5章），为什么大学的真正任务被定义为重建真正的文化——也就是"艺术、伦理和宗教"——而科学和真正的文化从来没有半点关系。

罗杰·加罗蒂（Roger Garaudy）让人更害怕。他最早是马克思主义的宣传者（1945—1970），也是积极的斯大林主义者。1979年，他出版了《活人的呼吁》（Appel aux vivants）。在书中，伊斯兰神学成为政治信仰的接班人——或者说与政治信仰重叠在一起。加罗蒂正式皈依伊斯兰教，这件事让他成为报纸和伊斯兰（以及否定主义者）传道网站上的世界明星。尽管这位大人物如今已经销声匿迹，但是眼下我们正在担心文明争执的伊斯兰化，而他的表现就是伊斯兰化的前期症状。加罗蒂的神学没有掩饰它的政治色彩，他的神学是一种以古兰经为基础的"伊斯兰社会主义"，一项把非信教徒的皈依和政治革命紧密结合的计划，目的是让西方文明消失，"陷入绝境"。

马丁·海德格尔、雅克·埃吕尔、汉斯·约纳斯、米歇尔·亨利、罗杰·加罗蒂：他们对科技的揭露是一次宗教的复仇。这些先知以过去的意识形态为名揭露现在，他们的说法多少有些教条，但是处处都让人不安。这不是宗教的回归，而是复仇。先知祈求另一种文明，科技文明之外的文明。他们憎恶的不是电脑或小摩托车，而是取代了宗教传统价值观的"现代"价值观。科技是恶，因为科技是世界上虚假的神灵，在先知看来，这个世界不能没有上帝——真上帝或假上帝。元叙事、意识形态和宗教的需求对于人来说是一个普遍的常量吗？还是力量微弱的后果，或者主要是对科技时代理解有误的后果呢？还是缺少个人和集体计划的后果呢？短路扩大了，不过可以修复。

骚动不安分子

我们刚刚提到的宗教批判已经流露出对现代性的恨意，这种恨意远胜于对同类的爱。恨意最终演变成恐怖主义，有时甚至不再缅怀过去，摆脱了从前宗教中的价值观。大学航空炸弹怪客（Unabomber）就是一个例子，他处于思想史和犯罪史的交界处。美国人花了好几年才放弃逮捕这个头号公敌的念头。炸弹客向科学和科技领域的高层负责人邮寄炸弹包裹。[144]FBI 定位失败的同时，新闻界报道了炸弹客的言论，而且理所当然地谴责了他的做法。可是新闻界没有反思想法与行动之间的联系，因为仇恨不知怎么就变得稀松平常，这就是安抚人心的公司的弱点。炸弹客的威胁使他得以在《纽约时报》和《华盛顿邮报》上发表自己的《工业社会宣言》，从那以后许多网站也发布了这份宣言。思想史中间还穿插着警方的花边新闻：事实上，FBI 曾咨询过科技哲学家，为的是画出这位公敌的"肖像"。而且，根据维克托·弗金斯（Victor Ferkiss）的口头报告，这位权威专家提到炸弹客的文章主要受到雅克·埃吕尔的影响。FBI 在旁边标注了"已故"，否则他们很可能会到波尔多审问雅克·埃吕尔……

　　幸运的是，在哲学家中间，把思想落实到行动的例子依然是少数。然而，仇恨的话语在技术恐惧类文学中赢得了某种威望，就好像这些话语中真实存在的谵妄并没有降低这些话语的地位。在法国，保罗·维利里奥（Paul Virilio）就是一个例子，他是一位诅咒速度和效率的先知。维利里奥和炸弹客不同，他不需要靠恐吓让自己出镜，但是他们都使用了暴力，只不过前者使用的是口头暴力，这种暴力植根于过去、现在和将来在意识形态的表征。维利里奥写道，过去，科学生产出有用的东西[145]，而如今，"后现代"科学像传播艾滋病一样四处传播"科技的极权主义文化"（在科技恐惧者的隐喻中，艾滋病取代了癌症）："遗传病不再通过病毒、精液、血液传播，转而通过技术传染，这是一种难以描述的传染过程。"[146] 只需一个例子，就可以说明维利里奥的雄性暴力。以他对电脑和电子游戏的描写为例："年幼的孩子从幼儿园起就贴在屏幕前，他们已经染上了激动素过高的疾病，这是因为大脑障碍导致行动缺乏条理，注意力难以集中，多动症不受控制……"[147] 之前一直没注意到？可能是因为您是一个把自己当孩子的成年人，也和孩子一起在这些魔鬼一般的机器上玩耍，并且"最终走向恋童癖"，维利里奥揭示道。[148] 仇恨一旦到了谵妄的地步，就会变得荒唐，但是荒唐中还是有一些令人害怕的东西。

许多揭露科技的文章勉强减少了一些荒诞的内容，但是依然很肤浅。20 世纪 50 年代末，一种世俗的大众文化从一个自以为是的道德伦理和思想优越性的高度批判科技文明。[149] 该理论基础一半来自心理分析，另一半来自马克思主义，这两种理论都太老旧了。要说明为什么过时，一个例子就足以说明。以吉尔·夏特勒（Gilles Châtelet）和他的著作《像猪一样生活和思考——论民主—市场对欲望和烦恼的刺激》（1998）为例。这部作品批判市场，但是标题却十分符合营销类书籍。全书没有一个论据，一处分析，只有对一切称得上现代东西的痛斥，以及让人难以忍受的傲慢言语。换句话说，如果要仔细看的话，作者反对一切让物质和信息上的富裕普及化的东西。推着超市购物车、观看大众节目的消费者遭到毫不留情的辱骂，受到猪一样的待遇。这些做法充斥着自以为是的伦理道德优越感，我们怎么可能感觉不到其中产生反作用的、不适应的、过时的成分呢？怎么可能感觉不到守旧者的怨恨以及他们看到物质世界（自由世界、民主世界、消费世界）繁荣发展时的愤怒呢？从前，人们可是一直预言这样的物质世界会瓦解的呀。

　　阅读《交互世界报》（倒闭前）的最后一期也一样让人难受。《世界报》为了赶时髦，创建了以新科技为主题的副刊，也就是《交互世界报》。2001 年 10 月 31 日起，这份期刊成了名副其实的收藏品。它和绝大部分报纸一样以广告为生，具体来说是新科技的广告。《交互世界报》对这些新科技大加称赞，"描绘了"一个绚丽的未来。报纸上关于科技的"后天"故事决定了互联网上投机泡沫的膨胀，这些故事在吸引资金时扮演了关键角色。但可惜的是，泡沫爆炸的那一刻，资金就流光了，广告和"新闻"报纸也关门了。于是，《交互世界报》在著名的最后一期中，对新科技和它带来的幻想进行了无情的批判，把一切都贬低为废物、几个白丁的狂欢、知识界的自闭症，我们就不该对知识界感兴趣！……最后一期一直说到炸弹客，写满了新闻界厌恶科技的成见。但是，一直以来《交互世界报》所吹捧的，恰恰就是这种"虚假的文化"！它立足于资金和广告的操控，立足于既没有文化又自命不凡的"精英"们的狂欢。愤怒地焚毁[150]曾经盲目热爱的东西是揭露的典型症状。不过这只是表面症状，因为揭露的文章一经发表就会被遗忘，但是除了新闻界的过时外，这种症状还反映了其他问题。

　　一直以来，尤其是 20 世纪 70 年代，记者、作家、科学界或工业领域的退休人员都自称"哲学家"，纷纷涌向电视和报纸的"思想"版块，揭露新奇的小玩意儿、周遭的无聊还有电视。

　　批判消费的经典作家是罗兰·巴特和让·鲍德里亚。20 世纪六七十年代，这些作家提出"符号学"结构主义，并且把它作为一门破译社会密码的科学。不言而喻，"符号学"结构主义从马克

思主义和精神分析的角度进行破译。于是，巴特写下了《神话学》
（1957），用淳朴的语言揭示了广告是如何产生作用的，答案和商
科学校教的一样。他还揭露了"小资产阶级"的意识形态。于是，
让·鲍德里亚构建了自己的社会学，主题和巴特一模一样（揭露
消费社会的神话）。鲍德里亚的社会学质疑了"福利的平均主义观"
和一些虚伪的价值观，比如人人幸福或性"消费"和娱乐"消费"。
于是到了最后，嗜古思想折磨着我们的精神，让人产生一种强烈
的负罪感：我们对高保真音响设备或家用电器产生了依赖，这是
多么羞愧的事！假期和性欲的释放就让它泡汤吧（这都是"消费"
和"小资产阶级的意识形态"）！为什么那些陈旧的、蹩脚的、脏
乱的、无用的东西统统都比崭新的、高效的、有趣的东西高级呢？

▶▷　3.2　过时的政治

政治家……不用了，谢谢！

科技智人今后最好不要相信政治家——要比现在更不信任，
因为现在的科技智人还保留着隐约的希望，希望找到一位与众不
同的政治家。然而，政治家已想方设法让政治失去信誉。我想在
开头就做出悲哀的评定，因为这要比"所有人都堕落了！"这样
绝望的评定严重得多。"所有人都堕落了"说到底还是乐观的，可
能还会激起一场革命。但是"所有人都过时了"就悲哀得多。人
们没有意识到自己不适应现实，或者假装没有意识到，或者假装
意识到了，但是结果还是一样：他们是假装的，事实上还是没有

意识到。"政治和生活有一个共同目标，就连对此抱有幻想的知识分子都不再相信这个观点。"彼得·斯劳特戴克（Peter Sloterdijk）写道。[151] 彼得·梅尔（Peter Mair, 2013）发表了一篇论文，主题是政治体制的空洞，这进一步证实了上文中的评定。一心想着（通过政权交替）留住权力的专业政治精英不仅完全不能提供解决问题的机会，反而成为一个越来越严重的问题。

在科技文明中，政治不是一种崇高的职业，它沦为对社会职能的管理。人们对政治没有期待，更谈不上希望。"请不要放任事情混乱下去，请不要让我们错过发展的机会。"我们向政治家要求道。"请公正地管理带来幸福舒适的物质条件，但请允许我们自己创造幸福。"政治家是我们推选的管理者，是一名技工（这个词的本义），是社会机器的维修师，负责维持社会机器的运转，并且在必要的时候，让社会机器受益于已有的改善。

政治家是社会的维护人员，如果不能履行自己的职能（任凭失业、不安定、污染、教育的无能、医疗体系等问题继续恶化），或者为了窃取过多私人利益而滥用职权，那就是失职。我们要求前来修理电视或者检查中央供暖状况的技工完成他的本职工作，而且临走时不要偷偷顺走银器（或者这户人家一半的收入）。

政党表现出来的根本不是反思、建议和提供备选方案的能力。它们已经成为享受津贴的组织，任务是保证行政选举机器的工作，态度一般很冷漠。荧幕商业秀组织了一场"政治辩论"，这场辩论几乎完全沦为一档从十几位政治家中选出一两位，然后邀请他们上台的电视节目。人们按照政党，其实主要是按照每一个人收买人心的手段筛选出一群官员，再由他们管理国家力量，并且按照权力更迭的逻辑维持选举周期。权力的更迭把管理变成了一台名副其实的二冲程发动机——左派 / 右派，共和党 / 民主党，工党 / 保守党；对于幸运的当选者来说，管理是一份谋生的工作，而且是轮流的工作。

关键在于电视。政治的核心部分是在电视上完成，靠的是通信技术。因为我们缺乏反思、智慧和控制力，所以通信技术得以繁荣发展。如今，不管在什么话题上，政治都沦为滔滔不绝的媒体微话语。这些微话语不断重复过去说过的话，没有任何逻辑，缺乏深意和人性。政治商业秀确保演出的进行，在此期间，真实的政治经济用一种科技经济现状替换了我们所处的社会和政治结构，这是一种综合的、严密的、全球的、适应性强的、活跃的科技经济。之所以能够取代，原因不在于老板们为了成为或者继续做世界的主人，在晚上召开了秘密会议，而在于公民在垃圾电视前度过了夜晚，又在白天继续谈论垃圾电视。[152]

政治已经让我们失去了政治。科内利乌斯·卡斯托里亚迪斯（Cornelius Castoriadis，1998）说，代议制民主让公民远离政治，我们服从的是一种"反政治教育"。当务之急不是让政治家的活动符合现代的品位，因为过时的政治不只是几个哗众取宠的媒体人品位糟糕的问题。让人着急的是我们不在乎一些真实的过程，不在乎经济成为政治核心的过程，不在乎科技进一步成为经济核心的过程。[153]当务之急不在于"重新在政治上掌握"群众，而在于让政治放手，然后重新掌握群众。

有名人士与无名之辈，两种社会阶层

社会上只有两种阶层：有名人士与无名之辈。这两个阶层的定义不是政治体制和经济角度的定义，而是信息和交流角度的定义，也就是非物质价值的角度。

一、有名人士（La nomenclature）。我一直以为"nomenklatura"这个词是一个俄语词，表示苏维埃极权主义下的一个事实：政党领导人厚颜无耻地专享特权。但是完全不对！这是一个拉丁词，表示的是另外一件事，对我们来说更重要的事。在罗马，"nomenclateur"是奴隶，负责记忆并且告诉主人他应该认识的人的姓名。奴隶站在房子门口，宣告来客的姓名；或者，在选举期间，他陪伴着主人，并且让主人"回想起"他假装认识的人的名字。

属于有名人士阶层的人是那些名字和容貌为我们所知的人，是名字和容貌为如今负责记忆名字的记者所知的人。有名人士可以分为两种：看不见的和看得见的。看不见的有名人士，灰色的有名人士是企业、政治和媒体的幕后掌权者。他们把金钱和权力放在第一位。[154] 他们属于有名人士阶层，他们所拥有的物资和生活方式就能体现这一身份。但是他们谨小慎微，不出风头。相反，看得见的有名人士，华而不实的有名人士，爱出风头，喜欢卖弄，从而显示出自己属于更高的社会阶层，而爱出风头的人也知道自己的名气仅限于被别人知道［安迪·沃霍尔（Andy Warhol）的说法］。这就是那些大人物。

二、无名之辈。这里的无名之辈指的不是"没有名字的人"，

而是"别人不知道名字"的人；尤其是名字不为记忆名字的人所知的人。弗朗索瓦·密特朗下葬之后，法国人似乎就开始称呼普通人为"无名之辈"。"无名之辈的敬意"，当大人物下葬时，记者们在整篇报道中一直重复这个词。"无名之辈的敬意"，也就是所有不属于权力名单和媒体名单的人、没有名字的人的敬意……因为记者不知道他们的名字。他们中的每一个人其实都有名字，但是记忆名字的记者不会把他们的名字告诉听众或读者。无名之辈阶层的人们，他们的姓名和容貌都不为人所知。

在这个双层体系中，无名之辈的目标十分明确：提升社会地位，进入有名人士阶层。看得见的有名人士在很远的地方也能受到万千瞩目和羡慕，所以无名之辈把一个疯狂的梦想作为生活计划：成为一个大人物！在街上被人认出来！实现这个梦想的途径不止一种，但是效率最高的办法是：上电视！这就是为什么现在的电视节目这么愚蠢；为什么那些"真人"的表现令人发笑，因为他们做好了什么都说、什么都做的准备，只要能在电视上亮相；为什么电视上会有低俗的比赛，为什么选手为了成为新"星"或者新人物而低声下气。有两个现象让我们重振精神，它们都属于下面几章会谈到的新的可靠的东西和新的立场。首先是匿名者组织（Anonymous），这场公民骇客运动以及它的组织形式取得了重要影响。这是新社会运动中一个非常有趣的实例（Castells，2012），之后我们还会继续谈到这个例子。其次是来自某些社会运动参与者的嘲讽。这些法国人嘲笑那些前来采访的记者，因为这群记者统统把他们叫作"卡米耶"。当无名之辈明白自己的地位同样具有价值和潜力，当他们拦住有名人士和记名者并且提出抗议时，希望就出现了。

制度强力胶

可惜的是，"制度强力胶"这个概念又让我们在悲观主义中前进了一步。我的假说如下：体制有黏性，它是科技文明的胶水。"胶水"意味着"黏合剂"，但是这种黏合剂也可能是一种黏性物质（poisse），一团脏兮兮的东西，它渗透到各个地方，卡住所有机械，牵制所有动作，最后让操作人员泄气。后来，"poisse"这个词获得了"霉运""诅咒""厄运"的转义。这种黏糊糊的东西真的是一种灾难：人的潜力和科技的潜力融为一体，而现在，这些潜力被制度黏住了。[155]

行政体制和政府职能是问题的一部分，而不是一种解决方案。去寻找体制上的解决方案，或者相信有人已经找到了这样的解决方案，那就是放任问题自生自灭。换句话说，这个问题是严重下去还是逐渐减轻然后自己消失，得视情况而定，全看它的命运。不变的是当代世界的"政治行动"在结构上存在缺陷。电视上，面带微笑的政治家站在政府部门的院子里，胳膊里夹着厚厚一沓文件，这是问题——不是解决方案。

伊凡·伊里奇构建了一种理论，他认为体制产生了与预期相反的结果。物质手段让人文主义发展成为可能，而阻碍人文主义发展的原因在于体制的本质。而且，伊里奇认为用体制解决当下问题的可能性为零。"一些主要体制已经获得了一种神奇的能力，它们实现的目标与一开始设想并且投资的目标相反。……道路运输、医学、教育、管理，这些产品对于消费者来说都已经成为破坏性力量，从中受益的只有服务的提供者。"[156] 因为不了解这个当代问题的基本背景，所以我们把一部分问题也看作解决方案：体制。

政治的基本话语是在媒体上无休止地自我庆祝。如今，图像和声音的制造成为一种常见的广告原理。广告的工作原理也和其他工作原理一样失去了信任，和行动切断了所有关联。而且它再也无法传递信念，因为它已经不抱有任何诚意。同样地，政治按照符号化的话语模式开展管理行动，出台法律和条例：发布在《公报》上、张贴在墙上的禁令和义务；国家资金的拨款，每年财政部门都要就拨款问题起草一份可悲的笑话集；在改革的基础上，继续推行改革措施，为的是每年都要打破体制自闭症（autisme institutionnel）的新纪录。为了维持整个体系，行政世界的对流气流循环往复，而其他担心或计划早就被体制的胶水黏住然后消化掉了。

彼得·斯劳特戴克（1993）从揭露过渡到了诊断——因为我们看到，揭露这件事已经过时了。他提出，政治家与现实世界不在同一高度；但是，政治家引起"厌恶"的同时，我们也应该从厌恶中感受到对自我的不满。不再与真实世界和可能的世界处于同一高度的，是所有的人。疾病已经在文明中扩散：人们不希望在同一个社会共存，没有人觉得这个社会真正属于自己。斯劳特戴克表示，整个集体都过时了，政治家被围得水泄不通。他们起不到什么作用，抢救的也都是大件家具。行政机器在很大程度上保全自己的利益，除了缓和矛盾之外没有任何计划，最常见的做法就是把这些矛盾黏起来。我们的行政长官跟我们很配。在舒适、便捷和快活的世界中，我们任凭集体组织的管理走向过时。"可靠的政治就像一个圆的正方形"，[157] 从定义上看是不可能的。但是，光发现这一点还不够，诊断出体制在结构上的无效也不够。

让我们回到两层的社会体系：有名人士与无名之辈。在马克思的政治经济话语中，过去的社会阶层过着艰辛的生活。但是在今天的世界，所有劳动者过得都还算舒适，马克思甚至都想象不出这种舒适。既然如此，那么继续把这个世界区分为劳动者与（资本的）所有者就不那么合理了。[158] 由于政治的过时与体制的不适应，社会分类发生了变化，这种分类的根源令人担忧：科技文明中民主的衰落。这种分类在今天依然合理，并且与有名人士–无名之辈这种分类重叠在一起，是政治与经济上的分类：社会被分为领导者与被领导者，或者确切地说，决策者与非决策者。决策的目的在于更新科技世界的政治。创新计划就是重新决策的计划。英语词"empowerment"在法语中迟迟没有对应的翻译。这个词可以表示这场变革，而首先经历这场变革的是科技：我们会看到，这不是偶然。

在现代之前，民主的作用是有意义的，民主就好像权力的委托，好像"代理"。但是，委托的程序起了反作用。彼得·斯劳特戴克 [159] 直接指出，在智人的进化过程中，一小批领导者分裂出来，逐渐认为自己是唯一的人。与自己相比，剩下的所有人，那些无名之辈，都属于"自然"。科技智人无法继续发挥集体组织的作用，集体组织混乱的起源或许就是一场真正的"人的灾难"。这场灾难几乎与政治一样古老，与体制这个概念一样古老：失去决策。没有一种体制可以成为解决方案，但是，由于体制在结构上的不适应，我们发现了一条道路：重新决策。科技文明中的无名之辈被体制的胶水黏住，被政治话语淹没。对于他们来说，跟自己有关系的还是政治：重新决策，但不一定是政治决策。

体制长期不适应社会，但是集体组织依然发挥着作用，尽管不尽完美。这是因为集体组织的工作原理变了。"政治行动"的无效与非政治行动的高效形成了一个系统。与极权系统不同的是，现代民主没有把可能的行动局限于行政范围，而保证社会运作的正是这个体制内的把戏。民主在这个把戏中存活下来，而这个把戏依赖的是本章开头提到的科技文明的背景：富裕，市场，共识。非政治行动由新的立场，由微行动组成。微行动让每个人都能改变所在地的生活以及个人行动范围内的生活。是具体的某个地点的生活，而不是抽象的全球的生活。[160]

在科技文明中，真正的民主所占的比例正在向边缘减少，令人担心。一场专家治国的灾难已经向我们袭来。科技本身没有强制要求让专家治国，但是我们无依无靠，所以最终还是把这种治国方式作为当代集体组织唯一的管理模式固定了下来。这场灾难不是风险、威胁、预测，它已经发生了，已经固定在人的体制的中心。这甚至是一场典型的慢性灾难，"动静小"的灾难，它帮助我们理解人的体制的不作为，理解体制如何成为科技文明的胶水。

20 世纪 80 年代中期，法国输血丑闻是一个值得研究的案例。

关于这出闹剧，玛丽-安热·埃尔米特（Marie-Angèle Hermitte，1996）贡献了一部出色的著作：《血液与权利》（*Le Sang et le Droit*）。在十分先进的科学的民主中，"有责任，但无罪的"（选自某位部长的名语录）医疗、政治与经济体制，披着医学知识和管理知识的外衣，玩了一场交织着个人利益、物质利益和政治利益的游戏，造成了疾病传染数千市民的死亡。这次丑闻没有动摇共和国；本来是能够动摇的。[161]但是或许，过时的政治覆盖面太广，以至于不管发生什么，我们都不会期待从"精英"那里得到些什么；制裁依然是轻微的制裁，象征性的制裁，因为法院基本上已经宣告"不予起诉"，又在 2003 年再次确认。玛丽-安热·埃尔米特回忆道，1980 年到 1985 年，7000—8000 人因为输血感染了艾滋病；在法国，将近二分之一的血友病患者被传染，主要原因是服用了所谓的"舒缓"药，而这些药物不是必需的。问题不在于技术错误，也不在于瑕疵品，而在于医学、医学的决策方式，以及医学在管理和核查中存在的危险观念，在于科技组织和政治组织在犯罪上的不作为。

当时，市民应该采取了非政治行动，加入了病人协会和输血协会，使用刑事途径。在科技文明中，这个问题完全属于政治范围，但是人们谈论问题的地点在法庭，而不在一个政治场合。要把几位政治家请上法庭，让他们几个人象征性地出一次庭需要许多努力；把看上去想要拼命逃离政治、撇清关系的事件，把假装自己只不过犯了"隐瞒了商品瑕疵"（被事态逼急了的供应商单独干的蠢事）这种小错误的事件，重新拉回政治的范围需要许多努力。至于受害者，社会在物质上的回应是经济赔偿，必要时还有死后赔偿。但是，政治中的经济流通，与国家产业或者公共开支合并起来的关乎个人利益的权力交易，医学对病人和市民居高临下的蔑视，人在医疗技术面前的束手无策和逆来顺受，这一切都没有受到质疑。[162] 我们本来可以针对专家治国带来的灾难采取相应的措施，但是实际上只弥补了一个技术错误——同时要求被赔偿人放弃一切司法行为。在法国，技治主义用卑劣的物质手段赎清了罪过。在美国，赔偿协商以"赎罪"的方式有条不紊地进行着，从而创造了新的政治经济的流通渠道，金钱与政治串通一气的新方式，但是结果都是一样的：统制经济，不透明，不负责，管理往往带来破坏。

不过，重点不在这里。切尔诺贝利不是一场核事故，而是政治带来的灾难。有时，政治体制与它的荒唐一起消失了。但是，专家管理的科技却不断发展。"切尔诺贝利"或"输血事件"在短期、中期还是长期内出现，这并不重要。实际上，这些问题源自体系的中心，它不是边缘上的局部错误。不管这些问题涉及的是基因、细菌、化学还是核电，不管它们有没有涉及公共健康、食品、空气或水，不管它们是民事问题还是军事问题，重要的是：我们担心的物质灾难与从前一样，它们的根源不在于科技的反作用，而在于对科技的恶性管理所造成的结果——其中包括经济腐败与政治腐败串通一气，这一现象一直存在，就像福岛事故的结构性原因所揭示的那样。

政治开始由技术专家治理。所有改革文件都有"很高的技术含量"，法律条文晦涩难懂，专家观点居高临下。专家从高处处理政治，不过专家的治理并没有像分析员预测的那样展开[163]，没有通过"电子技术"，通过冷冰冰的科学，只按照最优算法下达指令。专家的管理是一种纯粹的管理，把其他东西都黏住，运用的是纯粹的官僚主义思维，上演了一出林荫道喜剧。[164]将一种想法付诸行动，需要填满许多文件，以致人们不再有什么想法，行动也因为行政工作不向任何人公开，否认一切民主而受到牵制。大卫·格雷伯（David Graeber，2015）最新的著作以"官僚主义的愚蠢与秘而不宣的快乐"为主题，从独特的历史学角度对上述现象进行了分析，对这一现代发生的可怕事件进行了严厉的批判，毫不留情。

我们并不是要反对专家治国的"计划"，我们面临的问题是没有任何计划，是在官僚主义中故步自封、自给自足；我们要做的是去掉胶水。

在所谓的"技术"文件以及行政无法摆脱的文件的中心，建立起一个专家的小世界。专家与市民或者无名之辈不同，不是随便哪一个人都可以成为专家，专家也不是所有人。专家们形成了技治社会中的一批有名人士，因为在高校、行政、技术、医学等各个领域，从一个委员会跑到另一个委员会的专业评审人员一直都是同一批人。

专家治国的灾难就是政治的过时造成的，换句话说，是因为政治权力没有得到发挥，因为人们任凭政治的位置空着，把集体组织的实际发展全部交由经济掌控。于是专家出现了，他们代表科学，不批判科技。专家鉴定与对科学的民主评价完全是对立的。专家报告是典型的体制强力胶，扑灭了科技民主的火苗。专家不是为执行某个决定或"解释这个决定"而存在的：他们是为了用科学支持已经做好的决定。[165] 人们可以理解转基因产品或输血事件背后的运作机制。这些机制一点儿也不复杂，也没有什么精明的地方，它们按照行动者利益的最大化，按照旧的政治经济法则运作。[166]

专家鉴定在一个恶性循环中运动：要想在一项尖端科技中崭露头角，就必须介入这项科技的实践活动；必须成为医院或国家研究中心的部门主管，如果可能的话，还需要同时成为私人实验室的所有者；必须成为核能、医药、化学等领域的研究主任。专家在他们所"鉴定"的科技中拥有直接的物质利益。这就是社会"科学化"的宿命吗？不，不如说这是遗忘了科学理性与民主的基本条件——很久以前卡尔·波普尔（Karl Popper）就试图说服所有人相信，科学理性与民主的基本条件是一样的。外行的负面评价是民主本身的机制，并且与科学特有的"反驳"机制十分类似。[167] 有人可能表示反对：但是到最后，要想在科技领域做决定，就必须是内行。我们不可能在路边随便找个人，然后就让他在克隆、转基因产品、核电方面做决定，他什么都不懂！这个异议无力又危险，可以从两方面来回答它。首先，从民主的角度，我们经常邀请路边的市民以投票的形式，在由博学的专家精心起草的意见不一的经济方案中，或者在被几代治国的专家搅得错综复杂的社会重组、行政重组、司法重组中，做出选择。如今，从理解和普及上看，一份法律文案、一项政府经济计划与转基因工程的科学内容相比，也没有好到哪里去。其次，大多数路边的人，或者说大多数公民不再是劳动者或地底的矿工，他们的学历越来越高。有时，"路边的人"甚至大多是工程师、物理教授、老师、医生，简单地说，都是受过教育并且了解科技、医学、卫生等文件的人。他（她）必须把决定权交到议员手中，而这位议员的地位仅仅取决于政党内部的晋升体系，与知识、技术、人格、道德方面的能力一点关系都没有[168]：这纯粹是杜撰。斯蒂芬·加得纳（Stephen Gardiner，2011）有一部杰出的著作，谈论的是气候危机的道德问题。他提到一个观点：我们把一个问题托付给一些人，但是这些人在某个环节失败了。既然如此，那么撤销代表团就成了一个合理的选项。

而且，政治经济的简单法则足以描绘上述情形。因为就像市场与民主一样，科技商业与科技治国也是共同发展。科技治国的傲慢、官僚主义的自闭症都是因为个人和集体的辞职或弃权而发展起来的。促进这种不良现象的力量不是别的，正是一种长期存在的诱惑：用最简单的手段获得利益。所谓简单的手段，就是专家鉴定和文件技术化这些机制逐渐养成的特权待遇，以及不负责的态度。

意识形态兴奋剂

如果人们对一个有机体——运动员或商务干部的身体——要求太高，求助于兴奋剂就是一个办法，而且这个办法的可行性越来越高。技术可以让有机体的能力超出正常水平。从本质上看，兴奋剂与合法的医疗科技没什么不同。而且，用于治疗的合法产品与作为兴奋剂使用的非法产品往往是同一种。为了满足体育、媒体、经济世界的期待而存在的兴奋剂，也存在于思想世界：这种兴奋剂就叫作"意识形态"。与毒品一样，意识形态兴奋剂也有药力的强弱。

我们对于自己所居住的世界理解得不到位。在这个世界中，体制的作用得不到发挥，而起作用的力量似乎脱离了一切掌控。所以我们缺少能够左右现实的思想。我们有话语，微话语不断激增，但是不能给人们留下印象，也无法改变现实；而那些曾经让我们引以为傲的思想，以"改变世界"为目的的思想，几乎再也没有了。

人变得既没有思想，也没有价值观。在发现这一点的学者中，科内利乌斯·卡斯托里亚迪斯称得上是最突出的。他提出了一个应用范围很广的概念：无意义[169]。意义失去了控制的能力。首先失去控制能力的是政治领域的意义，这些意义负责调动群众的行动。与尼尔·波兹曼（Neil Postman，1985）一样，卡斯托里亚迪斯在电视娱乐以及它离不开的广告中，看到了所有思想、所有价值观、所有信息普遍"平庸化"的模型，"这是一次假想的社会意义的空前衰退"。[170] 但是尽管如此，卡斯托里亚迪斯承认人类文明的源头在于思想，在于思想的讨论。只要不封闭于某种意识形态，只要继续维持思想的讨论，一切皆有可能。所以，意识形态问题就变得十分重要，具有决定性：如果我们为了对普遍化的被抛做出回应，求助于意识形态兴奋剂，那么这种治疗方法其实比疾病更糟糕，它会加重疾病，甚至可能无法挽回。意识形态兴奋剂可以在短期内调用能源；但是从中期或长期来看，需要付出代价。

让我们先从衡量空洞开始。我们使用元叙事的片段，使用公正、平等、更好的未来、荣誉、权利这些伟大的句子。但是这些大道理已经过时，而且集体行动在空洞的思想和价值观中打转。[171]这里，彼得·斯劳特戴克再次提到了尼采关于"现代性的精神孤独"的分析。政治家在任何具体的事上都不可靠，只会用大道理，用非常抽象的话语作挡箭牌。政治家只会嘴上说说，进行道德教育，扮演厚颜无耻、毫无道德的操控者，尼采称他们为"神甫"。[172]

没有人相信政治家，但是这并不意味着人们就不需要价值观、价值标准和精神信仰。

神圣的代言人获得了圣洁和神灵的完美，他们身穿毛皮或其他服饰，这些特殊的服饰总能凸显他们的身份。首先，这些代言人应该完全脱离空洞的话语，突出重点。其次，代言人建议的内容应该完全摆脱激进的形式，因为激进的形式建立在流行话语之上，而流行话语已经过时。激进的形式带来激进主义以及荒谬可笑的言行举止，又为这些荒谬可笑的言行举止带来成功。意识形态星系跟毒品的发展轨迹一模一样，它的基础是一个令人感到百无聊赖的世界。意识形态兴奋剂可以制造情绪，从中可以迸发出信念的火花，求生欲甚至死亡欲的火花。伊斯兰教激进主义是如今最危险的意识形态，在我看来它就是源于这种现象：只要有意义，什么都可以。

不管是被宗派活动破坏的官方宗教，还是真正的邪教组织，包括幻象派、凶猛派、自杀派、仁慈派，还是政治、工会、生态活动中受意识形态驱使的极端行为，都反映出政治遭到了意识形态的排挤，这是政治的过时在大范围内造成的后果。科技智人离智慧还很远，所以有时会在疯狂中失去平衡。真正的疯狂，是妄想和暴力的疯狂。

恐怖主义打断了沉浸在过时的政治中的美梦：如果恐怖主义是文明的出气口该怎么办？如果恐怖主义的功能是结构性的，那么到最后，恐怖主义的来源已不重要了——激进的伊斯兰主义也好，国内的法西斯主义也好。打倒本·拉登和打倒炸弹客是一回事！当恐怖主义的精神领袖不只对钱和性感兴趣，当他们招致了暴力和死亡以及对世界的破坏，那么他们返还给我们的，是过时的东西带来的无数次放弃、过时的东西延续的无数次痛苦，以及不公所积累起来的被动攻击的力量。意识形态兴奋剂成了药力强劲的毒品、致命的毒品，远比与憎恶科技的、不怀好意的先知一起吸食宗教毒品更为严重。

恐怖主义作为一种全球现象[173]，攻击的只有一个敌人：科技文明。现在，科技文明与它的敌人之间发生了一场文明的冲突。透过恐怖主义憎恶的东西（民主、女性解放、政教分离、性解放、娱乐、便捷、金钱、全球化……），可以看到他们憎恶的就是一件事：科技文明及其生存条件和结果。为什么这场文明冲突充满了暴力，为什么这场冲突甚至沦为了暴力演习（记者称之为"盲目的暴力"）呢？或许是因为人类文明的价值观既没有经过探讨，也没有获得认可；因为对于憎恨这些价值观的人来说，这些价值观既没有形成一个清晰可辨的敌人，也没有形成一个可以交谈的对手；因为他们无法展开思想、论点、话语的交锋。于是最后，人们得出了一种空洞的表达方式——暴力，一种自杀式的表达方式。这个装置纯粹就是为了让文明出气，它可以暂时释放压力。政治遭到恐怖主义的排挤，这不仅值得哀叹，同时也需要从政治过时的基础上进行理解。

▶▷ 3.3 过时的广告

科技智人最好不要相信广告商——而且要比现在更不信任他们，因为现在的人还是会在广告上分散一点注意力，一半消遣一半鄙视。至于为什么不要相信广告商，是因为科技文明中广告的作用直接阻碍了把握甚至理解这一新文明的起步。不知哪条经济学推论曾经假设善良的引诱者是必需的，但是广告商不是善良的引诱者。如果人不创造出一种广告之外的商业传媒模式，那么过时的广告就会不断地把经济、社会、文化的主要部分拉到最低水平，甚至包括人性的主要部分。

广义的广告

我想从一个更广的层面定义来使用"广告"这个词：以影响

受众、暗示受众采取某种非常明确的社会经济行动（一般是广义上的购买行为或投票行为）为目的的追求个人利益的交流，（广义上的）信息的生产和传播。广义的广告是作为人的科技文明特有的媒介出现的。在经济、社会、政治中，广告是大众传媒的发起人与没有姓名的个体行动者之间的媒介。

除了随处可见、人尽皆知的具体的广告信息（海报、电视或广播里的插播广告、杂志页面、报纸或网络上的广告版面），还有间接隐晦的广告。[174] 如今，广告经常运用一些简单的伎俩，比如把广告信息隐藏在一篇"社论式广告"里。这种文章看起来像是报纸上的一篇"重要文章"，其实整篇文章都是广告商撰写之后又买下来的。广告也可以赞助一档电视节目，而这档节目的设计和拍摄都以促销为目的。

隐晦的广告无处不在：形象政策、商标策略，而且不仅存在于所谓的商业世界。刚刚谈到的变性的政治就属于追求个人利益的大众传媒的世界，这个世界中的传媒有着明确的目的，要么是购买行为，要么是投票行为。我不再区分"经济的广告效力"与"政治的广告效力"，因为这两个世界已经在"民主市场"中合二为一。民主市场中，同一批广告商既出售洗衣粉，也出售政治家的形象。[175] 如今，过时的政治只是广阔的广告世界中的一块碎片，这个世界的结构灵活多变又随处可见。政治只是一种广告传媒模式。所以别再用广告商业秀的"背后"存在政治领地的想象来让自己安心了，注意一下广告商业秀的本质和作用吧。

民主政治中民意至上，这里的民意是宪法中所说的民意，因为俗称的民意不再是合乎法律程序的投票，而是民意调查（受媒体与媒体工作人员以及调查人员操控）。古雅典的政治集会广场不再是公共广场，也不是议会，而是电视。领导人向本国国会公开发表政治演讲之前，先在电视上露脸。节目播出之后，民意调查可以赋予领导人民主上的合理有效性。如果发生了严重事件，领导人也不去议会，他会上电视。如今，要想发动一场政变，不会再有人攻打议会，但是可以攻打电视台。

公民身边的政治似乎没有把他们当作演员，没有让他们投票，反而像一场表演，把公民当作观众。公民赞赏或者批评，他们欣喜若狂或者义愤填膺，他们阅读民意调查从而了解自己的想法。公共问题成为一场演出，衡量的标准是收视率，表达的方式也不是投票，而是掌声。人们知道可以事先录制"公开"节目中的笑声和掌声，也可以用闪光信号提示拍摄现场之外谄媚的群众大笑和鼓掌。这种集体情绪的特技已经成为规则。而且不论走到哪里，掌声都能把喝彩的对象变成演出，贴上"好像在电视上"的促销标签。当（媒体宣传的）教皇若望·保禄二世（Jean-Paul Ⅱ）进行（电视转播的）弥撒时，人们开始鼓掌；当教皇去世和下葬时，人们又在虔诚地鼓掌。人们为媒体最喜欢报道的大人物和受害者的下葬鼓掌。

经济学理论、营销学教材[176]和关于广告的故事[177]定义了商业性大众传媒在市场经济运作中的地位，详述了构建与发展这两个历史阶段，试图理解这种大众传媒作用于意识的方式，并就其实际效果提出一些比较常规但偶尔咄咄逼人的问题。[178]不要错误地认为是广告导致了政治的过时。至少，反过来说也对。这是一个相互堕落的故事，一个悲伤的故事，是另一个更宏大的故事的第一部分，一个失去内容的故事。

微话语的逻辑

假设我们不再服从于令人安心的、把人们统一起来的元叙事，转而服从于促销的微话语流。标语、商标、"短句"、不连贯话语的片段都是微话语，它们不断重复过去的内容，毫无逻辑可言。新款洗衣粉把衣服洗得更白，政治家将努力解决失业问题。信息的堕落是当代人孤独无助的根本。信息堕落的过程中，人们为了形式，牺牲了信息的内容：重要的只有话语形式，确切地说只有话语的滔滔不绝、话语的流量。关键在于电视机有没有打开。人们看的是"电视"，而不是节目的内容——虽然有时在看电视的同时，我们无意间注意到一些东西，注意到某些内容。人的科技文明自认为是信息社会，但是这个社会在很大程度上是一个空洞信息的社会。其实，在服从于信息的过程中，人们接收的是空洞的信息流，而不是信息（适用于个人并且可以使用的信息）。我还会再次谈到（第4.1节）流动型媒体理论，这类媒体强调"流"，与提供信息渠道的通道型媒体相反。在这个语境中，"流"的特点就是自我推销。自我推销出现在存在方式和话语方式之列，而这些方式构成了当代被抛状态最普遍的特点。电视主要说电视的好处，上电视的嘉宾先说自己的好处，媒体首先庆祝自己的中肯：不管到哪里，自我推销都是微话语的主要"内容"。已经过时的东西以及让"过时"继续下去、让"被抛"继续下去的机器，不是广告本身，而是自我推销的微话语流以及它强加的、暗示的、制造的服从态度。

米歇尔·福柯在"话语的秩序"中注意到限制的逻辑（1971）。继"话语的秩序"之后，今天的微话语流把一种不受限制的被动逻辑变得非常方便。或许，我们应该用服从这条微逻辑代替福柯研究的"权力微物理学"（1994）。后现代时期，服从于信息流的逻辑取代了现代物理学，统治着人。法兰克福学派以及后继者（尤尔根·哈贝马斯或赫伯特·马尔库塞）揭露的统治现象之后——文化统治与物质统治，又出现了服从现象，而服从首先发生在信息领域。接受自己不想要的、难以理解的促销微话语，这已经不是物质上的服从：此时起作用的是一种新的统治形式，一种完全不同的形式。

后现代形式下的广告不直接起作用，而是劝说消费者购买。首先，广告采取间接的文化与经济行动，这一点在迈克尔·舒德森（Michael Schudson，1986）的作品中有精彩的描述。但是更重要的是，广告存在的意义在于强制性被动，也就是让人屈服，这个意义才是最重要的。

广告与报纸的恐怖

象征性服从存在于政治经济中。这是因为广告流是商业流。媒体（报纸、杂志与电视）会避开可能让"广告的客户"不快的内容，因为媒体靠客户的钱谋生。所以食品加工、美妆、石油、汽车等行业中不会出现任何令人不快的内容。一些读者和电视观众似乎不会因为广告的存在而受到干扰；按照最有效的审查机制——自我审查来看，他们或许会因为广告造成的信息缺失而受到干扰。

广告污染不仅是自然物种和城市空间受到破坏的问题，而且是交流空间受到破坏的问题，实际上，这是一个人的倒退的问题。网络上，交流空间的污染愈演愈烈：闪烁的广告大标题，强制弹出的广告窗口，不需要的广告邮件（恶性的垃圾邮件）……一进入法国城市，公路上，林荫大道上，地铁上，凡是无名之辈目光所及之处，都是巨幅海报。海报上陈列着各种食品与裸女，上千张海报上都是本周重磅推出的电影：市民视觉空间的污染无时无刻不在蔓延。广告视频污染了电视，广告消息污染了收音机，最终惹得人们不愿意购买这些产品。如果我们翻阅一本杂志，想在广告页中寻找一篇文章，而且买这本杂志时还花了一笔不小的数目，那么我们怎么可能不扪心自问：我是不是付出了两次代价，一次是现金上的代价，一次是服从广告的代价呢？如果一部电影被力捧，演员每天接连不断地在各大电台和电视节目上出现（女明星在一台，男明星在二台，导演在三台……），那么我们可能产生一种强烈的欲望，不去看这部电影，等电视上免费放映的时候再看（不过它可能塞入了卡门贝干酪和卫生毛巾的广告）。再比如，忍受了城市交通和排队的不便，支付了一笔足以吃上一顿简餐的钱，终于坐上了电影院的扶手椅，却要忍受半个小时乱吼乱叫、血腥暴力的广告，怎么可能不恼羞成怒呢？为什么要忍气吞声到这个地步呢？

让我们想想，为什么没有广告的报纸［《绑鸭报》(*Canard enchaîné*) 和《查理周刊》(*Charlie Hebdo*)］看上去很真诚，没有广告的网页看起来很干净，没有广告的街区看起来很漂亮，为什么没有在广告流中出现，拥有全套低档车配置却没有任何华而不实广告的汽车［达西亚 (Dacia) 现象］创造了大量需求；让我们想一想，为什么对于音乐家来说，只要不上电视不去电台，他们就可以算作诚实的人，算作真正的音乐家，为什么我们向某位知识分子表示敬意的时候，（媒体……）会尊称他为"不经常在媒体上露面的知识分子"。因为过时的广告到哪里都会造成危害，以至于没有广告反而成了一种价值。

信息与物质上的富裕已转变成一种恐怖的教育，把塑造人变为塑造消费者。看看那些高中生，他们的大事就是比较衣服的品牌，其实就是比较父母的购买力，确切地说，就是衡量父母的服从程度。例如，为了让小学生在入学前整装待发，家长和孩子会去超市购物。超市购物就是一场商品的实用价值、货币价值与商品"品牌"之间的交战。父母和孩子是这场"品牌"游戏的双方。有一款练习簿上印有市面上的流行人物，这个人物孩子在各种墙面、荧幕、报刊亭、快餐店、早餐谷物包装上都见过，可是这款练习簿比没有人物的贵了一倍。家长看得比孩子透彻，觉得受骗了，其实就是交了 50% 的广告税。从经济角度看，广告流强行收税，只不过再创造过程中的流行效应掩盖了这一事实。如果广告税公开了，谁愿意交这个税呢？谁愿意用一半的工作时间来补贴这个广告体系呢？我们怎么就把商品变成了敌人呢？

　　信息上的富裕可以成为文化机遇；但是我们正在把文化机遇变成文化恐慌。对所有人来说，CD播放器或数字播放器都是享受由最好的演奏家用最好的乐器演奏出来的动听音乐的途径，而且可以随心所欲地享受，可以享受无数次。过去，世界上没有哪一位主人、哪一位暴君会想到可以拥有这种能力。但是，一段以三个和弦为基础的"我爱你宝贝"（I Love You Baby）的旋律，要比莫扎特的作品更好卖，因为在第一种情况中，几乎不需要后天培养的音乐素养，但是在第二种情况中就不是。而且谁关心音乐素养呢？音乐"制作人"不关心，商家不关心，大多数听众也不关心。理论上说，这应该是国家和国民教育关心的内容……但是一方面国家没有相应的资金，另一方面有这种意愿的人又很少：当少年听莫扎特的时候，说得难听一点，没有人能捞到什么好处；说得好听一点，又因为每个人都需要从中得到收获，所以莫扎特的作品就卖不出去。其实没有人真正关心科技的使用，关心科技可以赋予文化教育的内在力量，因为没有人能从中获利。

　　最后，信息和物质上的富裕以及为了上电视而写的并且在推销一周后就销声匿迹的书籍，都已经成为思想贸易中过时的广告与恐怖的文化。20世纪70年代末，科内利乌斯·卡斯托里亚迪斯[179]参考了反极权理论，在源于极权的文化空洞与源于广告的文化空洞之间进行了对照，结果令人担忧。在名为《空洞产业》的文章中，卡斯托里亚迪斯控诉了知识分子。是这些知识分子放纵了知识空洞的恶化，是他们几乎把所有空间都让给了徒有"思想生活"虚名的广告流。卡斯托里亚迪斯说道，这群知识分子没有知识分子该有的风气，所以缺乏责任感、缺乏谨慎。

我们把名望的逻辑颠倒了：人们原本认为，完成了某些事情就能获得名望，但是恰恰相反，只有名望才能让人做出行动，发表讲话，受人倾听。要想行动起来，就必须被人所知。但是，怎么才能在不采取任何行动，没有任何内容的情况下为人所知呢？答案是：首先，凭借一些不光彩的理由出名，其次再做自己要做的事，说要说的话。接着就会出现内容。而且，内容一般用不着出现，因为中间目的已经达到了。如果已经是位"大人物"，那么只要维持这个地位就够了。人不是因为出版了小说而出名，而是因为出了名才出版小说，是为了保持名声才出版小说。

在我们中间，这种趋势越来越极端。传媒导致"生活可视化"的过时，这件事我们闻所未闻：广告让生活在电视上随处可见，也就是生活的"电视可视化"。不管年轻的拜访者来自哪里，不管是欧洲、亚洲、非洲还是南美洲，当他踏上纽约的土地时，都会觉得自己在一片熟悉的土地上：这里的一切都稀松平常，所有东西的尺寸都正好，不管是汽车、道路还是大楼；这里的警察穿着合理的制服，警车的鸣笛声也是合理的；这里的一切都像他一天中某几个小时看到的一样……在电视上看到的一样。索福克勒斯和莫里哀的名声远远比不上暴力电视剧或低能游戏中转瞬即逝的英雄。1910 年，美国电影中出现"明星制"，随后"明星制"[1] 像

---

[1]　指 20 世纪初在好莱坞逐渐形成的一种以强调明星为主，电影本身或其他要素为辅的商业手段，目的是吸引更多观众。——译者注

一阵龙卷风一样飞速发展。如今，"明星制"在文化市场中的份额最多，已经成为商业文化的大卖场。[180]

发生经济畸变的广告流之中，体育也出现在列，确切地说，这里的体育是指被称作"体育"的广告表演。个人在现实中从事的体育活动拥有自身的意义和价值。这项活动甚至属于一项自我的计划，包含了自我护理、生活卫生、健康甚至智慧等词汇。但是，纯广告式的表演遭到赞助人的入侵，走向了荒唐的地步。赞助人肆意弄虚作假并且实施操控，在这些表演中，兴奋剂才是常态。这场商业秀属于另一个世界，这个世界充斥着世界经济中最龌龊的资金流通和势力交易。要想用"体育"、"奥林匹斯精神"、年轻人的榜样，这些字眼谈论这种商业秀，必须一句真话也不说。司空见惯的兴奋剂，对选拔结果的操控，朝裁判脸上吐的唾沫，流氓的争吵和谩骂，黑手党和伊斯兰恐怖主义赞助国的黑钱，只要广告带来的电视可视化这一关键问题得不到解决，这一切就都不值一提。[181]

至于政治广告，还是应该把原来的名字"政治宣传"还给它。这个名字因为极权主义受到贬低，但又作为政治"传媒"重新恢复了地位。美国政府亲自拍摄关于敏感话题的"报道"，许多频道又播放这些报道，把它们作为信息加以呈现，而不是作为一项"调查"。[182]"大众传媒与广告之间、观念与标语之间的界限，每天都会出现更多裂缝"，[183]光认识到这一点已经不够了。我们必须认清，这条界限已经完全消失，无影无踪。宣扬"美好生活，共同生活"（la vie en mieux, la vie ensemble）的政党标语和宣扬"生活，真实"（la vie, la vraie）的大型商场的标语之间，已经看不到区别的影子。

被称为"政治"的广告演出与我们服从的其他广告流之间没有任何区别：它们都在告诉我们真实的生活和幸福。诺姆·乔姆斯基曾经试图论证，今天的政治信息已经成为一种政治宣传产业。[184]乔姆斯基的依据不是阴谋论，而是简单的市场理论，这就更令人担忧。阴谋可以被挫败，但是对市场又该怎么做呢？尤其是在市场上流通的不仅有商品与金钱，还有信息的时候。

我想对"新闻界"下一个广义的定义，为人类文明的话语方式和思考方式定性。新闻界是微话语流，实际内容与广告流一样不可靠，同样进行自我推销，但是从带来现实中最新事件的报道，而且这些事件关乎群众利益来看，新闻界的实际内容又要求恢复"信息"的地位。实际上，与媒体效应相比，也就是与话语的吸引力相比，内容是次要的。话语的吸引力是人们假想出来的，因为在新闻界称王的国家，比如法国，无名之辈很少阅读报纸和杂志，而且读得越来越少。为了完成"头版头条"和"最新消息"的演出，为了用作假的内容填满"调查"，招摇撞骗和口无遮拦不会受到任何限制。当我们宣布雷尔人成功克隆出人时，报刊就会大卖。但是如果我们了解这个邪教组织平时的谵妄言论，如果我们了解现有的克隆技术，那么这条消息的可信度就接近于零。当人们宣布"经过调查"，最终证实上述消息不属实时，报刊又会大卖。多好的伎俩。但是，按稿件行数计算报酬的记者必须把话题卖给报社人员，报社人员必须把话题卖给专栏主编，专栏主编必须把话题卖给主编，主编必须把话题卖给无数无名之辈……从而把无名之辈卖给广告商。在内部出售和外部出售的洪流中，每个人都根据自以为从他人那里了解到的内容行动，而且看不起他人提供的内容。不尊重他人与不尊重自己形成了一个体系。

电视新闻的滔滔不绝与日报的统一性是新闻体裁带来的效应——讨论相同的主题，基于同一条报社电讯，用同样的图片和视频加以阐释，重复同样的新闻界偏见。在新闻界，过时的自我推销可以用一个简单的实例来体会：媒体谈论媒体的内容比其他任何事情都多，有时甚至只谈论媒体。"最好的"电视节目是谈论电视的节目（对其他节目的分析，后台花絮，作为节目回忆的重制档案，剪辑后的真人秀节目，而真人秀节目就是媒体的自我陶醉，媒体在制造现实的同时自我观察……），"最重要的"网站是谈论网络的网站（搜索引擎），"最好的"广播节目是对报纸杂志的回顾……：媒体谈论媒体，这是最好的主题。媒体制造出一种在谈论"什么"、思想开放、为世界带来信息的印象，但是实际上，媒体只谈论自己，只谈论变得没有目的也没有意义的封闭的冥想世界。马歇尔·麦克卢汉曾预言："媒体是信息。"对这条格言的解释五花八门。如今，因为过时的广告，我们否定了这条箴言：除了推销媒体之外，媒体不包含任何信息。

报刊讨论某一事件时，最重要的主题一般是报刊的讨论。人们透过媒体的包装或广告的利益（一般没什么区别）谈论某一事件，因为壮观的一幕也好，媒体演出也好，真正制造"事件"的东西也好，都属于同一类。教皇去世（媒体包装是不是太过了？），为袭击悼念默哀（媒体组织的媒体演出），电视拍卖（看电视就是做慈善），劫持记者（尘世间的犯罪行为）……媒体谈论媒体行业的事，换句话说，媒体首先谈论的是自己。于是自我推销的微话语产生了，它绕着密闭的路径不断地流动。

把社会分成两种阶级——无名之辈与有名人士的假说，到这里可以收尾了：主要的记名者是记者[185]。如果体系中出现（短暂的）危机，比如极端主义者在某次选举中排名十分靠前，比如全民公决失败了，那么人们就会看到阶级矛盾本来的样子一闪而过："失去信任的政治媒体阶级"与无名之辈之间的矛盾。

最后，让我们来谈谈足球。让我们向法国足球队教练艾姆·雅克（Aimé Jacquet）致敬。他出身于无名之辈，但是始终没有受到有名人士经常在媒体露面这种思维的影响。艾姆·雅克四年间一直受到《队报》（*L'Équipe*）记者（其中巴黎记者比体育记者多）的贬低和嘲笑，无法泰然地工作，但是依然在 1998 年带领法国队夺得了世界冠军。本来几个纸上谈兵的足球评论家的报道可以大卖，他们嘲笑艾姆·雅克的口音、外表、着装，换句话说，就是让人把他看作一个傻瓜。决赛获胜之后，一名记者斗胆向他提问，艾姆·雅克回答："不，我不会原谅的，永远不会。"这是尊严，是决心，是抗议媒体不负责任和媒体流朝三暮四的微行动，是我们的榜样。下文中还会继续谈到微行动。但是，当这位艾姆·雅克解释继任者遇到的困难，同时又提到《队报》记者是些"嘴脸丑恶的人"（《世界报》2002 年 7 月 5 日）时，这些记者就以"公开辱骂"为由对艾姆·雅克提出诉讼。如果过时的报刊到了这种不负责任和不公平的地步，那么自由与民主就会因此蒙上阴影[186]……

▶▷　3.4　过时的商品

科技智人最好不要相信商人以及他们的商品。因为在消费社会之外，富裕社会管理的主要是在陌生的"使用市场"上流通的象征性交换的价值。同样地，这些商品流也不能从商品流通的旧模式或工业模式来考虑。

消费

交流上的便捷与物质上的富裕相互交错，从而产生微话语流。微话语流让科技智人一直处于错觉中，科技智人错误地认为自己的存在依靠商品的消费，普遍的舒适依靠商品的生产。不过，如果我们只能在"家庭影院"投影烂片，那么没有什么比家庭影院更没用；如果因为堵车开不了高科技汽车，那么没有什么比这台汽车更没用；如果烹饪后端上桌的菜肴因为营养过剩，在人体内造成致命疾病，那么没有什么比这些菜更荒唐。不管从物质的角度还是信息的角度，富裕与过时之间的联系都可以用大量富裕的反作用加以解释。[187]

如今有一种奇怪的"商品迷信"遗留了下来：经济主义。我尽量给出一种经济主义的定义：在经济主义中，经济决定社会，而不是社会决定经济。但是我支持的论题与之完全相反。科技智人不再是工业时代的经济人，必须改变经济信仰。经济主义是体制和思想在文化上的落后，体制和思想被黏滞了，停留在工业时代，推崇增长率和消费率，也就是推崇市场交易。市场交易依然无处不在，我们靠市场交易生活，但是经济学家对这些市场交易的分析已经不合适了。无名之辈在网上进行文本交换，尤其是音乐交换时不需要支付"作者"税（只有小部分税会到作者手里），人们对此感到恐慌，而商品迷信就解释了恐慌的理由。类似的恐慌也随着复印的"盗版"书籍出现了。就好像我们卖的是一张塑料饼状物（一张 CD）或者一包纸（一本书），就好像我们只会卖这些东西……因为这是一件商品，有形的商品，可以与一斤麦子或一吨煤比较。但是音乐用户不会购买刻录的塑料片，买书的人不会购买打印的纸张，正是由于这个原因，我们才说这些买家不像其他人那样是商品的买家。他们感兴趣的是另一个方面，这个方面体现在商品中，但是难以用经济学家的方法去把握。

我们必须重新思考商品与信息的关系。我们知道，所有商科院校研究的企业不再是生产汽车商品的福特公司，而是微软公司。这里的微软公司，不是从前生产塑料软盘、现在生产光盘驱动器和可以通过各种渠道进行购买或在线上（网络上）购买的软件公司，换句话说，就是生产消费者可能选购的"产品"的公司；也不是作为工程师和程序员的资源库的公司。我们应该了解的，是作为市场机器，作为"流"的生产者的微软公司：充分混合、难解难分的图像流、信息代码流和标语"流"。微软公司没有靠"硬塞商品"成为全世界的风向标，而是制造了一种不可抗拒的市场流，这一市场流在每一步都经过了精巧的设计，遏制住竞争对手和合作伙伴；制造了一种信息流，这一信息流在每一步都经过了聪明的设计，吸引了非信息技术领域的用户，一般是为科技产品创造生态龛的用户。微软公司出售信息，这是一种把操作（软件正在运行）与广告（正因为这些软件是风向标，所以人们才使用）紧密结合的信息。[188] 经济主义和过时的商品在微软公司的例子中显而易见：在市面上流通的大部分"产品"其实……都是非法的盗版，这些盗版产品不会为微软公司带来任何收益。从商品销售额看没有任何收益，但是从市场地位看这些盗版产品带来了一切。这里的商场不是商品交换的市场，而是使用市场，这个市场决定了科技的生死。

人工制品进入科技龛和经济龛不需要汇报，也不需要计划，就与其他达尔文主义的进化一样。这一点戳穿了经济学家的论述。报纸、百科全书和各种服务试图分散在互联网上，以免费的形式繁荣发展。后来，根据经济学家的提议，这些服务过渡到付费模式[189]，但是访问量因此大幅下跌。之后这些服务又发生了摇摆（回到免费版本；或者部分免费，部分收费……）。这些波折清楚地表明，除了商品之外，我们什么也不会管理；如果我们想要以商品的方式管理信息，就无法以经济的方式驾驭信息。

一种厌倦心理慢慢埋下了种子。有那么多上市的东西是我们不想买的。我们购买的东西一度让我们十分失望，以至于我们再也不希望放纵购买欲。科技智人之中，消费厌倦心理不仅是富裕的自然影响，还是更深层的文明现状的自然影响：商品的过时。消费物品和服务说到底只是一时的，而且正在过时。但是商人、广告商、政治家、经济学家——包括糟糕的先知——对此似乎并不知情。

生产（不能承受的发展）

经济学摆置的中心是过时的增长教条，或者准确地说，是生产和消费的反面教义。"永远都是多多益善！"没有任何其他想法可以与这个执念匹敌。从部门委员会到最小规模的干部会议，所有部门，包括行政部门和工会，一直对增长抱有执念，问题总是已经[190]确定了，而且哪里都一样：怎么才能生产更多？比去年更多，比其他人更多。但愿有人站起来说："我计划明年完成得更少，这对所有人来说都更有好处。"生产减少，销售减少，钱财减少？比竞争对手完成得少，比去年少？提出这种意见等于断送职业生涯。开玩笑的人博人一笑，不过马上就会被带到人力资源部，商讨辞退事宜——或者被带到公司的心理医生那里，如果公司有心理医生的话。

增长教条是数量经济主义的基础，但是十分荒唐。这不仅是物理上的荒唐，可以从熵的角度进行论证的荒唐[191]，更是人的荒唐。因为"可持续"发展本质上不是可再生碳氢燃料的问题，而是可以承受的人的发展的问题。我们怎么会蠢到一生都相信，只要多 15% 的收入，我们就真的会过得很好？[192] 我们怎么会无知到不惜一切代价，期待生产的增长，哪怕这意味着污染的灾难性扩大，就业的减少，工作乐趣的减少……？我们生活的世界，已经不再是那个多吃两倍，就会多长两倍的世界。事实恰恰相反。

由于生产本位主义的教条，我们的经济既不让我们满足，又不教育我们如何满足，这里所说的满足就是饱腹感。但是，相反的是，我们预先学会的是逃避，是永远的不满，最后是虚假的快乐。这种贪得无厌的思维让人不得不在数字上弄虚作假，在经济领域，这是必不可少的做法：要想实现预期的增长，就用数字说谎，而且人们甚至都没有意识到这是一个谎言。[193] 即使在已成定则的账簿骗局中越陷越深，最终走向破灭，人们依然选择欺骗。

农业的混乱可以用增长教条来解释：从事农业的人被跨国公司（供应商和客户）和（贷款）银行团团围住，被迫成为工厂主，把农场（确切地说是"开发地"）变成工厂后院。农业收入大多来自国家补助（也就是税收），而不是来自农产品销售额，这显然很荒唐。但是，增长教条不会因为荒谬而止步，正是因为如此，这才是一种教条。让我们充分利用开发地吧，无限地利用！

经济话语通常只是有名人士的微话语，令人困惑，意思不明，没有效果，惹人发笑。不管我们的反应是理智的还是充满了对"经济恐慌"的愤怒[194]，我们都应该解除经济学家的精神压迫，这种压迫阻止了我们对当代集体组织的思考。经济科学就像莫里哀时期的医学院一样，为自己的失败和对蒙昧主义的执念而感到骄傲。它仗着自己的准则和令人困惑的公式趾高气扬——这些准则和公式应该用拉丁文书写。世界经济的狄阿夫瓦吕斯（Diafoirus）们，那些毁灭了整个国家的狄阿夫瓦吕斯们，以及摧毁了地方工厂的小狄阿夫瓦吕斯们是同一类人：他们论述的基础，认识论意义上的"模型"以及他们谈论的真实水平都是错误的。"在某些领域中，随着时间的流逝，人的意识更加顺从，人的大脑更富创造性，从而为富人找到与穷人愉快共存的正当理由，但是这种领域很少。"加尔布雷斯（Galbraith）写道。[195] 需要行动的时候，全世界金融业的顶尖人士就会开口说话，公布指标，提出建议，甚至还会做出预测。现实从不回应这些指令[196]，但是相似的话语流每天都会不断重复、翻新（证券交易所）这些编码化、数字化的微话语流。

20世纪70年代，恩斯特·弗里德里希·舒马赫（Ernst Friedrich Schumacher）开始发表另一番话语，他谈论经济时"把人当回事"。[197] 这位杰出的英国经济学家没有任何极左分子的特点，他确信生产不是解决方法，而是问题。[198] 这个问题是论证经济主义经济的直接证据："对经济的判断非常碎片化；在做所有决定之前必须放在一起考虑和衡量的方方面面中，经济只认准一个方面：能不能为采取行动的人带来经济效益？"[199] 问题不在于这样的货币经济，而在于追求增长的数量经济，因为金融首先是数量增长的度量单位，金钱首先是形而上的抽象商品。舒马赫写道，最根本的错误在于形而上的本质。错误的改正需要形而上意识的觉醒[200]：走出工业时代的概念，走出增长和消费的教条主义。经济学家可以根据摆脱了经济主义方法的真实账目，证明工业体系是无效的，根本无法带来收益[201]，从而促进意识的觉醒。成长在生命体系中是至关重要的，这就是生命。但是，如果把同样的增长概念应用到工业中，就会造成一种误解[202]，一种范畴错误。我们必须替换掉这些数量，"把重心从商品朝人移动，有意识地、果断地移动"。[203] 在舒马赫的作品中，这种"人文主义经济"甚至表现出佛教思想，它提供了一种模型，用来反抗过时的商品教条。

任何增长政策都无法解决的问题，是不是能用"减少"解决呢？或许，我们不应该继续"推动"生产，"推动"消费，不该继续用红色打印负数百分比，而是用……绿色打印。如果把红色作为可能不受控制的增长的"颜色代码"，效果或许会很好。

舒马赫的想法提供了一个出发点。会计的记账方法并不合适，它没有考虑不可替代资本：自然、人。如今，人们经常重读经济学家尼古拉斯·乔治斯库-罗金（Nicholas Georgescu-Roegen）。他运用了与熵有关的术语，发展了相关分析（熵在热力学上是混乱程度的度量单位）。生物的活动，尤其是人的活动——特别指人的工业活动，消耗了生物所处环境中的不可再生资源——秩序，即环境在可利用能源和分化结构方面的组织方式。全球范围内熵的增长是一种比其他污染都严重的污染。增长教条意味着熵的无限增长，换句话说，消费造成了所有可用资源的枯竭。经济有意忽略了人的活动积累的废料：这不属于经济的度量范围。[204] 经济学家称之为"外部因素"：对他们来说，这些因素不会被纳入账目。这些因素不重要，因为人们不会（用钱）计算它们。对此，尼古拉斯·乔治斯库-罗金提议走出"增长癖"，并且首次提出减少的主张 [205]——如果做不到减少的话……他就只能祝我们之后继承地球的变形虫好运了。[1]

对于科技智人来说，外部因素成为重心。经济没有考虑到的问题已经成为主要问题，局限于商品流和货币流的分析已经站不住脚了。舒马赫的提议具有建设性，从这些提议中，我们可以

---

[1] 变形虫（阿米巴虫）是比较低等的单细胞生物，此处是讽刺人类做不到减少的话，很可能退化，变回单细胞生物。——译者注

找到促使我们从另一个角度思考政治甚至思考个人的灵感，而且这种灵感也让我们能够从另一个角度思考经济。因为外部因素的重要性是一种新提议，它引入了两个要素，提供了一种改革的思想，而这两个要素至少被经济主义忽视了：民主和自主。通过批判沦为经济选择的科技选择[206]，科技智人进入了一种公民参与的思维。人开始重新争夺凌驾于商品之上的权力，重新把握当代现状，重新把握自我。

自然在面对荒唐的商品思维时，发挥了自己的权利。在这片土地上，生态意识的觉醒走对了方向，尽管这些生态意识一般着眼于技术恐惧者的预言。人在面对商品时，同样发挥了自己的权利。但是人的意识似乎还没有觉醒到这一步，因为他们的意识更形而上。我们可以从价值的角度考虑商品的过时，从而推进形而上意识的觉醒：富裕时代的特点是以越来越低廉的成本生产商品的能力。所以，价值集中于制造商，集中于人的劳动，集中于人的时间[207]，而不仅仅集中于市场上出售的生产劳动力。

于是，根据阿玛蒂亚·森（Amartya Sen，1999）的建议，经济或许会重新成为一种人文科学。或许，经济不再会为了满足需求而生产，或者为了满足"生产"的需求而生产需求，而会从人创造人的生活的能力进行思考。这种能力包含物质资料，不过物质资料不是全部，或许也不再是主要部分。

科技智人的被抛感，是一种象征性服从，总是服从于富裕世界所产生的过时的东西。可以帮助我们走出被抛感的解决方法，既不难想象，也不难实现。

4. 新的可靠的东西

一种可靠的哲学开启了当代智慧的道路。失去现代元叙事的同时，我们也失去了内容，失去了具有社会性和严密性的想象机制，失去了单向的共同计划。任凭后现代微话语进入我们生活的同时，我们加强了富裕文明的反作用：富裕文明产生了不可靠的东西。

内容性和严密性是可靠的东西的积极特点。内容和内容的重要性：我们要关心的不是没有思想的、虚幻的、空洞的、易碎的、令人失望的内容，而是持久的、令人满意的内容，是记忆的载体，是可以被人记住的内容，是跨时代的、能带来影响的内容，而不是像微话语一样不能留下印象、逐渐消失、朝三暮四的内容。严密性和关于严密性的考虑：目的是让内容之间能够相互联系，形成网络，形成积极的相互影响，从而一方面构建意义，另一方面构建"我"。

在当代世界，依靠不可靠模式生存的富裕造成了成年人的严重短缺。可靠是成年人的想法，我们用这种想法塑造成年人。科技智人还很年轻，必须慢慢成熟。[208] 让我们重新赋予这种成熟的想法以意义，赋予知道自己想要什么、知道自己是谁的成年人形象以意义，重新赋予这种人的能力以价值：言出必行，做出决定，承担选择。

▶ ▷　4.1　非物质的重要性

我们已经明确了科技的革命潜力，也试图去理解这种潜力如何持续受到工业时代残留物的阻碍。我的想法是，由于一些过时的东西，我们很难翻过这一页，这些过时的东西遏制了当代人思考和行动的可能性。这不完全是一种权力，一种压迫，一种暴力体系。这种不可靠性具有典型的非物质特点，它是信息的，甚至是文化的。正因如此，在科技智人具备的革命潜力中，需要首先开发非物质潜力，需要首先把非物质潜力放到可靠的东西的位置。

信息 - 价值

没有什么比信息更容易达到可靠和不可靠的最大值，因为没有什么比信息离人、人的思想、人的自我更近。人、思想、自我在某种程度上是一些信息单位，是非物质的。当信息达到不可靠的最大值时，它就是自我推销的微话语；当达到可靠的最大值时，就是思想、文化、意识、知识、科学、艺术。如今，信息四处传播，过剩，不受控制，成为一片雨林。信息有待探索、开垦、耕种。

从信息本身来看，信息对于科技智人来说，代表了什么是科技上的富裕，代表了一个自然界，一个需要在其中汲取、建造、栽培的环境。

我们被非物质财富包围，让我们学着重新认识和利用这些财富。宇宙由物质和能量组成，也由信息组成。信息作为非物质的物理量，指挥着生命的工作，因为细胞和人体既是能量单位，又是信息单位。信息同样指挥着思想的工作，因为大脑主要是信息单位。人这一物种会思考，会技术，有一种特殊的共同处理信息的方式——文化。在这一方面，人拥有惊人的竞争优势。信息的文化管理，就像技术的其他形式一样，是人的特性。科技时代，信息处理的规模和本质发生着变化，但这只会更集中地反映科技智人的决定性特点。

信息、信息理论和信息技术处理信息的历史催生了一门新成果颇丰的学问。本章中，我们只研究这门学问的主要部分。我们可以给信息下一个严谨的数学定义，这个定义主要归功于克劳德·E.香农（Claude E. Shannon），他为信息的机械化处理以及之后的电子化处理，也就是工业技术科学——信息技术的诞生做出了贡献。信息技术制定了一系列代码，从而实现对信息的操作（处理、存储、传输、可搜索性），我们把这些操作统称为"数字化"（英语：digitalisation）。把一张照片、一份医疗记录或一部交响乐转化成一个信息单位、一个数字单位的，是代码，而且一般是二进制代码（0 和 1）。智人按照当代的统治方式——科技，用有限的数字序列表示信息，把自己变成了信息的主人。[209]

电信和电脑产业让电子处理信息的成本显著降低，实现了电子信息的流通、处理和存储在数量上的飞跃。[210] 物质上的富裕给予了我们信息上的富裕，就目前来说，信息上的富裕确实远超电子和文化上的富裕。在这个过渡阶段，也就是从商品流通到信息流通的过渡阶段，对于智人来说，生态龛对物质的治理也正在过渡到科技 – 生态龛对信息 – 文化的治理。

一直以来，人通过对非物质实体的掌控，从而实现对物质实体的掌控。首先掌控的是语言以及独有的建模和有效沟通能力，其次是话语的逻辑排列和知识体系的构建[211]，最后是技术科学。当人们从进化论角度研究人脑的工作时，就可以让信息外部载体的发展趋势显现出来。信息的外部载体就像大脑的附件，趋近于无限。[212] 人们在语言和后来的文字中，在各种流动的文化形式中，比如神话、传说和理论，储存和处理信息。人们利用物质的方式存储这一非物质单位。在人与科技共同进化的过程中，信息化超级法则（参见第 2.1 节）首先指向的不是"去物质化"，而是最有效的信息（物质）载体。

我们学着以智慧的方式与最聪明的低级兄弟——电脑共存，同时也在追求自身的发展。在最小的个人笔记本上，关系型数据库已经成为一种惊人的人脑附件，它可以运用自己的智能，而不仅仅是记忆。普通用户可以通过智力增益，也就是加强人脑实现的效果，从而在数据库上管理行政活动、酒窖或参考文献。这种能力只要一个简单的动作就能实现，只要发出一个请求，比如在接待不喜欢波尔多酒的朋友之前可以提出这样的请求："哪种酒不是产自波尔多？而且必须在 2012 年前饮用？而且我至少有两瓶？"如今，专业用户运用接近于无限的信息管理能力来领导一家企业。"情境菜单"具备（人工）智能，当我们需要时，"情境菜单"就会打开；文字处理中的拼写检查器也具备（人工）智能，当用户使用时，拼写检查器会学习新词。

　　超文本是一种人工智能的"软"形式，它改进了书写形式[213]，为网络的成功做出了巨大贡献。一个页面的部分区域，一篇文章的个别单词可以感应鼠标的移动和点击，然后另一个页面或另一篇文章跳了出来。这些是链接，而新的文章中同样包含链接。从一个链接跳到另一个链接，就是浏览超文本。这也是阅读，不过阅读的方式和从前不同。超文本利用电子技术，在古老的信息形式，也就是文字形式中，加入了网络这一信息思维所提供的在质量上具有革命性的资源。如果我们有兴趣的话，可以在超文本中排列某一主题的全部知识。以笛卡儿为例。首先是一篇简要介绍笛卡儿思想的文章，第一层是重要的解释性链接，第二层是笛卡儿的文章以及注释和点评的链接，第三层是与笛卡儿相关的哲学家以及主要评论家的链接。其次是对笛卡儿思想的决定因素感兴趣的人士的邮箱地址。从某种角度说，维基百科按照超文本的思维，进行着这项知识收集计划。

　　我们可以谈一谈信息革命，而且是不带引号也不加斜体的信息革命。这场革命是事实，而不是未来的投机。只要看见我们和我们的信息机器进展到哪一步就够了，甚至都不需要冒着风险去预见一个数字化程度更高的未来。关于人与人工制品的共同进化有一些经典分析，这些经典分析于 20 世纪 90 年代发表，我会假设这些分析是在回顾了尼古拉斯·尼葛洛庞帝（Nicholas Negroponte）和曼纽尔·卡斯特尔二人的主要贡献之后……得到的。

1995 年，麻省理工学院教授尼古拉斯·尼葛洛庞帝重新开始更新科技世界最流行的《连线》（Wired）杂志上的专栏。他向群众宣布一个新世界开始了，这个世界的特点用一个神奇的词就可以概括：数字化（英语：digital）。世界的核心不再是原子这个物质单位，而是比特这个信息单位。尼葛洛庞帝明确地说，信息技术不再与电脑有关，它与生命有关，与我们每个人的生命有关，而且逐渐与生命的每一时刻有关。人必须成为这场数字革命的行动者，同时也要成为文化的行动者——这一点值得注意。因为我们缺少的不是信息技术——电脑和光纤已经够用，而是内容。我们不是在等待一项新发明，而是在等待对环境中已有发明的创造性使用。

社会学家曼纽尔·卡斯特尔在题为《信息时代》（1996，1997和 1998）的经典三部曲中，引领读者环游了一趟思想的世界，这是一个地理上的世界，也是经济上和政治上的世界。它由一些社会组成，这些社会因为现代性，因为一种新思维而发生了变革，这种新思维导致了危险的不平衡，但同时也提供了从前无法想象的机遇。信息技术首先在专业范围内创造了一种新文化，接着在各个领域都创造了一种延续了 20 世纪 60 年代自由主义文化的文化：我们是便携式音乐播放器和易操作型、联网型电脑的用户，所以都有点加利福尼亚人的特征。卡斯特尔指出，资本主义以"信息化资本主义"的形式蔓延，因为资本主义获得了新生和新的源泉。但是卡斯特尔的结论和我们了解的判断一样："然而，科技的过度发展和社会的落后发展之间存在断层。"[214]换句话说，信息科技的变革还不是革命。但是这已经是一场静音的革命，是走向非物质价值的思想革命，标志着工业时代向后现代时代的过渡——正要翻过去的一页。

信息革命是一场经济革命，就这一点来说毫无疑问。从经济革命的角度看，正在进行中的经济革命主要是电子和信息革命的结果。从全世界范围看，自工业革命以来，商业世界就在进行同一种活动：出售商品来挣钱。突然，这种活动就完全变了样。如今，是企业提供了管理人员和想法的新思路，这一点令从事教育的、思想正统的工会或政党活动分子感到不满。

要理解眼下构建起来的世界，信息的力量是关键。信息的力量既有好的一面，也有坏的一面。[215]从坏的一面看，信息的力量在于管理信息、掌握信息以及在需要时操控信息，也就是把信息扭转再扭转，把信息变形，直到满足需要为止，这就是如今的商人、广告商、政治家、工会和政党活动分子的主要工作。员工越来越多，工作强度越来越高的领域是信息领域。制造商推出的新型洗碗机就长这样，而我们的工作在于利用所谓的"产品销售指南"，把这一型号卖出去。要想入侵一个实力较弱国家，并控制这个国家的资源，那么光让一大群人登录是不够的，必须调动合适的信息处理手段，从而创造一个适合打仗的（信息）环境。

真正富起来的不是纺线的（印度）人，不是织布的（巴基斯坦）人，不是运输这块布的（印度尼西亚）人，不是剪裁、缝补这块布的（中国）人，也不是在街上出售这件衣服的（非洲）人……而是指挥这条流水线的人，是既不纺线也不织布的人，是从不看也不摸商品材料的人，但是他的权力无人能及，他掌握着信息。我们花了大价钱入手了一辆新车，但是大部分钱不是花在钢材和塑料上，而是花在了信息上。工程师带来了信息，使得发动机耗油更少，不需要维修；设计师带来了信息，让汽车车身看起来像"破坏者"；广告媒体带来了信息，向我们夸赞这辆车。如果说付钱给这些媒体的是制造商，那么最后支付全款的是买家。[216] 经济一直都在，任何时候都在，但是现在的经济主要属于信息这种新价值，而不再是过时的商品经济。不过，信息可以成为商品，但不是传统意义上的商品。信息需要一种新经济。

传统的经济，人们向我们解释道，基于产品的市场稀有度原则。产品的稀有度确定价格体系，调节商品交换。然而，信息是一种可再生的、不会损坏的"产品"，所以不会变得稀有。当消费者喝掉啤酒时，啤酒就变得相对稀有，而稀有就体现在他准备为另一杯啤酒付的价格里。当消费者复制了自己最喜欢的歌曲，打算发给最要好的三个朋友时，歌曲没有变稀有，没有人需要付钱，消费者甚至……创造了一种富裕！信息经济是富裕市场的经济，在这个市场中，消费不具有破坏性，商品交换不一定要收费。[217]

企业出售的是符号而非商品。企业的价值在于形象、名称、象征，而且一般就在于这一个新经济的魔法标记，这个标记既具有典型的商业性又包含信息：商标！娜奥米·克莱恩（Naomi Klein）在《拒绝商标》（*No Logo*）（2000）一书中明确批判了信息的政治经济。新经济形式下的企业是一种虚拟企业，所谓的虚拟不是说企业没有物质外形，因为企业是有的（真实的中国工人制造真实的鞋子），而是说企业的物质外形无关紧要，只是无形的价值信息的物质载体——就像每台有形的电脑只是无关紧要的物质载体，电脑处理或存储数据，数据中包含价值信息。

　　企业根据信息流而非企业活动的具体数据进行重组。基础设施取决于信息结构，而不是信息结构取决于基础设施。诸如信息共享或者知识管理（knowledge management）这样的概念在企业中逐渐重要起来。医学逐渐转变成"信息医学"[218]，而信息医学的核心是信息的获取和"处理"。无论在哪里，另一种单位都在逐渐增加，它不同于我们习惯操控的物质和能量单位。

　　新经济是一种富裕的经济。物质和信息上的富裕创造了自由和"游戏"的小空间。在许多新生的工作岗位上，人们可以在出勤时间查看债券，收发电子邮件，使用手机……虽然我们被愚蠢的广告和稍微不那么愚蠢的电视节目和杂志包围，但是也拥有游戏的自由（liberté de jeu），我们可以自由地嘲笑它们，改变它们，也可以不加入它们的游戏。当代的异化具有不同的本质，不同于那些权威——政治权威、宗教权威、经济权威，在整个历史进程中强加于人的异化。新经济就是如此：自由和民主不仅得到了容忍，而且融入了经济价值的体系。为了让程序员写出一个操作简单、富有创意的界面，就随他们围坐在咖啡机旁，聊上几个小时

吧；为了让市场调查员设计出新系列产品，就送他们去海滨浴场
进行"研讨会"吧。为了让教授教给学生一点东西，就解除铃声
和讲台的束缚吧……不过人们怀疑新经济提供的游戏自由实际上
没有涉及学校。企业和消费的新思想，以及价值信息创造机遇的
新文化构成了一种初生态的反正统文化，直面过时的体制。[219]

从 1996 年《商业周刊》（*Business Week*）上刊登的一篇文章
（《新经济的胜利》）开始，"新经济"似乎就已经创造了财富。与
这一主题相关的大量文学作品中，正如常理所说，新经济在数量
上的特点是全球性（多亏了电子网络，国界消失了），在质量上的
特点是非物质性——也就是信息性。根据熊彼得（Schumpeter）的
理念，科技创新是经济扩张的动力，这一理念在新经济中得到了
最明显的应用。

2000 年春天破裂的金融泡沫不属于新经济，因为新经济是事
实。金融泡沫是未来主义投机的泡沫，因为未来主义的投机是广
告微话语。随着交易所的欲望和未来主义意识形态的减弱，一种
新的经济制度逐渐在富裕经济中确立下来。

阅读尼葛洛庞帝的同时，两位年轻的瑞典商学院教授谢
尔·诺德斯壮（Kjell Nordström）和尤纳斯·瑞德斯卓（Jonas
Ridderstråle）将他们所说的"放客企业"（funky business）理论化
（1999）。两位教授不仅对非物质和合作的重要性进行了再评价，
还更进了一步。20 世纪 70 年代以来，我们经常可以在后现代社
会学家的著作中读到他们的评价。他们从心底呼唤一个完全"爆

炸"的企业，适应一个爆炸的市场，一个放克世界。他们说这个放克世界是一个"嘈杂的市场"，一个充满肤浅情绪和幻象的万花筒。他们认为，"情绪化"企业必须培养非从众心理，而且培养的基础不是在偏激的、不理性的争论中产生的随心所欲的选择，而是基于理由充分的价值选择："现在，大脑成为生产方式"[220]，必须解除对大脑的一切限制。我们不仅处在知识经济中，而且更重要的是：我们需要的知识无法预料，反复无常，无法控制。两位作者提出，知识带来了破洞牛仔裤，而且它从来不会按时出现。

　　从消费者角度看，我们耐心地期待着一种新的服务文化，而且，我们把重新创造商业传媒作为开端。经济学家们，不管是像舒马赫（1976）这样的理论家，还是像盖瑞·麦戈文（Gerry McGovern）和罗布·诺顿（Rob Norton）这样的实践家（2002），都使用了相似的概念：按照人们很重要、人们在看、人们只要求照顾好自己的标准去做。在新经济寻找的新价值中，新经济提出一场经济主体关系模式的革命，提出一种更尊重人的交流模式。消费者只需通过关系的改变，从高处走出过时的广告，而不是通过冲突和相互鄙视，从低处走出去。我们可以从网上订阅广告信件的思维中发现这一关系的象征：一开始，只要在网站上留下邮箱地址，"订阅"就是强制的，而且收件箱里充斥着无用的广告消息（垃圾邮件）。我们可以通过线上流程取消订阅，但是流程很复杂，而且通常无效。这是一种撤退（opt out）思维：你被迫卷入，如果想出去，必须自己行动起来。接着，出于商业"道德"的需要，出现了选择性加入（opt in）的系统："订阅此广告"前的空格是默认不勾的，想要订阅的话需要勾选，默认情况下没有广告。

一种新经济正在形成。新时代（New age）的、团结的、可持续的、互利的、佛教（舒马赫所说的佛教）的或者酷炫的，对新经济的称呼可谓多种多样。[221] 奇怪的是，生产和消费之间的区别竟然不那么明显了。自由软件（开放源）产业就是一个切题的例子 [222]：和信息的商品经济同时发展起来的，还有软件的非商品经济，确切地说，这两个网络相互缠绕。因为微软试着模仿 Linux，Linux 是"免费"的竞争者，同时 Linux 为了在使用市场上存活下去，也在努力模仿微软软件。越来越多来自 Linux 世界的软件在市场上出售，另外，大部分微软软件用户没有支付费用（因为他们用的是非法盗版软件）。而且，1998 年，IBM 为网络服务器采用了自由软件 Apache。Apache 这个名字不是随便选的，这个软件的程序员坚持把它定义为人的社团，为自由软件运动服务，哪怕他们的产品是当下世界信息技术的核心之一。

自由软件程序员的文化在我看来，似乎真的继承了 20 世纪六七十年代交替出现的加利福尼亚文化。除了音乐、服饰、药品之外，真正表现出酷的东西，是……写代码。我们曾期待"竞争"对信息产业的统治，那么合作又是如何在这个产业中成为主导价值的呢？程序员眼中的事态发展是这样的。最早出现的是 Unix[223]，当时程序员以团体为单位在大学和企业里工作，因为当时的信息代码可以交换而且可以在大范围内交换。80 年代初，商界占领了信息技术，禁止共享、借用和交换代码。部分程序员看到了这种做法的坏处，准备发展自己的世界，也就是平行的自由软件世界。

GNU[224] 就此诞生，自由软件运动也随之而来。GNU 的主要设计师和理论家之一是理查德·斯托曼[225]，他守护着一种独特的"自由"哲学。其实，"free software"（自由软件）这个表达玩了点文字游戏，"free"这个词既可以表示"自由"，也可以表示"免费"。自由软件主要诞生于一项自由（freedom）计划，而不只是一项免费计划。[226] 自由软件可以获得报酬，报酬可能来源于用户的自愿捐赠；但是关键还是在于开放源（open source）理念：自由使用代码资源[227]，这样就可以调试软件，修复软件，而不单单是复制。

后来林纳斯·托瓦兹（Linus Torvalds）出现了，这位芬兰人首先调整了他称为 Linux[228] 的类 Unix 稳定开放源，接着又成功地让全世界的人都去谈论 Linux——这两件事让理查德·斯托曼羡慕不已。调整 Linux 的故事为自由软件运动的另一宣言提供了导线：埃里克·雷蒙德（Éric Raymond）的《大教堂和大集市》（*La Cathédrale et le Bazar*）[229]。因为 Linux 也是开源软件发展的例子，埃里克·雷蒙德说道，开源软件是一种集市，反对高高在上的、古老的工业软件，反对大教堂的建造者，这些建造者让一群没有名字的施工者在他们脚下工作。这里谈到的工业思维和合作思维之间的对立具有典型性。

对内容的质疑，对内容的轻视

不要走得太快。如果不对信息的价值进行更准确的分析，我们就无法介入价值信息这种新文化。更重要的是，流通中的信息的数量和可获得的信息的质量，这两者之间的关系并不简单，尤其是当我们赋予了渠道（accès）这个概念一种重要的存在意义时。
理解质和量这两种辩证的东西，在我看来就像区分可靠和不可靠。
我们不能只要求用"质"代替量，或者代替量之外的东西。我们
应该指出量由什么组成，要做到这一点，可以参考不可靠的微话
语流。我们应该对内容提出疑问，内容与名为"导管"的东西相对，
"导管"是技师喜欢的叫法（"导管"是让信息流通的物质手段）。

　　为了揭露"对信息的狂热崇拜"，西奥多·罗斯扎克（Theodore
Roszac）提到了一个安徒生童话：皇帝的新衣用一种神奇的布料
织成，只有道德高尚的人才能看到这种布料。[230] 信息或许就是新
世界的神奇布料：它具备所有优点，人人都迫不及待地想要欣赏
它，生怕落入对现代的东西一无所知的境地。罗斯扎克的分析可
以追溯到 1986 年，但是现在依然没有过时，不过我们必须记住他
在分析之前所做的区分：一方面是纯粹与数量有关的信息，理论
上由信息理论处理，实际上通过电子技术处理；另一方面是意义
（sens），即人创造并使用的含义。信息不是一件中立的商品，不
会服从于增长教条。"情报商"不能以低成本复制信息，也没有源
源不断的广告流吹捧它的功效。[231] 对传媒的狂热崇拜也和信息崇
拜一样。如今，这两种狂热崇拜混合在了一起。[232]19 世纪哲学家
亨利·戴维·梭罗（Henry David Thoreau）经常在林中沉思，率先
反对内战。他或许就是童话中敢于说出皇帝一丝不挂的孩童。"我
们忙着在缅因州和得克萨斯州之间拉起一条电报线路，但是这两
个州之间可能根本没什么重要的事情要说。"[233]

　　英语区分了"data"（纯粹的"数据"）、"news"（时事新闻）

和 "knowledge"（知识），区分得很有道理。[234] 我们至少应该区分作为毛量的信息和作为非物质价值的信息。作为毛量的信息存储于某一物质载体（神经元、电子、光学或油墨等载体），作为非物质价值的信息位于另一个世界或者说另一个范围：人的意识，人的文化。不过范围的区别不是本质区别，而且范围的区别可能经历不同的程度或者中间阶段。我们要记住这一点，从而避免令人生厌的妄断，因为我们有时会轻易地给质和量定罪。情书之所以存在，只是因为墨水和纸张的存在；我们之所以能够即时和免费地阅读全世界的报纸，只是因为网络电缆的存在。要想让人们有话说，电话是不够的，但是当我们有话要说的时候，电话是无可替代的资源。科技赋予了我们处理毛信息的力量，这种力量不一定就不是人之间的交流，不是智慧和文化；这两种信息之间的关系很明确，它们之间是惊人的协同增效关系。但是两者并没有合二为一，因为丰富的方法无法组成一项计划。而且，根据我们的分析思路，在不可靠的语境下，方法的富余严重损害了人的计划的本真性。

内容的发展所遵循的原则令人担忧：对内容的轻视。内容不重要，只要有信息流、信息传媒、信息的传播就够了，只要信息量不间断就够了。过时的广告已经向我们演示了广告流、媒体流和报刊流对内容的轻视。让我们继续这个话题并且做一个概括。由于对内容的轻视，大众传媒没有传递价值信息，反而产生了完全相反的效果。通常情况下，似乎没有人真正在意人们所说的或者所演示的内容，没有人会从中寻找什么意义。重要的只是说或演示的动作。[235] 对内容的轻视不是一种统治（意识形态的操控）机制，而是一种服从机制：服从于信息流的同时，心理安慰会对我们进行温柔的催眠。人们已经主动承认，电视具有"催眠效果"；但是催眠不仅意味着让人在沙发上打盹：催眠是让人主动服从的手段，催眠不仅限于催眠药。

在新科技中，对内容的轻视是容器的蛊惑带来的结果。导致价值信息丢失的就是那些本应该是手段的东西。对形式、对连接、对虚拟接口的狂热是对手段的狂热，不考虑目的，不考虑计划。这种狂热是某种科技的特点：这种科技自己不成为目的（这或许太简单了），但是会导致共同进化的失衡：我们的手段比我们制造的东西，比我们能够通过这些手段制造的东西先进太多。有线电视新闻网（CNN）和法国信息台（France Info）首先拥有的是节奏、形式、声音或视觉上的韵律，与这些相比，内容是原材料，也就是次要的组成部分。[236] "今早，阿尔岱雪（Ardèche）的气温上升至 10℃……"：你不知道这条消息和自己有没有关系？这不重要，一切尽在速度中，在音调中，在仪式化中；麦克卢汉说得对，媒体成了信息，形式成了内容。

形式到"内容"的变化距离商人的利益一点都不远。回想一下，对于古典主义者来说，形式服务于内容。对于收视率至上的电视来说，两者的关系正好相反。电视写作已经沦落到非常低俗、非常不可靠的地步，以至于人们不指望在里面加入内容。对内容的轻视，这里也可以叫作"收视率的独裁"，只瞄准一个结果：人出现在电视机前。就因为一个颠倒的问题，内容被迫服务于形式：

某项科技具备某种能力，那么什么样的"内容"才可以发挥这项科技的作用并且让这项科技大卖呢？于是就有了这样的软件，它们让人们不得不购买一台性能更强的电脑——计划性淘汰；就有了这样的电影，它们尽可能丢掉小屏幕上的收益，做好把观众带到电影院的准备，电影院的影像、声响和音质是目的，而相对地，剧本是手段。近年来，好莱坞出品的多部影片似乎都把三维（3D）作为目的而非手段。于是，对内容的轻视成了内容对形式的服从，灾难性的服从。

Gate-keepers（守门人）现象解释了不可靠的信息流为什么会留下重复或者说千篇一律的奇怪印象。我们把 gate-keepers，"大门的守卫"，"入口的锁"，称为一种特殊的工作，他们能够宣布事件或人物能否真正进入媒体界。大门通常是关着的。[237] 如果没有人在媒体上谈论 X 或 Y，那么也不会有人开这个头。要想打开这扇门，需要采取特别的行动，最常见的行动就是与守卫直接沟通。矛盾的是，守门人的工作属于记者。出口处平淡无奇、千篇一律的内容是因为入口处对信息流的调控。实际上，记者提防已经具有内容和意义的信息，提防需要获取的信息；他站在那儿是为了维持已经存在的、经过调控和度量的信息流。这就是为什么所有想在媒体流上传播的事件或人物都必须跨越成为障碍的大门。要想进入这扇大门，必须认识媒体界的"什么人"（这个问题编辑会在询问你的书写了什么内容之前提出来）：我们再一次看到了有名人士的基本作用。一旦越过这扇门，就进入了另一个世界，人们的地位也会随之改变，事件或人物则被媒体流搭载着去往别处。

转眼间，某个人物约瑟·博韦（José Bové）或某次事件（三伏天）成了报纸的主题，它们会被一而再再而三地提及，即使在无话可说的时候。转眼间，一些一直以来都真实存在的事件（精神病院或教育机构内发生的侵害行为、恶狗伤人事件……）被媒体系统地揭发出来，于是这些事件成了真实事件，成了电视新闻里的真实。企业新闻部和大人物新闻部的工作，就是让身为客户的事件、产品和人物越过这扇门。所以，在信息富裕的世界中，对内容的轻视歪曲了信息流通的本质。为什么"歪曲"？因为我们期待从媒体和记者那里获得一条通往价值信息的道路，而堵住这条道路的，恰恰是媒体和记者。

使用优先原则促使我们首先对不可靠消息的收信人——科技智人进行反思，而不是对媒体流和报刊流的发信人进行猛烈抨击，尽管揭露他们的"无耻"[238]对公共健康很有效。科技智人是在哪方面不可靠，才容忍了（实际上是导致了）信息科技中不可靠的东西呢？

流动与通道

对内容的轻视是由于流动型媒体优先于通道型媒体。流动和通道的区别一开始是技术上的区别，在哲学上是本质的区别。

如果媒体，或者说信息的传播手段按照固定的时间节奏单向传播信息，也就是沿着从发信人到收信人的方向传播信息，而且不允许收信人干预内容，那么这就是流动型媒体。人们被动接受流动型媒体的存在。电视和广播属于流动型媒体。

如果媒体推荐了（而不是强加）一些信息，用户主动进行一些操作，从而获得这些信息，也就是说，媒体与用户进行互动（媒体提供了主动的通道：用户向信息运动），让用户自己把握查阅信息的时间节奏（有时甚至为用户提供修改内容的途径），那么这就是通道型媒体。书籍是典型的通道型媒体，除此之外还有 CD 播放器和私人或公共的 CD 音乐库，以此类推，图书馆、录像库、多媒体库等也是通道型媒体。当然，网络也是出色的通道型媒体。

我们的问题在于，更好地理解不可靠流作为一种流其起源是什么，从而更好地构建获得可靠的东西的可能性。

从存在的角度看，去获得价值信息为实现可靠的东西、在第一时间了解它，并进一步完善它提供了所有机会：人们学着用寻觅之后发现的东西构建事物，人们构建了可靠、连贯的事物，构建起了一种文化。人们还学着认可和欣赏可靠的内容，培养了自身对于这些内容的品位，这是真正的文化所具有的标志，也就是构建人自身的可靠性和连贯性。

相反地，接受信息流使不可靠和服从带来的所有危害叠加在一起。因为被动，所以人们忘记了本可以在其他地方学到的东西，失去了品位。在谈论智慧之前，同时也是为谈论智慧做一个铺垫，通道和流之间的区别可以为人与信息的关系构建卫生的条件。流动型媒体是一种信息污染，要预防这种信息污染，可以关注信息卫生。阅读一本书或一份报纸（阅读而非翻阅）不是接受信息流。看电视新闻是接受无法消化吸收的微话语流。

流和通道之间的关系很复杂，而且不断变化，但是就科技智人的未来而言，两者的关系处于十分重要的共同进化的边缘地带。说得再明确一点，一方面，通过一种高尚的思维，我们可以在流中设置通道，从而构建可靠的东西；另一方面，堕落的思维会促使通道型媒体转变为流动型媒体。

　　书籍始终是不可替代的智慧的载体，因为它耐用，因为使用时间自由，因为文字密度高。梭罗认为文字话语是最宝贵的人的遗产，是"最接近生活本身的艺术品"，这主要是因为文字话语最深入人心也最能包罗万象。[239]

　　广播是流动型媒体，留给听众一点时间安排上的自由。这种声音流不要求完全地服从，所以，在不可靠微话语的汪洋中还漂着几座价值信息的小岛。人们可以在广播中倾听莫扎特和勒内·夏尔（René Char）。

　　电视的工作模式是"约会"（用广告语说，就是"大型"盛会）：在固定时间的节目中，排在第一位的，也就是"第一时间"或者说黄金时段的是电视新闻和晚间娱乐节目，还有美国的或者风格类似的"电视剧"。每个电视节目都进入了一种流，这些流都有各自的节奏和韵律，而节奏和韵律是主要的；节目表和节目的节奏比内容更重要。电视新闻，广播电台，首先都要有节奏。期待充斥着"独家报道"的每日新闻，期待每个文学回归季推出的上百本最新小说，期待50个电视台在一分钟内播出的上千张新图像……就是期待流本身，而不是期待它的内容，就是期待作为形式、能量、象征的信息流。但是，为此付出的代价是可怕的：对内容的轻视。

　　要想在信息流中开辟道路，要想在信息流中编织网结，构建个人文化"站"，那么个人就必须逐渐具备可靠的品质、修养和信息技能。可靠品质的萌芽，或者说某种程度上的文化培养，能够在信息丛林中构建起文化站。问题就出在这里。如果这种文化培养没有传授到每个人手中，一种十分虚伪的假象就会歪曲"知识"社会或"信息"社会的本质："流"面向的大部分人除了接受之外什么都做不了。不学着接受流而去构建通道或许是反教育的行为——学校里教的内容全是学会服从；娱乐几乎也都服从于信息流。

　　使用优先原则可以直接适用于个人修养，也适用于个人的可靠。因为是用途决定了供给的最终价值，是用途能够把流转变为潜在的通道。但是，相反的现象同样存在：通道型媒体也会转变为流动型媒体。把内容变成"流"的理念十分危险。

　　与图书馆不同，书店不仅是获取书籍的空间，也是商业流的空间："新书"和自封的"畅销书"，也就是刚刚生产出来的、大力宣传的"流"被"推送出去"，被堆放在桌子上，被陈列在柜台上，占据了其他作品的位置。这些小说和专著在一周之内为人们所津津乐道，之后就再也无人提起，它们和其他流动型产品一样令人失望。但是要抵挡这些书，需要具备一定程度的意志力，甚至需要一点智慧。购买和阅读我们想要阅读的书籍，而不是购买和阅读橱窗里陈列的书籍，这件事改变了知识生活。在网上书店（也包括大型网上书店），同样的一些标题也被"推"到了首页；

但是网站的主要用途在于搜索用户已经决定阅读的书籍或作者，因为所有有货的书籍都可以在网站上找到，而且搜索引擎几乎可以直接跳到相关页面。书以邮件的形式寄到家里，一般情况下都十分快捷，而且邮件是免费的：这条通道是奢侈的。网络修复了通往书籍的通道。在不可靠流的压力下，书店经常破坏它本应该修建的通道。

互联网从根本上说是通道型媒体：用户根据自己的选择，按照自己的节奏，主动搜索信息，还可以保存自己的信息。但是许多广告商和商人试图把网络转变为流动型媒体。转变的方法各种各样：强行设置主页，在主页上发布广告流；试播信息或娱乐"频道"；网络服务供应商一直试图发展私人子网络，在子网络中，供应商或许会再现"一对多"媒体的"分支"思维，向无名之辈分配信息和流；如今，"脸书"（Facebook）为了自己的利益，为了占有虚拟空间而发起合法进攻。

在其他许多方面，通道型媒体正在向流动型媒体变化："没有限制"的卡券把电影院变成了公共电视，排片表由重量级广告商决定；读书"俱乐部"把购买书籍变成了订阅"流"，而推动"流"的是市场营销。

"流"蚕食着通道型媒体，它的威胁无处不在。这些危险让相反的现象变得格外重要，也就是说，让"流"朝着可靠的方向转变，这种现象一直都是可能的。由于部分行动者的选择，一些流成为了内容：电脑背后的无名之辈阅读网上"截取"的文章；无名之辈手持电子录像设备，通常是手机。[240] 他们可以录制一场音乐会、一档节目、一部电影，然后在自己乐意的时间点播放，甚至是"查阅"这些内容，"查阅"这个词是典型的通道型媒体——书籍所特有的词汇。书签（"收藏"——又是一个和书有关的词）为每位用户筛选网页流，这些书签就是有用的链接网页（相当于有用的参考书目，好书的阅读推荐）。在信息富裕的时代，修养就是自我定位的能力，是自己铺设通道的能力。在线阅读自己选择的报纸和文件接近于读书的体验，我们甚至还可能扩大了这本书的面积。相反地，随心所欲的"冲浪"意味着划过一条流，随波逐流；这种体验接近于看电视：我们基本上哪儿也没去。回想一下，冲浪者在沙滩和沙滩附近的浅滩之间来来回回，去的时候消耗了肌肉的力量，回程时海浪的力量又补充了肌肉的力量，把冲浪者重新带回出发点。但是碰到意外时，他会溺水。如果说这项活动就是最高端的信息科技手段（在新闻界）的象征，那么我们会感到十分失望。

　　传媒方面的专家曾指出一种反现象：信息过剩产生了相反的结果，让价值信息失去了作用。[241] 军人非常了解信息过剩的反作用，即信息接收器的饱和（无线电探测器屏幕上收到敌军飞机的图像，但是同时也收到上千张难以分辨的虚假图像，后者带有迷惑性）。信息战中，这是一种进攻技巧：发布大量信息，将真实信息淹没于虚假信息中，将重要信息淹没于没有价值的信息中。许多网上"搜索"是失败的，原因不在于信息无法使用，而在于用户没能成功地从过剩的信息中获取这些信息。在这种情况下，因特网就成了最糟糕的敌人。因为与商品和实体产品不同，信息很快就会因为过剩而出现问题，出现信息过剩的症状。"流"会堵住通道。

这种反向思维主要应用于电视和电视"信息"。电视流试图引发情绪流。这种被动接受的情绪流具有催眠性，可以供人消遣，放松身心。在这种情况下，怎么可能有人说当选的总统没有遵守他预估的承诺呢？观众看了五秒总统，神情沮丧；但是再往前五秒，又因为国家队在某项体育赛事中获得的胜利而容光焕发；再往后五秒，又因为好莱坞灾难片的发行垂涎欲滴。看着这些一闪而过的镜头不断出现，我们甚至都可以悄悄地说，在之后播出的"流"中，这位总统还会出现，还会做出相同的承诺。对此，我们只要不停地从他那里迅速跳过，不停地把他塞进一片超细的薄片，塞进世上最荒唐的信息千层酥的中心就可以了。

观众必须重新把握图像[242]，要"重新经历一遍"图像：重温图像，就好像真实经历过一样。在试听领域中重要的事，在所有信息流中也同样重要：重新把握信息流是一项工作。"会观看"意味着谈论看到的或曾经看到的内容，然后赋予其意义，让这些内容成为意义世界中的媒介，而这些意义都是从"我"的口中说出来的，是由"我"控制的。我的假说如下：如今的信息流中有一种堕落的思维阻止人们重新掌握真实内容。

信息流被推向作为消费者的无名之辈，这种想法基于传媒理论中一对非常重要的概念：推（push，被一股脑儿"推"到收信人那里的信息）和拉（pull，收信人将要寻找的信息，走向他的信息）之间的区别。推和拉之间的冲突是发送者和没有姓名的接收者在权利上的冲突。流和通道之间拉起了一条前线。这是一场决定性的战争，但是悄无声息，战场是价值信息的使用市场。

口语、书面语、信息技术：第三次文化革命

我们知道，一直以来，科技智人通过构建自身的文化形式，自身的文化技能，来实现自我构建，其中最重要的文化形式是语言，或者说口语。这是所有人的文化特有的媒介，也是人的文化所独有的。口语有人的特点，这个整体特点中包含着技术。第一场文化革命让我们成为人，第二场革命紧随其后。从物种进化的速度看，第二场革命——文字革命——来得很快。因为这场革命，口头语这种（与身体有关的）技术成为（客观的）符号科技。这项科技把自己变成机器，也就是打印机。物质文明的发展进程中，第三场革命已经发生，像闪电一样迅速，它就是信息革命。信息革命既是一场革命，也是一场文化革命。没有这场革命，我们或许就不是拥有各种充足资源的科技智人，而是一种相当乏味的工业智人（Homo sapiens industrialis）。

人正在发生变化[243]，变化的本质与人掌握文字以及文字的衍生物时出现的变化相同。一些糟糕的先知把个人的信息技术看作新奇的小玩意儿——在这些糟糕的先知中，信息领域的"专家"名列前茅——他们没有立足于一个正确的领域：哲学人类学领域，科技智人专属的领域。

我们难以在合适的哲学范围内把握从口头语到书面语的过渡。许多被我们看作人的本质特点的方面，其实都是文字科技的结果，

但是我们并没有意识到，因为我们出色地掌握并内化了书面语的形式（线性和客观叙事，分析和概括，与人和时空无关的抽象话语……）。我们难以想象一个口头文化的世界；[244] 同样地，也难以想象一个信息文化的世界。但是我们还是进入了这个世界。柏拉图面对新生的文字力量时所做的反应（《斐德罗篇》信件七）——混杂着怀疑和毁灭的觉悟——也适用于今天新生的信息技术的力量。

当然，柏拉图出错了，而且他清楚地知道自己错了，因为他一生都在写字。从柏拉图的时代到现代，文字巩固了文明以及文明中的语言、体制和技术、宗教和艺术。印刷品文明，也就是书籍和报纸，使我们所珍惜的开放社会得以发展，开放的社会立足于信息、分析、概括和个人决策的能力……这里的个人就是读者。印刷品文明还孕育出一种理性特有的形式：科学，科学书的科学，和民主相处得十分融洽的科学。因为我们不能口头上进行大量科学研究，更不能口头上进行大量数学演算，不能没有任何文字载体。接下来，从书面语到信息技术的转换再一次增强了已经成为科学的人的符号力量。开放、智慧、具有批判精神的社会和思想代替了大师（不管是军事家、神学家还是哲学家）传授的真理话语的统治。柏拉图有他的道理，从他的角度看，从一个想当皇帝的哲学家的角度看，源自文字的民主和科学的世界不适合他；下一个世界，源自信息技术的科技和自由的世界更不适合他。

许多关于重大文化转变的经典分析，比如 1982 年沃尔特·J.翁（Walter J. Ong）的分析，把视听革命而非信息革命看作第三次革命。我认为这种假说会带来许多危害。因为电视机和联网电脑有天壤之别：一边是过时的东西，另一边是可靠的东西；一边是服从于"流"，另一边是通过价值信息的获取，实现潜在的自我构建。人的第三次文化革命不是在电视机和图像流面前发生的，而是在一种被广泛书写，一种以创造和传播文本为主的通道型媒体面前发生的：这种通道型媒体就是联网的电脑。

当人们用电脑代替了电视，当他们越来越频繁地使用电脑而非电视时，其他分析中的悲观主义也开始逐渐消散，比如1985年尼尔·波兹曼（Neil Postman）的分析。波兹曼以及其他人的分析指出，娱乐代替了信息进行统治，情绪代替了思考进行统治，统治者都是不可靠的音像内容。在电脑上书写或阅读是另一回事，是与价值信息建立了新联系。

电子技术是一种超级文字。它为书面语提供渠道（包括生成书面语），传播书面语，还在质量上完善书面语的使用和创造。电子技术完善了书面语的使用。如果说印刷品上有索引、目录、参考页码等，那么信息技术就加强了这一信息能力：搜索任意字符串；在某一文本，尤其是超文本中自由"浏览"；在上百万网页中搜索等。对于那些掌握了文字处理和数据库的人来说，生成一篇文档也变得十分方便。多亏了互联网，任何文档的传送几乎都是即时免费的，不管文档有多长，是什么语言，在世界的哪个角落被创作出来。

信息技术不只是对书面语进行了改良。最近有人提出，信息技术和书面语之间具有绝对的延续性，所以信息技术是对书面语的改良。我想把这个低估了从书面语到信息技术的转变的理由排除在外。信息技术和联网的信息技术首先是数量上的革命：信息的复制和传播不受任何数量上（符号、时间和成本方面）的限制（实际上），从而让获取信息的渠道发生了质的改变。同样地，相比从前的手写本，印刷术也创造了相同的效果，增加了渠道，从而在数量上改变了数据：重点不在于书被印刷出来，而首先在于可以获取书籍。重点不在于文本是电子的，而在于可以获取文本。价值信息的思维是获取和内涵的思维。

在我们生活的世界，越来越多的书籍、真正的书籍、经典书籍可以通过古登堡计划（www.gutenberg.org）或法国在线公共图书馆加利卡（Gallica）以及许多合法的电子书网站即时免费地获取。在我们生活的世界，因为在线百科全书需要付费，所以在全球范围内出现了免费互动的百科全书——维基百科（www.wikipedia.org），它由志愿者编纂，允许用户进行修改——各个领域的词条劈开一道道闪电。但是在一场革命中，一切都变得不同寻常。因为科技智人生活在一场革命的中心，一场文化 - 科技革命。

▶ ▷ 4.2 私密与全球

具体的地方与抽象的全球

作为科技智人，我们所处的全球化世界不是抽象的全球。我们存在于具体的地点。全球对于私生活的影响应该成为思考的出发点，而个人的、某一地点的具体解决方案将是行动的出发点。

如果我们首先调整一下对全球的分析，那么就可以从中发现一些误解，这些误解可以解释我们为什么不能像自己所期望的那样行动。

从抽象的全球看，我们把自己当作世界的主人。我们想象着只要加强控制，就能创造出我们希望在自己所憧憬的世界中享受到的生活条件。我们假装自己是不可再生资源的管理员，丰富的生物资源的管理员，横穿世界的商品和文化流的管理员。我们把这些任务想象成技术任务，确切地说是"技治"任务，也就是说，这些任务落在权力体制、当选的领导人、国际法和国际公约、各种机关和官僚的肩上。刚刚所说的这一切显然行不通，但是我们没有更好的办法，只能一直充满自信地告诉自己，在地球的某个地方，肯定有控制全球的旋钮。只要进一步明确旋钮的位置，然后把旋钮交给有能力的人，我们就会进入全球性解决方案的时代。

在我看来，这一连串的误解缘于一种不适应而且落后于现代科技的理解。让哲学重新引导我们理解科技智人，这样我们就可以重新组织问题，甚至或许可以处理这些问题，从而关闭闸门，阻挡反作用的洪流，不让它紧随误解的洪流而来。

"放眼全球，立足本地"（think global，act local）的标语在我们看来还不够：让我们重新把本地看作一个具体的地点，它很明显与抽象的全球相对。与我们只能谈论的抽象的全球是相对的，是可以组织行动的具体的地点。

"最近，我们从本地过渡到了全球，但是对于后者我们既没有概念，也没有实践。"米歇尔·塞雷斯（Michel Serres）写道。[245]
我将进一步完善这一说法：……对于前者，我们同样既没有概念，
也没有实践。本地在概念把握和实践的顺序中排在第一位。有关
全球和全球化的书籍堆积成山，而研究具体的地点的哲学家究竟
又在哪里呢？继拉尔夫·沃尔多·爱默生、亨利·戴维·梭罗以
及几位实用主义者（威廉·詹姆斯、约翰·杜威）之后，我们就
缺少这样的哲学家。

　　行动在本地完成，全球则是行动的结果。我们缺少的办法、
缺少的对策来自我们身边。全球可以让解决办法找到自己的适用
范围。这是否很难理解？除非……除非我们不愿意去理解。除非
我们始终倾向于讨论抽象全球的不可靠的微话语，这些微话语不
让我们在具体的地点进行果断而靠谱的行动。这就是一系列的误
解之源：我们不愿意去理解，我们故意而为之。

　　气候异常让我们束手无策吗？除了对政治家以及其他人的利
己主义感到气恼之外，就无能为力了吗？根本不是！我们可以搭
乘公共交通，拼车，按照自己的朴素观念来消费……我们可以做
得到，但是我们不愿意，这两者不是一回事。

　　这种虚伪的误解也反映在其他方面：把人的个人的行动归因
于科技，把具体的地点中人的能力或无能力看作抽象的全球的力
量。让我们以"蒙古将军原则"为模型来组织这一观点：蒙古将
军用唾手可得的方法杀人，用军刀和斧头杀害反抗自己的城民。
他向我们引发的问题要比核武器引发的问题要严重得多。人们根
本不需要灭绝性的武器，用斧头就可以砍下上千个脑袋。谁还会

憎恨冶金技术呢（因为这些技术制造出了锋利无比的斧头，令砍头变很轻松）？明智的做法，就是憎恨下令砍人脑袋的将军。对杀人技术的抨击占据了为什么人会让他人遭受死亡的思考。[246]

我们必须要清楚地明白，全球只存在于本地之中。受剥削的亚洲工人存在于运动鞋之中，运动鞋以实物的形式存在于我们触手可及的地方。只有买家的手伸向这双鞋子，亚洲人所在的工厂才能运转。在鞋子某个不那么引人注目的角落，印着"中国制造"。工厂靠我们的银行卡谋生。即便在电信网络中，当我的屏幕上跳出一个网页，或收到来自世界尽头的短信时，存在于我这个地点的是全球，是全球影响着我的私生活——而不是我存在于全球之中。我所在街区的中餐馆并没有让我居住在全球之中，而是让几个中国人和他们的餐馆居住在我的周围。如果跟我类似的西方人，或者更确切地说，如果我所在街区的居民，也就是说当地人，跟中国饮食并没有发生个人联系（中国饮食的种类、价格、享用的自由……），那么，全球就从未在此落脚。这个道理也适用于街区的快餐店。街区再"地方化"不过了。麦当劳在我们这里"本地化"，而不是我们的道路"全球化"。全球好像真的存在，但它是具体地点的总和。全球通过人的作为和不作为而变得靠谱，但是有时这也意味着：全球的不靠谱是因为具体地点上的作为和不作为。

我们需要的是本地行动，而不是"全球方案"。我们意识到了全球问题，而且认识得十分充分。我们只知道从公平、生态、可持续发展的角度，有时甚至从智慧的角度去表述这些问题。在这种全球意识的作用下，我们必须有所作为，换句话说，就是在具体的地点采取一些行动。如今，一项可靠的计划首先就必须要确定其效果，抵御长篇大论以及三言两语，确保对现实产生的影响：现实包括私生活、本地、附近。人们在抽象的全球之中提出问题，而在具体的地点设法解决问题。

现实与虚拟，自我与世界

即使是一种简单的科技，也能在时空中转移事物，改变人的存在方式。唐·伊德（1990）曾设想出一种有悖常理的上课方式：老师在讲台上放了一台用来"上"课的磁带录音机，学生在课桌上放了用来录音的磁带录音机。课开始了，但是上课的地点与以往不同，分散在各个地点和各个时间，也就是录音和听录音的时间和地点。如今，现实中到处存在着"虚拟"。

我们刚刚对抽象的全球和具体的地点的误解进行了分析。造成误解的另一个原因，就在于对现实与虚拟以及对世界与自我的混淆。身份的混乱引起了不必要的担心，另一方面也浪费了真正的潜力。

我在亚马逊网站上订购了一本书。很快，我就在信箱里收到了，比去书店买还要快，因为去书店取书要三天的时间。我感觉自己离亚马逊网站近在咫尺，这是一个温暖的、令人放心的无形的现实，没有店名，且比街角的书商更平易近人。我穿了过时的T恤衫，书商就会居高临下地看着我。这种虚拟的亲近感是存在的，是有形的。我拿到了实实在在的书，它就放在我的办公桌上。

　　艾尔伯特·鲍尔格曼（1999）担心虚拟科技过剩，虚拟的东西，即符号、表演、信息可能会代替真实世界中最重要的东西，也就是真实东西的意义，人文意义。他说，对于部分游客来说，真实的黄石公园与入口处投影的巨幕电影相比，让人非常失望，因为人们在巨幕电影中可以把一切尽收眼底，尤其是野生动物，而且电影还配有背景音乐、讲解，等等。[247] 但是我想说明的内容恰恰相反：虚拟是一种潜在的现实。

　　什么是虚拟？一种转变现实的力量，也就是转变自我和世界的力量。

　　根据传统，我们会给出两个"虚拟现实"的例子：为宇航员训练设计的专业飞行模拟器和面向年轻人的音像电子游戏。现如今这两个例子根本没有什么区别，因为这两个世界重新合二为一。因此，一个重要的哲学标志出现了：当代电子虚拟世界消除了高科技与儿童游戏之间的界限，消除了娱乐与战争之间的界限。这样的世界是值得我们警惕的。

　　从技术意义和现实意义来看，虚拟可以被简单地定义为数字模拟的结果。如今，虚拟属于电子技术，大部分属于数字电子技术，也就是信息的处理和传输。无论哪种"虚拟现实"都来自电子装置：模拟器、由合成图像拼接起来的电影、互联网、"虚拟社区"……这些装置和程序都是电子技术，换句话说，都是有形的，是"真实"的，而且这里所说的"真实"就是这个词的字面意义。如果说虚拟是真实的，那么最主要的原因就在于虚拟的物质载体，也就是电子技术。如果允许的话，我们可以用形容词"电子的"来代替"虚拟的"，这样概念就会变得很实在。虚拟现实拥有一个平凡的现实：所有的一切都是电子技术做出来的模拟。

有关虚拟的问题，我们更需要哲学上的思考。[248] 虚拟与假冒以及错觉不是一回事，与数码也不是一回事。例如，梦境就是一种与数码毫不相干的虚拟……数学单位或概念就是一些虚拟单位。所以，虚拟不是非现实，而是与现实有一定关系的东西。是什么关系呢？至少是一种可能的关系：什么东西原本可以成为现实呢？什么东西可能成为现实呢？在我看来，按照哲学的严密性，"不能实现的虚拟"似乎是自相矛盾的。但是，成为现实的力量是不是一种中立的可能或一种简简单单的可能呢？还是说，这是一个大概率事件，比其他事发生的可能性更大，比其他事更引人注目，甚至已活跃在现实中呢？这是个有趣的问题。

让我们从这一观点出发：虚拟与当下相对，与活动（en acte）中的东西相对，而不是与现实相对。虚拟不是现实的对立面，与虚拟相对的是非现实。虚拟不是一种非存在，而是某种存在：虚拟拥有存在的特性。虚拟是一部分尚未处于活动中的现实。我们处于形而上的世界，让我们利用一下这个世界的资源吧。"虚拟"（Virtuel）这个词源自经院拉丁文"virtualis"，对应亚里士多德所说的"潜能"（dunamis），区别于活动（entelecheia）中的东西，已经实现的东西。亚里士多德的《形而上学》是这么告诉我们的：虚拟是一种能够过渡到行动的潜能。苏格拉底是潜在的音乐家，他是虚拟的音乐家；石头就不是。所以虚拟自身不仅拥有和可能发生的事（possibilitas）一样的可能性，还拥有实现这件事的潜能，拥有存在的能量，生成的能量（potentia）。

在这里，我们就不引入亚里士多德完整的形而上学了，但是我们必须要重视这堂哲学课：存在中除了当下之外，还有别的，这个"别的"就是潜能。潜能区别于简单的可能，两者的区别不在于客观可能性的大小，而在于本体的推力，在于向着完成的趋势。

所以，通过开发虚拟的革命潜能，从而改变世界或者构建一个不同的自我，不再意味着把梦境当作现实，任凭戏剧、模仿、错觉愚弄自己，而意味着汲取存在的想象力和创造力。存在的想象力和创造力与所有的诗学、科学、社会所想象出来的东西一样合理，后者一直都在改变世界，塑造人。

让我们思考一下"虚拟社区"的案例吧，因为"虚拟社区"的观念似乎完全相反：这种虚拟是不是通过电子交流来实现社区的假象呢？这种假象有没有掩盖个人内心深处的孤独，有没有让个人因为各种小玩意儿而异化呢？让我们比较一下集体住宅的居民和楼下邻居的亲密度与同一本漫画书的爱好者之间的亲密度吧。与前者的亲密度常常接近于绝对零度，而后者经常每天晚上都在线"谈论"漫画。这个社区是电子的，与普通社区一样，但是这个社区把人联系在一起，在他们之间构建起高频度的知识、情感和符号交流，并且让这种交流一直持续下去。同样，每天早晨在线阅读同一份日报的行为在全世界范围内也建立了一个社区，这个社区无关国籍和种族。这是一个感性的社区，一个获取知识的社区，而且逐渐构建起一种真正的世界舆论。虽然这种世界舆论是"虚拟的"，但是，是真实有力的。

"话虽如此，但是身体，身体不见了……！"精神分析学家和伪尼采信徒反驳道。屏幕前的科技智人是不是典型的现代异化的受害者呢？为了虚拟的外质，比如聊天网站上的"头像"或数字化的性爱女魔头，是否要抛弃真正的欲望呢？让我们在这类软件前稍作停留：见面和社区确实在互联网上实现了，而且没有身体的参与。让摄像头实时拍摄对话者在技术上是可行的，Skype 聊天软件也推广了这一技术，但是用的人寥寥无几，因为不太受欢迎。关于这一点，虚拟其实同样也给自己带来了特殊的潜能。这种潜能可以丰富现实的可能性。如果人们选择的头像以一张小小的图片或简单的假名来表示，那么这个头像身份带来的不仅仅只有不方便。与其他性别、年龄、身体特征不明的人聊天，谁说就没意思呢？19 世纪，电报员就曾玩过这种游戏，我们拥有"在线"（用电报）闲聊的证据。他们隐瞒了真实的性别，最终闲聊以真实的爱情故事收尾。[249] 能够交流想法和印象，而且没有立刻被按照性别、年龄、外表进行分类，这种潜能是很有意义的，是一种全新的存在体验。而且，因为自我的其他方面在网络聊天中变得更为突出，比如情感性格、语言和文化水平等，所以我们更有理由这么说。谁说这是次要的呢？在咖啡馆的嘈杂声和烟雾中，在水管工人昏暗的舞会上，交流是有形的，是在场的。在网络聊天中，交流被去物质化，面对的是虚拟的人，但是他们是真实的、充满潜能的人。

　　不过，这并不是说人际关系的虚拟化就没有风险和缺点。我们在定义这些风险和缺点时，要避免先入为主，避免对科技的憎恶。我们应该注意到网络人际关系中交流质量的降低，这就好比为不受限的聊天潜能所付出的代价：只要我想，我就能跟一个日本的或印度的朋友聊天。尽管如此，我也不能随心所欲地让他们出现在我的客厅——如果要我们之中的一方出远门才能交流的话，那么我们就交流得少了。不要忘了，在需要的情况下，身体的缺席是可以通过传统不变的约会机制来弥补的。约会网站上似乎流行一条法则：与100个人聊天，与10个人见面，与1个人结婚。在青少年中，无论几岁，为了弥补心灵的创伤，虚拟的网络约会是真实约会的前期准备，真实的约会是与另一个真实的人，可以互相交流欲望的同等的人约会。虚拟推动人们进入现实。谁敢偏爱作为促成存在的酒精呢？

　　就上述情况而言，虚拟曾是一种真实的力量。还有一种情况：虚拟现实抑制了约见他人、面对面聊天的真实能力。这是一种病症，在这种情况下，自我与世界的关系，甚至于自我的身份以及与世界的相容性，都因为虚拟世界中的存在经验而变得混乱。这些有身体接触障碍和真实交流障碍的人是虚拟的囚徒，是虚拟的受害者。毫无疑问，只能在一个虚构（不仅指虚拟）的身份下表达自己的个性、情感、性欲的人是有问题的。但是，不要把问题和解决办法混为一谈：在充斥着图片、表象、广告推销的人的世界中，当自我被不可靠的微话语流扼住了喉咙，当他找不到构建一个坚实可靠的世界的路径时，他只能去发掘虚拟的世界，在那里寻找重建的潜能或者可靠的错觉。网络虚拟揭示了人的难处，但是这些难处不是网络虚拟制造的。在我们生活的真实世界中，许多人都难以接受自己的条件、外表、年龄，难以生活在自己的身体或者说自我之中。我们应该考虑这些：学着生活，学着构建，学着生活在本真的自我和世界中。在此期间，但愿进入虚拟的世界能够弥补存在的痛苦！

虚拟的革命潜能能够披上极端、疯狂的外衣，例如痴迷于电子游戏的现象。在日本，染上这种病的年轻人被称为御宅族（otaku）。[250] 虚拟允许他们反对现代日本的价值观；他们用文字抗拒日本的生活，他们生活在别处，在另一个世界生活，跟另一个自己生活。从社会、心理、政治和道德的角度来看，人们认为这种现象是一种虚拟病。当下刻板的日本社会中媒体的无上力量似乎是这种病症的诱因：一切都在消逝，就好像一切都注定会消逝。所以，御宅族之所以值得批评，不是因为（虚拟造成的）去人性化，而是因为他们的抗议中虚幻的（而且是非虚拟的）一面。虚拟的革命潜能不是为了让一个失败的自己从世界中隐退，不是为了提供避难所。

现实充满了虚拟，充满了潜能，充满了力量。虚拟不与现实对立，它是现实的一种形态，是一个可能的未来。如果说康德在谈论个人尊严时，谈到人是一种存在，而且大自然把自我构建的任务交给人来负责，从而让人把自己构建成有价值的人；海德格尔在谈论哲学的首要问题时，谈到此在是一种为了存在而存在的存在。因此，我们可以说虚拟是从形而上的角度描绘了人的特性，而且不同于可能的东西和大概率的东西，后者是"冷冰冰"的本体论分类。从存在的角度来看，虚拟属于人的温情，是一种有温度的潜能。这种潜能就是人存在的特点。[251] 自古以来，计划、价值、目的都是人的虚拟形式。

现实通过虚拟，通过虚拟的科学建模实现潜能化，这种潜能化确实在人的真实生活的中心表现出革命性。科学精彩地展示了自我与世界之间的虚拟界面，科学技术让现实的潜能，世界的力量为我们所用。科学谈论现实，但是，科学需要在虚拟的东西中绕个弯路之后再到达现实。科学话语是一种描述，更确切地说是一种现实的再描述，借助于理论定义的虚拟物和理论中明确的虚拟事实的本体论。模型的构建和符号处理就是真正意义上的科学研究。从身体运动到矢量，最后一直到量子力学，科学一直是现实的虚拟化。

让我们来讨论一下虚拟科技推动的自我发展。从结果和转变过程上来看，在实际使用中、工作中，甚至在游戏和所有的中间过程中，人与电子虚拟的互动都比与机器（即使是信息型机器）的互动更为丰富。20 世纪 80 年代，雪莉·特尔克（Sherry Turkle）就儿童与电子虚拟之间的相互影响，其中主要是游戏中的相互影响问题展开了研究。当时，她指出儿童和电子虚拟的共同进化确实存在。[252] 如今，特尔克的研究已成为经典。我们向自己提出了电脑如何改变人的居住生活的问题，在这个问题中，特尔克发现了一种更彻底的审视："我们在寻找一种连接，'我是'与'我做到的'之间的连接，'我是'与我在与同类之间的亲密关系中'能成为的'之间的连接。[253]"好奇、迷惑、恐惧，所有虚拟仪器在我们身上激发的情感都对应着一种追寻，自我的追寻。首先，儿童自己在心理形成的过程中追寻自我。儿童与网络中的"另一个人"进行互动，从而构建自己，然后在追寻不断变化的团体身份、文化身份、个性身份的同时追寻自我。电脑正在代替动物，成为人最亲近的兄弟，雪莉·特尔克写道。[254] 丹娜·波伊黛（Danah Boyd）的著作（2008，2015）表明，美国青少年的在线社会性其实不同于技术恐惧者的想象。恰恰相反，社交网络可能成了一种处理手段，处理一个现实社会处理得十分糟糕的问题，这个问题就是青少年去发现和尝试家庭外的情感联系、社会联系时心理上的痛苦。关于这些"弱联系"，社会学家马克·格兰诺维特（Mark Granovetter，1973）已经将其重要性理论化。这里的"弱联系"表现为数字化弱联系，从而填补了一个当今现实世界无能为力的，但十分重要的社会任务。

也就是说，电子虚拟不仅介入了真实的世界构建，同样也介入了真实的自我构建。电脑是我们忠实的工作伙伴，电话或屏幕是交流强烈情感的工具。我们应从中认识到，在分析科技智人的存在时，必须把利益关联、情感联系和意义联系考虑在内。科技智人透过由信息、图像和交流组成的虚拟网络介入世界，投射操心——对自我、他人、世界的操心。他是虚拟的此在，对于存在来说，这是一种特殊的在场方式。他存在于虚拟中，虚拟的书本和电影，电话里传出来的虚拟的声音和虚拟的电子邮件。他在虚拟中，也在直接的感官经验中感受和理解真实的世界以及人。虚拟中的一切存在，而且是广义上的虚拟，唯一的源头就是人的居住生活。只有当"我"居住在虚拟中，虚拟才存在。"我"所处的虚拟与现实的全部关联由"我"的存在方式和居住方式决定：在幻想中避难或主动推动现实的潜能化，保持不本真的被抛状态或寻找成为一个可靠的自我的解决方法。科技智人必须再一次把问题转移到自己身上：考虑一下自己是否可靠，而不是仅仅谈论科技的不可靠——自身可靠程度的不足体现出当代虚拟的不足。

　　把人们所期待的"地球村"转化为本地的、具体的形象，这个形象就是虚拟的此在。这个具体的地点应被理解为人身上解决问题的潜能，被理解为自我。它与由地球上的元叙事组成的抽象的全球是两个完全不同的层面。虚拟的此在每天都在交换邮件，邮件的语言可能是母语或"父语"（国际上通用的英语）。他可以在一秒之内从 www.liberation.fr 跳到 www.cnn.com，丝毫没有感觉到法国国民议会的决定比美国国会离自己更"近一点"。但是如果从另一个角度来看，那还是如此吗？如果他眼前的（就是屏幕上的）英国日报或加拿大日报每天都在谈论一部法国人一无所知的电影或电视剧，而这部电影和电视剧要在六个月后才作为"新片"在法国上映，那么虚拟的此在就会觉得人们为他制造了一个人为的现实，充满推销"流"的现实。人们嘲笑他虚拟的在场，嘲笑他时刻与全球接轨，把他当成一个只会排队，只会在电影院买票的傻瓜。这一现象可以改变。

网络的逻辑，网络与自我

当今世界，必须把连接性看作一种自身价值——人们不会在需要医疗救援的时候，才装上电话。这里所说的连接是网络连接，而不是"点对点"的连接。一个网络是一个整体，由节点之间十分密集的连线组成。这个由连线／节点组成的整体主要能够实现从一点到另一点的不同路径、远程节点之间的连接，建立起分散在网络内部而且具有特殊地位的子网络的连接系统，以及网络之间的相互连接。[255] 确定了这一定义之后，网络的概念便趋向最大化，成为"互联网"：网中之网。

一台孤立的计算机可以被视作一台超级写作机器、一本超级书或超级笔记本、一个超级卡片盒或超级计算器。计算机经常被当作与书写文明相关的一个或多个工具。但是，计算机网络不能仅仅被视为一部超级电话或超级传真。整体涌现效应由此产生（整体大于部分之和）。在计算机网络中，构成核心的是信息本身，也就是一种建立在分散的物质载体之上的非物质。相比于一台孤立的计算机，计算机网络中的每一台机器都是次要的。孤立的计算机没有外部备份，当机器"消失"时，信息也将随之消失。过去，数字信息是机器的产物，而现在，这种关系出现了逆转：计算机成为获取数字信息的物质手段，逐渐变得无关紧要，变得透明。

我们从进行计算的信息技术过渡到了进行交流的信息技术。[256] 计算机不是孤立的，连接性是它的本质。如果完全孤立，它就是一堆毫无生气的电子产品。它至少应该融入某个信息库，也就是操作系统库和软件库。这已经是一个名副其实的"库"，这里出现了各种各样的问题：交流、学习、道德、政治、经济……从前，书写是通过提供了传播手段的印刷术，才发挥出文化革命的潜力。同样地，今天的信息技术只能通过提供传播手段的互联网，实现文化革命的潜力。如今，关于计算机的思考——它能做的和不能做的——已不合时宜。要想模仿人，我们就要探索在网络中运行的无数人和无数计算机所能共事的东西，这比单台计算机的功能更重要。非人的智能真正依靠的，是建立在互联网模式之上的计算机网络。要知道，这里的计算机网络不仅仅是相互连接的计算机，还包括由这些计算机形成的集体、它们的通信协议、存储和交换的数据，以及（显然是最重要的）使用它们的人。这种非人的智能由人的智能及其计算机构成。网络是连接的整体涌现效应的产物，而它又在不断发展的"库"中制造整体涌现效应。这些网络逻辑证明了一个道理：连接体具有推动集体出现的最佳潜力。

　　让我们来重温一下互联网的成功故事（success story）。[257] 其实，互联网只是将网络置于网络之中，或者更准确地说，它只是简单而强大的网络连接协议。互联网证明了连接就是集体的未来。它的成功基于信息技术这一事实，基于简单而开放的连接技术这一神来之笔：传输控制协议／互联网协议（TCP／IP协议）除了计算机的内部运行，还能够建立并维护计算机之间的数据交换；超文本标记语言（HTML语言）对于万维网（Web）来说，是一种非常简单的"页面描述"语言。这个信息库不但不特殊复杂，而且它成功的奥秘就在于极其简单。互联网可以通过烽火信号或牵拉细绳来传输数据，但速度会极其缓慢，令人大失所望。技术的成就在于电信传输的速度，这是电气专家的功劳。

我们知道，互联网源于军事装置阿帕网（Arpanet）。它具有军用装置的主要技术特点：强大。互联网并不完全是一种武器，但它的某些特征却使技术成为一种武器。它的强大得益于网络的设计：用计算机术语来说，它没有中心，没有中央控制系统，没有巨大的"服务器"计算机，其他计算机也不是它的"客户"。互联网由大大小小的计算机连接而成，其中可能存在着多条"路径"。电子网络在执行人委托给它的任务时，大量实行自主管理（实际上只是将数据包传输到指定的电子地址）。互联网通过电子传输网络的自我管理，确实最大限度地摆脱了束缚与服从、等级与结构制度，而不仅仅是摆脱了一种"影像"或象征。

曼纽尔·卡斯特而描述了这一新数据的影响系统："我们的社会结构开始围绕着网络与'我'之间的两极对立，不断发展。"[258] 对于互联网及其影响来说，这种对立是能够产生能量的电位差。被网络激发了潜能的"我"，丰富了上文的分析中所定义的具体的地点。如今，互相连接的具体的地点出现了。如果说网络组织取代了等级组织，替代了过去信息技术客户/服务器的等级逻辑，颠覆了过时的系统，为共享和库创造了新的可能性，那么这一切并非得益于一个笼统而抽象的实体，并非得益于网络这样一个形而上的实体，而是得益于一个个本地的、具体的……相互连接的实体。

网络似乎取代了旧有的媒介：教育家、宗教、图书、记者等。

用传播学理论家的新词来说，所谓的新媒体并不是媒介，而是一种"非媒体"（immédia）。当地震或海啸的时候，美国有线电视新闻网（CNN）和互联网会传送虚拟的此在。有人会说虚拟的此在只有图像和喧闹声，不包含任何与当时有关的内容。但是，这些正是立刻被卷入事件中的感觉，正是身处事件现场的此在的实时感受：当时只有图像和喧闹声，其他什么都没有。非媒体传递的正是这种惊讶的体验。

处于网络之中的"我"拥有了新的通道，有可能形成一种新的可靠的东西，这样的"我"不仅仅是那个认知层面、理性层面、政治层面的"我"。网络是一种完整的存在体验，而且主要是包含情绪和情感的体验。众所周知，科技智人依赖于机器，就像智人一直依赖于物一样。互联网的使用对于"我"来说，是一种私密的体验：被网络放到网络中去的，是我们的隐私。越来越密集的通信网和越来越紧凑的网格渗入了我们的隐私。它们可以是网络"控制"我的一种逻辑之网，或是通过我"访问"有关内容和他人的一种逻辑链。在控制或访问这两种情况下，"我"被互联网置于网络中，发生了深刻的变化。[259]

要分析这一种情形，需要考虑的第一要素就是在隐私加入电子网络的过程中人和非人的存在共同体。布鲁诺·拉图尔（Bruno Latour，1991）运用人和非人"被卷入"（enrôlement）网络这一概念对此进行了阐释，并且从中得出了对于我们来说非常重要的结论："地方和全球的概念适用于平面和几何，但不适用于网络和地志学。"[260] 我们应该改变一下阐释模式，不能再仅仅从地方和全球这样的"地理"层面来阐释把隐私变成电子链接的现象。网络的阐释模式应该是一种特有的地志学，其中，"远"和"近"具有另一层含义。因此，必须在信息交流的世界中重建"我"的隐私，"我"必须在这个世界中创造出与某个"存在"有关的链接、规则和界限。在覆盖全球的基础设施内部，必须建立起一个具体的地点，并且保护好它的私密性。

不要急着断定将隐私置于网络中就会破坏隐私。在这个信息极大丰富的、"我"被置于网络的世界里，与公开和隐私有关的思考变得更为复杂。过去，公共图书馆完全依靠卡片和鹅毛笔来管理，因此，哪位小学女教师借阅了马克思的作品，哪位老先生借阅了萨德的作品（或情况相反），图书馆的女管理员、警察局的局长或探长一清二楚。而现在，是谁下载了本·拉登的文章或色情图片，人们对此的了解程度跟以往相比几乎是一样的（确切地说，更少一些）。

然而，即使不把对技术的恐惧简单化，将隐私置于网络无论如何都会暴露我的隐私，这里的"暴露"有两个层面的含义。首先，无论什么人都可以访问"科技智人"的隐私：根据银行卡清单、互联网链接和手机的信息记录，我们几乎可以了解一个现代人的一切。人的隐私以极为可怕的方式"暴露"了出来。其次，与这种近乎主动的、第一层含义相反的是，我们的隐私以被动的方式暴露了出来：暴露于广告入侵。污染电子邮件的、不请自来的广告，或在网页上闪烁的愚蠢的广告，都可以被视作入侵。

更为严重的是：联网不仅能够展示人干净的一面（文化、对话），而且还能够揭露"肮脏"的一面（不诚实、暴力、邪恶），难道不是吗？一些对互联网的阐释理论认为，一条真正的邪恶原则在其中把守着，这使个人的联网变得十分可怕、极度危险。这种技术恐惧论引发了诸多问题，因而值得我们反思。

电话刚出现的时候，曾被指控服务于通奸。事实就是如此，但是人们逐渐习以为常。分手的人越来越多，结婚的人越来越少。更重要的是，人们相爱的方式不同了，可能变得更好了：人们相互信任，不希望加以控制。任何人与潜在的情人只有一个电话、甚至只有一则短信的距离。就像在互联网上，只要动一动鼠标，就可以点开其他任意一家竞争网站。就本真性而言，没有什么比这更安全、更激励人了。

网络为政治极端主义和性罪恶提供了表达手段。否认这一事实是徒劳的，也不用去希望阻止它。我们从来没有发明一种用来阻止非法情人私通的手机，也不会发明一种阻止自己的孩子浏览肮脏网站的方法。因此，我们必须教育好孩子，因为他们可能会更早地发现一些人的肮脏。如果真的可以选择的话，只要清楚地看到自己可能被消耗殆尽，一个理性的人应该不会把现实生活中大部分的时间投入到性之中（让我们暂且忽略生理的极限）。但是，在线色情产品的消费量很大。现实世界中的我们比在虚拟世界中更易感到无所适从，不过要相信科技智人：他们会适应的。在此期间，大量的信息已经洗去了一部分恶趣味：通过限制和禁令。要反其道而行之，就必须放宽对肮脏的限制，这一尝试遵循边际效用递减规律。效用之所以极速递减，是因为我们可以用合成图像来表现最恶劣的邪恶，而不伤害到任何人……就像我们每天晚上在电视游戏上杀人，而实际上并没有伤害任何人。萨德侯爵的作品正在以口袋书的形式自由出售，而网络也并没有提供更为糟糕的内容。不要忘记，虽然在现实生活中，性也带有其肮脏的一面……但不仅仅只有肮脏的一面！我们有充分的理由认为，互联网中的性也是如此。纽约的一位性专家建议道[261]：不要让我们成为虚伪的美国清教徒，在性之中，他们只看到人肮脏的一面。

在互联网上，色情产品的成功其实另有原因——商业规律。该活动成本低，定价高；供货充足，收益也很可观。网络仅仅是一个将买家与卖家聚集起来的平台。此外，出于相同的原因——经济原因，媒体的"微话语流"也抓住了"网上恋童癖"的现象，因为这一主题很受欢迎。然而，我们几乎从未提及一个不争的事实：父母是大多数恋童癖行为的始作俑者或同谋。家庭生活本质上的邪恶到底从何而来，有谁做过总结呢？新技术充当了说辞，不可靠的话语掩盖了严肃的问题，而这一问题在现实生活中是无从下手的。

在科技智人的时代，人通过个人的计算机之间所建立起来的电子网络，实现了信息的统一。谁也没有预见过这种现象，因此我们需要一段时间才能理解。自 2002 年起，《纽约时报》的在线读者数量便超过了纸质版的读者。[262]信息的去地方化导致了全球论坛的出现，起初是信息的全球论坛，包括信息交流（电子邮件），然后是实物交换的全球论坛。当售书的亚马逊和什么都卖的网络平台易贝（eBay）一出现，当市场跨越了国境，成为一个统

一、即时和透明的市场，经济学家的梦想就成为消费者眼中的现实，至少理论上是这样。自古以来，商业媒介的存在使不同的社会之间相互联系，使它们社会化：骆驼商队、帆船、火车……互联网创造了一种经济上的互联互通，从长远来看势不可当。抵制全球化是不可能的，这已经是事实。也不用再考虑消除民族性了，这也已经是个事实。联网的"我"与国旗和英雄纪念碑之间的联系不再那么重要了……今后，死难者的人数有望减少。就像人们通过实践来学习一种自然语言一样，联网的"我"正在学习第二种语言国际英语。[263]

　　这种全球化的行动也是事实。首先，是司空见惯的商品交易。这里所说的不是宏观经济层面，而是最微观的经济层面。因为，电子网络带来的全球化不是晚辈，不是一个能够"浇灌"每个人的巨型媒体。这不是一种被接收的全球化，也就是说不是一种流，而是一种主动的全球化，由众多参与者构成，也就是说由参与者的访问构成。商品交易逃离了机构的权力和人的控制，转移到了个人的手中。在互联网上，个人之间商品销售的爆炸式增长并非仅仅是一时兴起，而是一种新型网络关系的作用。这些商品交易往往是二手物品的再次流通，能够部分地、内在地解决浪费——一种生态性的灾难。其中包含了一种不再服从于大超市和"分销商"的乐趣，也包含了一种"去中介"的愉悦，具有哲学意味：重新占据商品交易的"我"，在消费经济领域获得了新的稳定性，同时又无可救药地被全球化的独裁统治碾压得遍体鳞伤。得益于互联网——最大化的全球，经济逃离了全球化，转向个人手中：

匿名的经济参与者成为商人、财富分配者和定价人。面对坚持以80 欧元或 100 欧元出售学术著作的出版商，大量匿名者可以转售或购买二手书，或者将二手书置于网上，以挑战者的姿态向官方售价提出质疑。面对那些对艺术家与听众敲竹杠的音乐制作人，匿名者通过对等网络（peer to peer），互换音乐文件来传播自己喜爱的音乐。这个令人赞不绝口的概念，不该听任媒体和政治的"微话语"将其简单地命名为"非法下载"。匿名者传给匿名者，多亏了他们的鼠标，无数"科技智人"的小手组成了一只新的无形大手。

互联网甚至宣告了政治上的独立。"我们不需要什么国王、总统，甚至是投票。我们相信共识和现行的法则。"[264] 电子全球化已经逐渐形成了非正式的、不断演变的宪法，形式模仿了最小国家的激进学说：对网络进行最低限度的调控。奠基性的文本是 1996年的《网络空间独立宣言》，由约翰·佩里·巴洛，感恩而死乐队（Grateful Dead）的前作词者起草；相应的机构则是"电子前沿基金会"（Electronic Frontier Foundation，EFF）[265]。这里的"frontière"可理解为西方的征服，而不是指国界。这个电子集体的计划是维持电子全球化本身的自由开放。它不是目的，而是手段，那些坚决果断的个人或团体通过互联网着手建立不同以往的自主管理。这里占据主导的逻辑法则与业已过时的大众传媒逻辑，与流动的且不可靠的微话语的逻辑恰恰相反，与轻视内容的原则压根儿不是一回事。

我们不能过分强调连接与合作之间的关系。理解这一点，对于确定"我"联网之后的潜力来说十分重要。不能简单地说：互联网为新的合作心态提供了发展方式。实际上，是新的合作心态发展了互联网，互联网是其结果之一。在埃里克·雷蒙德（2000）的著作中，我们读到了"自由软件"（logiciel libre）合作成功的原则：升级为合作者的用户所形成的网络，使一种"集市"式的技术得以出现，这种技术要比"大教堂"式的传统计算机技术先进得多。这一原则也就是"林纳斯定律"（是以创始人 Linux 名字命名的）。

　　自由软件的世界、用户论坛、各式各样的网络社区（个人帮助、教学指南、激进网络，等等），编织了合作者之间互为交错的网络，这个网络唯有连接方能使其成为可能。举个例子吧，seti @ home 计划（http://setiathome. free.fr）使来自世界各地的 300 多万人会聚在一起（SETI 的意思是：搜寻地外文明）。一个可以下载到（本地）电脑上的小小的软件，让自己和寻找"地外文明"迹象的（全球）项目连成了网络。当一个公共项目能够进行总动员的时候，不管它多么神秘，多么富有诗意，当即将执行的行动没有经济成本，但是有一笔巨大的象征性开销的时候，互联网就重新拥有了分散式计算的强大力量：互联网回到了原点，恢复了最初的动量。

　　让我们重新分析一下新经济。企业被定义为一个系统，这个系统针对的是结果，而不是单纯的手段的延续，这深刻地反映了官僚主义[266] 的定义。网络意想不到地成了反官僚主义的资源。让我们来尽可能多地制造一些官僚主义 / 反官僚主义的冲突吧，因为根据耐人寻味的政治物化规律，这些冲突能够消灭官僚主义。革新了企业生命力之后，这种逻辑就会改变行政生命力。国家要求官僚机构在网上运行，以降低行政运行成本，从而削弱了自身的存在。一名教师开通个人网站或者收集学生的电子邮箱地址，一位学生拥有老师的电子邮箱地址，都是实现学术交流的简便手段，跳过了与官僚机构打交道的环节，不用因为那些烦冗的手续、时间的限制，以及各种文件造成的"不可能"而大费周折。网络有着与官僚主义完全相反的原则，尽可能地阻碍了服从、分级服从以及享有象征性的权力等思想。让我们一起使用这股强大的力量吧。

网络提供的"网站"建立在 HTML 文档基础之上，即文本、超文本或图像，也可能是视听媒体或在线运行的程序。使用这些网站是多方面相结合的结果，包括网站的内容、开通的连接和我"访问"该网站的行为。某些用途，如在线索引（百科全书或词典）或长文本下载（可以在屏幕上或者打印下来阅读的书籍或文章），对于"我"来说，是一种访问可靠内容的新途径。不过，万维网的这些用途使纸质媒体或视听媒体的能力电子化，这里所涉及的是信息传播，这种传播因为电子网络获得了极大发展。对于信息传播的重要性，我们已经十分清楚了。而电子邮件所涉及的则是其他东西，因为它不只关系到信息的获取，还关系到不同的"我"之间的交流。

连接在一起的"我"们可以通过电子邮件相互聊天、写信、一对一地进行交流。万维网可能不再是一种大众媒体，它将演变成对他人进行访问的入口，而不再是一对多的广播，也不再是获取信息的入口。

　　对于经验丰富的用户来说，万维网中电子邮件（e-mail）的优先地位显而易见。万维网被我们视作可供浏览的媒体或可供查询的索引，通过万维网，我们可以访问处于"晚辈"（descendant）地位的信息（衍生信息）。在电子邮件中，自我以另一种身份介入人际关系。匿名用户与匿名用户通过电子邮件相互交流。这些联系构成了科技智人所支配的网络中最富潜力的网络。只要电子邮件地址可以进入，"我"就可以和任何人取得联系，凭借这一能力，"我"就能置身于网络之中。在这之前，人们还从未有过这样一种接触他人的方式。这种获取联系的方式，不论是纸质信件还是电话呼叫都无法与之媲美。与电话相比，电子邮件作为一种异步媒介，占据主要优势，也就是说，电子邮件不会实时闯入收件人的作息时间，不会通过"响铃"来强制他人接收邮件。而与优质的旧纸质信件相比，电子邮件具有即时、免费、非正式的优点，收件人只需几秒便可回复。由此，我们发明出了完美的书写媒体——不要惊讶于它令人上瘾的效果！

　　任意类型的电子邮件和消息的优先地位，实际上是通过用户花费的流量和时间来验证的。的确，普通的电子邮件（使用客户端的信息软件而不经过网站的电子邮件）不会给任何人带来什么，也不是真正的广告载体：所以没有必要将其计算在内，"专家"的研究更倾向于让客户相信，网民们在这些网站上实现了加速（以"交钥匙"方式出售的网站）。电子邮件的首要地位同样可以在互联网的发展史中得到印证。"正是为了使用'电子邮件'，我们才开始建立互联网"，电子邮件的创造者之一如是说。[267]简·阿巴特

（Jane Abbate）准确地描述了 20 世纪 70 年代阿帕网（鼻祖）迈开关键一步的时刻：也就是在地理位置偏远的地点之间共享计算数据这一最初目的变得越来越不那么重要的时刻，这是由于出现了更强大、更小巧、价格更低廉而且安装在研究中心本地的计算机。[268] 电子邮件就是在那时接替了阿帕网，并取得了爆炸性的成功，它的成功不仅使网络之网得以生存，还使它获得了发展：我们从一个信息共享的系统转向了交流的系统，而且，这个交流系统首先是人与人之间的交流系统。美国军方主导的计算资源共享系统注定会走向衰败。相反，如果一个系统能让全世界所有国家的研究员逐渐谈论起天气或家里幼子的出生（当然这两个人之间的交流可能更加专业），那么它注定会走向成功。因为，这一网络连接着手中的人，并由用户自己引导网络的演变。在如今这一关键阶段，决定互联网未来的仍然是每一位电子邮件用户的微行动，而不是行政、商业或技术机构。正是这些用户，而且首先是电子邮件的用户，这些被连接起来的"我"，将军事科学阿帕网转变成了互联网。

为了与大量的匿名者对话，网上的匿名者发明了比电子邮件更强大的东西：博客。博客就是一本日记，一本个人日记，每天都可以通过专门的网站发布到网上。一旦这些文字与巨大的事件联系起来，影响力和知名度一下子就变得不一样了，至于这些事件，人们可以强烈地感受到相关词条的信息都被垄断了（尤其是伊拉克战争）。没有人能够阻止网络去传播参与到行动中的匿名用户的体验与思考，而且人们每一天都可以实时获取对这些事件的另一种解读。博客最具潜力的用途就在于可以和参与行动的行为者建立亲密关系，人们希望获取现场的信息，无须机构或有名人士进行中转。很快，记者和政界人士开始编写可怜的"假"博客，但是不重要，这种"假"博客很容易识破。博客是自我中心主义和虚荣心的发泄窗口，但是，又何须加以否定呢？即使不是出版商的侄女或表亲，每个人也都可以用日常的情感维持整个世界的运转，而不用挤进书店或者砍伐树木，这无疑是一大进步。

2004 年，最重要的新闻照片并非来源于摄影记者，而是傻瓜数码相机。这些照片记录了美军在巴格达阿布·格莱布（Abu Ghraib）监狱里对伊拉克人施加的酷刑和凌辱。数字化不可避免地将这些图像迅速传遍世界各地。它们用技术说出了更多残酷的真相，目前最杰出的地缘战略分析或哲学分析也无法与之相媲美。这些照片缺少观察的距离，这不是图像的特性，但它们具备事实的价值。

另外，在某种程度上，全球垄断在科研著作的出版这一关键领域中面临崩塌。科学期刊出版或不出版一篇文章，除了文章的科研质量之外，还有其他许多未公开的原因。所有的研究人员都知道，必须通过有名人士才能发表文章，这是旧世界制度留下的伤疤。科研出版物的经济模式和思想模式都很荒谬（这些期刊虽然价格高昂，补贴丰富，但是不仅不给作者报酬，竟然还让一些人付钱！），所以在 21 世纪初期催生了一场研究人员的全球运动，呼吁出版在线参考著作，这场运动再次提到了自由软件运动的价值。[269] 他们的宣言《布达佩斯的呼吁》没有使用来自软件的开放源理念，而是使用了"开放获取"（open access）的理念：开放的访问通道。人们对此并不惊讶，因为参考文献所涉及的是获取的途径。

关于"开放获取"的伦理将引发一场文化革命。在所有知识领域，包括人文知识在内，免费的在线出版物正在打破出版机构的权威，剥夺有名人士的权力，绕开资金流通渠道。在担心高校和公认的实验室发表的文章质量之前，必须先比较一下这两个事实：首先，最有声望的科学杂志也曾多次中了造假者设下的陷阱；其次，根据……《自然》的一项研究，自由、开放、免费的维基百科和大英百科全书一样可靠，《自然》本身就是学术刊物[270]（它也经常上假冒产品的当）。现在，大量的网站开放了，以供人们自由地获取数以千计的科研文章。[271] 网络的逻辑使我们摆脱了权力和等级的逻辑、官僚主义和广告宣传的逻辑，这些逻辑也统治着学术出版界。

电子网络实现的文化开放绝不仅仅局限于学术领域，科学家在操作新型通信工具方面也只领先了几年时间。在文学和思想领域，我们也可以看到，互联网已经开始纠正法国最严重的出版丑闻，其中最主要的是无效的外文著作的译文，这些译文的意思严重残缺，或者难以让人理解（海德格尔就是最好的例子）。出版商可以购买所有权利，可以随意支配商品，而信息却是例外。秉着最令人敬佩的反抗精神，一个非法的、可供选择的译本可以被传到网络上，并且会被人查询。当有价值的文本上传后，我们无须担心能否获得访问权限，因为我们可以在地球上的任何一个角落，更加轻松地获得它们，这是那些在图书促销季人山人海的书店无法相比的。

　　文化的去物质化为最佳捕鼠陷阱原理提供了新的支撑。这是爱默生提出的一条原理："如果有人可以比他的邻居写一本更好的书，进行一次更好的布道，或者制造一个更好的捕鼠器，那么，即使他把自己的房子建造在树林深处，世界也会为他开辟一条道路，直直地通向他的大门。"[272] 搜索引擎可以在几秒钟或几分钟内回溯重要文本，这是信息丰富性的积极方面。对于那些陈述的内容有一定价值的人来说，世界为他们开辟出的不是一条柏油马路，而是一条电子高速公路，或者更确切地说，是整个电子网络之路。

　　信息垄断不具有民主的性质，这时它就难以抵挡网络的思想和信息去物质化的趋势。权力超出得多与少都是一样的。让我们先从本土说起吧：2001 年 6 月 13 日，CGT（法国总工会）下令阻止 NMPP（新巴黎报刊发行公司）在法国发行全国日报，向试图在垄断范围外发行《巴黎报》（Le Parisien）的阿莫里（Amaury）集团（Groupe Amaury）施压。虽然购买不到纸质报刊，但是电子期刊仍在线上发行。在法国，这对于电子期刊来说是第一次伟大的胜利，而且平时需要付费的电子刊物，现在可以免费浏览了。工会或雇主的"大手"能够阻断仓库与运货卡车，但阻断不了互联网。

　　有些国家对互联网进行了限制，但是这并不会重置访问权限，这是网络的真实情况，而且也不会重置电子邮件，重置"我"与"我"之间的链接，这是网络最重要的一部分。传播方式（无线电和卫星）让（移动电话之类的）小型接收机连接到互联网，无须其他（服从于国家民族的）中转设备，从这一刻起，全球"电子民主"就迈出了决定性的一步。

自此，在世界各地，联网的边缘地带已经成为权力机构不可控的他择性信息的来源。20 世纪 70 年代，苏联曾困扰于对复印机的监管，因为它使文学禁书广为流传。有了互联网，上述情况没有什么不可想象的，发布他择性信息的网站比比皆是，这些网站通常都汇集在网络中。放眼全球，独立媒体中心（Independent Media Center）（www.indymedia.org）自 2000 年以来就一直是活跃的政治参与者，其项目活动 [273] 受到情报部门的密切监控。当体制内的信息成为一种政治宣传时，他择性信息的存在就彻底改变了热点问题中信息的分配，也就是政治方面和道德方面的信息分配，这些热点话题包括：战争、世界贸易监管、生态、规模不断扩大的请愿运动。在热点话题之一——全球气候变暖的争论中，信息他择性运动加入了开放科学出版物的运动：www.realclimate.org 网站聚集了那些希望自由表达观点而不经过机构过滤的研究者，（climate science from climate scientists，"直接来自气候学家的气候科学"）。从现在开始，相互连接的"我"形成的网络很可能会组成最佳的文化、信息和科学源泉，科技智人可以获得这一源泉，而且这里的"获得"具有这个星球上前所未有的意义。

具有潜在风险的全球

我们刚才已经看到出现了新的可靠的东西，它们密度高，数量多。这些可靠的东西出现的地方不是全球，而是得益于全球的资源而紧密相连的"我"的私生活。技术全球化是手段而不是目的，只有通过运用才能具有可靠性。然而，全球化黑暗的、完全消极的一面，也存在于现代生活中。那些真正使我们联合起来的东西，很可能成为威胁我们的东西。我将根据风险的概念对其进行汇总：气候变化、民用或军用核武器、自然或人为的生物威胁、恐怖主义……我们只知道，全球化有着太多太多的威胁。波及范围越来越大的风险将我们聚集起来，战胜它们，这看起来相当矛盾。我们期待我们的技术、我们的领导者、我们的决策可以赶走危害，就像我们期待它们可以带来收益一样。我们往往会将风险管理与收益管理置于同一层面。在一个更大的整体中，舒适管理——风险管理的反面——变得越来越重要。如果风险这个概念有什么意义的话，那就是我们所谓的"预防原则"[274]。倘若科技智人想要发挥自己的积极潜力，就必须"管理风险"，这是不可分割的。为此，我们必须对风险这一概念给出更明确的含义。

　　人们害怕的首先是核战争，然后是一场重大的生态事故，今天的风险主要都是全球的风险。有时候，在原则上，"全球"这个词本身带来的恐惧远甚于这样或那样具体的风险。人类历史上曾发生过工业和生态灾难，包括核灾难，但切尔诺贝利事故的新奇之处在于放射性尘埃云渗透进了铁幕。我们成功摆脱了冷战时期的武器，但并没有摆脱它所带来的污染。气候问题也是如此：对我们而言，炼钢厂的废气排放可能比导弹更为危险。

　　在一项杰出的、且经常被引用的分析中，马丁·阿尔布劳（Martin Albrow，1996）简单纯粹地以风险的全球性来定义当代世界的全球性。我们从现代走向了全球化时代，因为全球性是当代世界的特征[275]，这一论点是马丁·阿尔布劳的出发点。向全球时代的过渡阶段应该始于广岛（20 世纪中叶），并在联合国全球警告小组[276]的警告下（20 世纪末）进入尾声，即随着全球变暖问题的出现而结束。于是，民族 - 国家走向了过时，变得不那么适合。在科技智人今后的小星球上，觉得自己像法国人、美国人或中国人的想法是危险的。现在，负面的全球风险迫使我们得出结论，正如尼古拉斯·尼葛洛庞帝在对全球网络的积极性分析中建议的那样："今天的国家不再合适，它们不够小，不足以成为一个地点，它们也不够大，不足以成为一个全球。"[277] 风险把我们剪成一个个集体，而集体是我们最大的弱点，也是最不合时宜的：我们既不在地方范围内，也不在全球范围内行动。过时的集体把我们黏住了。

德国社会学家乌尔里希·贝克（Ulrich Beck）研究的就是应对全球风险时的瘫痪状态。他于 1984 年提出了"风险社会"的概念。他的思想具有政治性，这是他的优势，也是局限所在。全球对他来说是一种提出政治问题的新方式：我们的文明已经成为一种全球文明。在自身运转的过程中，它不再拥有外在的敌人，而是内在的敌人。乌尔里希·贝克认为，现代富裕社会的问题是财富分配，而富裕社会之后是一个"亚政治"层面的全球化社会，这个全球化社会由科技 - 经济领域的参与者共同领导，其真正的问题在于风险分配。[278] 之后，贝克进一步深入风险的概念，主要是为了把切尔诺贝利的实情考虑在内，而不仅仅是酿造一场切尔诺贝利事故的可能性：他将可计算、"可管理"的风险和不可估量、不能简单地用技术进行管理的威胁进行了区分。[279] 切尔诺贝利事故在规模上的变化威胁着我们，贝克用了一个比喻来描述，这个比喻至今依然家喻户晓："用于'合理'控制破坏的调节系统与自行车刹车在民航飞机上的效果一样有效。"[280] 要让机器停下或是放慢速度，只用力踩刹车是不够的。贝克（2002）建议道，至少，为了过渡到"世界政治"，也就是全球政治——对应全球威胁，超越国家这一实体对我们而言十分重要。有这么简单吗？

　　全球威胁这个新问题代表了一种政治领域的延伸，对此，乌尔里希·贝克最初的预测似乎在"中立"与"保留"之间摇摆。他写道，制度存在危机，根据他的政治观，这种危机就是制度合理性危机（法兰克福学派的继承）以及缺乏行动者和解决冲突的公认程序（社会学方法的继承）。然后，世界政治的设想让他越来越清楚地看到制度上的解决方案，看到政治更新为世界政治。我们需要创立新的体制和国际组织，我们处于旧政治的包围中，甚至还在重提"右"和"左"……"世界政治"[281]！我相信，前缀"cosmo-"的功效不足以扭转政治的过时。如果要我们设立调控组织，并且确立它的官僚作风，起草年度预算，如果要我们建立机构并任命政治家或专家，我们不会有问题，因为我们知道如何做，而且我们只会干这个。这种官僚体制已经在迅速蔓延，类似的专家都涌向有名人士的大门。但是全球化作为一种威胁或机遇，不具有政治性，机构和其他过时的东西是问题的一部分，而不是解决方案。[282]

　　为了超越这种社会学的、而且归根结底具有政治性的研究方法，我们必须重新分析"风险"这一概念。对于科技智人而言，风险这种非物质是一种负面的非物质，长期以来像幽灵一般挥之不去：自然灾害，我们能在灾害发生后立马通过大量图像意识到情况，甚至在灾难发生前就能通过统计数据得到消息；重大的技术灾难，体制的过时让这些灾难处于搁置状态，像许多遮住边界的云朵一样笼罩在我们的头上；恐怖主义灾难，或是过时的全球政治挑起的，或者说无法避免的灾难。

如今，风险构成的负面值是意识形态的特洛伊木马。让我们回到政治和媒体对转基因产品（OGM）问题的处理上。这是一种狡猾的意识形态[283]，因为正常情况下应该在两种论点之间进行选择：

一、要么，转基因产品对人类健康和生态平衡构成（具体的）风险：在这种情况下，我们要做的就是确定事实，所以这主要是一个科学问题。

二、要么，转基因产品代表了一种（道德或精神上的）过失，在道德上违反了人对自然所作所为的底线：这种情况关乎价值，道德或宗教价值，只涉及那些对此有所信仰的人。

但是，意识形态的特洛伊木马狡猾就狡猾在，它混淆了这两个层面，实际上两个层面之间并没有任何关系。在这场颇具争议的竞标中，真正重要的是（2）和（1）之间的关系这个元问题：把本来应该在"道德上"或"精神上"受到谴责的东西，同样变成"物质上"的危险品。争论的重点其实不在此，而是在于源头：转基因生物之所以危险，是因为它是不道德的，这很好地证明了其中存在价值（至于是宗教价值还是政治价值并不重要）……这是一种非常虚伪的方式，让失去信任的选择重新开始传播。我们必须对风险去妖魔化，就像对科学和技术去妖魔化一样。

一位不守陈规的风险专家查尔斯·佩罗（Charles Perrow, 1994）定义了复杂的工业系统中的正常事故：它来自培训、模拟、技术改进、备份和任何类型的安全防范中都没有考虑到的内容，它来自这个无法表现出来，却在任何一次系统展示中都无法消除的部分。因此，当它发生时，这样一场事故令人百思不得其解，它本质上不能通过分析框架识别，所以我们没有恰当的应对策略：在负面协同作用的影响下，事故进一步恶化，甚至演变成灾难。在我看来，这种类型的事故以及由此带来的风险，似乎让人联想到强大的墨菲定律的荒谬之处（"任何可能发生的事件都将发生"），这一点是乌尔里希·贝克[284]发现的：虽然专家认为风险极低（事故发生的时间是目前物质宇宙寿命的十万倍），但是……事故还是发生了，地球上的生命遭到破坏。但是即便如此，理论也不会被推翻，专家的估计仍然有效——发生事故的可能性极低，但是事故依然发生了。我们得出的结论是，当灾难发生时，它就是100%发生了，即使发生事故的概率只有10^{-56}%。"正常"事故是系统中可能发生的事故。所以，如果事故发生了，那就是"正常的"，因为系统将它作为可能性之一。没有发生任何不正常的事，只有不可能的事。但是在我们的宇宙中，一切都再正常不过了。剩下的工作就是在这个本体论分析中增加一条逻辑分析：无论在现实中发生了什么事故，这个事故在系统中都是可能的，所以都属于正常范围。

因此，预测和预防事故的逻辑比我们想象的要复杂得多。的确，工业系统的操作人员都热衷于让风险停留在特殊情况"管理"的问题上。查尔斯·佩罗定义了风险的类别，有些风险的好处是没有负责人，有些风险不可预测、难以避免，不可能不遇到。甚至还有更好的风险：这些事故在发生的时候"能教会我们一些东西"，特别是如何确保它们不再发生。然而在工业系统中，被"管理"的是成本，而不是风险。人们根据成本逻辑管理风险，基于事件发生的概率对风险进行估计，所以才会出现可以推导出正常事故的情形。每个人都出色地完成了自己的工作，而可能发生的灾难还是发生了。

如果可以将这些灾难定性为观念上的灾难，那么政治的过时或体制的过时就是所有灾难之母。全球风险源于我们拒绝从实际的责任和决策方面考虑风险。面对风险这一新的而且是邪恶的稳定的东西，我们不知道如何用集体和个人清晰、干脆、可靠的决议予以反击。

也许是因为风险这一概念并不完全准确，我们应该谈论的是危险。在这个问题上，兰登·温纳[285]再一次提出了不错的建议。具有讽刺意味的是，他从工业广告出发，来解释日常生活中的所有"风险"，因为生活是由风险组成的，不要对此感到害怕……温纳表明，风险的概念隐含了一种带有倾向性的分析方式："有风险"的活动是一项好的活动，但它确实暗藏着事故的可能性，那些害怕的人会害怕，因为他们胆怯而愚蠢。我们不应该和实业家或专家谈论"风险"，他们永远有他们的道理。事实上，需要谈论的不应该是风险，而是危险，是危险和不负责任的活动：真正的问题在于对危险负责，确切地说，就是工业家和政治家想要回避的问题：谁负责，负责什么，如何负责，如何监控，以及最重要的是，是否合法？不要受到我们从未受到过的危险威胁：在风险时代，重新定义民主的是同义叠用。

　　全球风险提出了全球无责任的问题。在一个理应负责的人却不负责任的世界里，问题不在于知道自己是否有罪，而在于承担责任。因此，在技术的再适应计划中，全球风险的再适应迫在眉睫，这是一种民主的再适应，也就是说首先是"个人"的再适应。[286]

　　让我们重新从启蒙运动的想法中寻找灵感："预防措施"这个表述遭到了践踏，看到这一表述时，我们应该经常想到莫里哀笔下的医生、鸦片的催眠功效、媒体和政治家的鸦片。今天，政治正确是"预防措施"，并且完全没有因为缺少真正的含义而为难，因为目标就是：不做任何实事。传播一个口号，一段消灭思考和批判性评价的微话语。"实施预防措施"的意思是：散了吧，没什么可看的，有人会处理的。但是科技智人的要求恰恰相反，他们下定决心重新把握重要的东西，其中包括风险。

▶▷　4.3　舒适、休闲、文化、健康

　　科技智人可以依靠新的稳定的东西来克服延续下来的过时的

东西，并且确立新的解决方案。在个体存在的具体地点，新的稳定的东西拥有的四个头衔在我看来很重要：舒适、休闲、文化、健康。这些领域中的每一个要素都属于正常科技的世界，我们可以重新把技术哲学的重点放到这个世界上，以形成一种更具建设性甚至可能更现实的观点（参见 Puech，2016）。

舒适：承受丰盛

在必须接受现代性与科技的同时，我们也必须承受丰盛的原因和结果。我们可能采取的行动，其范围就在于我们想把富裕变成什么结果。在富裕的结果甚至是原因中出现了舒适，我们应该赋予它一个明确的哲学含义。把舒适转化为机遇，在我看来这和把风险如愿地转化为责任一样重要。同样的逻辑也适用于此，这条逻辑就是一个能够承担的自我。

舒适是我们的价值观之一，它推动我们的选择，激励我们的实际行动，作为一种价值观，人们应该理智地接受它，而理智是智慧的初期。比起没有价值观，不接受自己所秉承的价值观更令人困惑，让我们从这样的局面中脱身吧。[287] 舒适作为一种个人和集体的价值观为人们所接受，人们需要对此进行悉心的管理，它可能再次成为人的机遇。舒适的正面价值和风险的负面价值共同形成了一个体系，这两种价值相互流通，相互转换：更多的舒适与多一些的风险；少一点的风险与更少一点的舒适。舒适的代价和风险的成本：我们是它们的管理者。

舒适鼓舞人心，给自己打气，即使这是一种肤浅又不牢靠的体验。舒适振奋人心，它属于我们需要重新发现的存在方式：对自己的照料。然而，舒适的观念对社会学家的吸引力大于对哲学家甚至心理学家的吸引力。

雅克·德雷福斯（Jacques Dreyfus, 1990）写道，绝大多数"住得不好"的官员并非住得不好。他们感觉不好，但是这种不好是依据另一个参照标准；或者简单来说，他们并不觉得难受，除了抱有"住得不好"的社会心理之外，他们还有别的事情要做。到目前为止，绝大多数人的生活都没有达到"现代舒适"的标准，即各个社会阶层都能使用水和天然气。如果我们认为问题出在常规的硬件设施上，那么治理问题的确实应该是技术专家，经过授权谈论舒适的声音就是 INSEE 及其标准。我们可以希望更好的局面出现。

在同样性质的研究中，让－皮埃尔·古伯特（Jean-Pierre Goubert）收集了一些发人思考的现象。住宅中的温度说明，舒适被认为是"技术理想"[288]，这在我看来是一种范式。从暖气（和空调）的角度看，"舒适的温度"被定义为感觉不到温度。"我有点冷"是指将暖气调高一档；"我有点热"意味着在冬天把暖气调低一档，在夏天把空调调低一度。从存在主义的角度分析：感觉不错就意味着根本没感觉吗？愉快的感觉和没有感觉不是两种东西吗（令人不快的预设）？小死亡（la petite mort）或舒适的极乐世界？似乎不能认为舒适就是好事。在我看来却相反，人们可以感受到一个房间的温度十分舒适，可以感受到健康的氛围和整洁的环境，只要看到一个好沙发就会有所感觉。这就是工作的感觉，是智慧的活动。科技存在主义哲学家唐·伊德、艾尔伯特·鲍尔格曼刚刚教会了我们淋浴、干净的水、干净衣物的重要性。舒适的价值中没有什么卑鄙的东西，没有什么不能合理地感受、再感受和欣赏。相反，重要的是变得敏感，保持清醒，看到舒适的要素，体会舒适，提高舒适的体验，从而得到依靠，过渡到另外的东西。

在营销的推动下，奥利维尔·勒高夫（Olivier Le Goff, 1994）追溯了工程师工作中诞生的舒适的现代概念。最有趣的领域似乎是汽车设计：座椅、温度的舒适、声音的舒适等。这种舒适属于"商业技术幸福"[289]的集体表现。这一般是指创造需求，所谓的需求就是业界为了使消费者恢复到正常、中立的"舒适"状态而提出着手处理的不适。但在这种愚蠢的消费主义舒适背后，一种更为强大的价值体系正在起支配作用，勒高夫在一项分析中对它进行了描述，在我看来，这一分析可以描述整个 20 世纪舒适的特点：舒适已经成为社会必须满足的个人权利，而满足的能力逐渐成为社会合理性的主要部分。法国 HLM（低租金住房）政策是让公众享受舒适的代表。合理化社会学在这方面是专家："因此，舒适是使某种经济发展模式合理化的象征性标准，目前这种经济发展模式带来了富裕和现代的生活。舒适似乎最终是经济进步与社会进步完美匹配的标志。"[290]

在我看来，舒适价值的特殊体系变得更加清晰：舒适带有非常强烈的象征意义，它表明民主 / 技术科学 / 个人幸福的条件是等同的。奥利维尔·勒高夫在书中的第三部分对一个普遍而无可争议的社会象征进行了必要的扩充：一切即舒适，舒适无处不在，它失去了特殊性，整个社会必须都"舒适"。然后，新的不适出现了：不安全、经济不稳定、污染等。

舒适是一种人的价值观，如何接受这种想法呢？首先，不要将科技的承诺与夸张的广告漫画相混淆。确实，物质上的舒适会产生一种精神上的舒适。营养良好，身心愉悦，人就会倾向于认为快乐已经实现。对舒适的管理是一种人的价值观，所以也是一种合理的目的，但不是哲学家所说的"最终"目的；它是一种真正的价值观，但其实不算人的价值观，因为人是关心自身目的的存在。更确切地说，这是动物的价值观，但并非一无是处。只需一个完全合法的步骤，只需一步。当我们作为动物的需求得到满足时，我们就做好了成为人的最充分的准备。就在这时，而且我们现在正处于这个阶段，我们发现自己缺了点什么。技术满足了动物的需求：它带我们进入人的领地。

舒适带来了机遇，也带来了被抛感。当你感觉良好时，你会有感觉，你可以更加自由勇敢地做自己，忙着去做些改变。但是，通常情况下，当你感觉良好时，你没什么感觉，意识水平下降而不是上升。这不是舒适、沙发或暖气的错，而是人的过错，他们用务实的方式决定了什么是机遇，什么是被抛感。

休闲：时间的战争

为了更好地摆脱（极其）陈旧的"文化"概念，我们是否应该在休闲的世界聊聊对"文化舒适"的担忧？这项议程正在进行中。休闲文明可以在既有价值、舒适和文化这一灵感之间架起桥梁。休闲文化绝不是可耻的，它可能是第一种愉悦身心的文化，一种愉快的民主能力，为无名之辈构建可靠的自我提供了必要的渠道。让我们抛开"普及"这个词，来谈谈文化民主化，文化传播以及文化传承。

休闲时必须在实现自我构建的"访问"和对"不可靠流"的服从之间干脆地做个选择。我们要做的不是合理地打发闲暇时间，而是进入一种生活方式。每一天，休闲时代不可靠东西的影响都会威胁到我们的文明。[291] 根据电视游戏的规则选择自己支持的政治家，通过晚上的电视娱乐节目或每周的酒吧目录获取"信息"，历史学家告诉我们，我们逐渐与四五世纪（罗马帝国最终分裂的时期）那些绝望的人群相似，那些人只关注游戏和一些公共娱乐活动——他们被一场野蛮袭击赶出一座城市，而当他们抵达另一个城市后，难民们首先询问的，却是游戏的日程。

托斯丹·邦德·凡勃伦（Thorstein Veblen）关于"休闲阶级"（1899）的理论需要加以调整，从而适应科技智人的世界。正如凡勃伦在 19 世纪所了解的那样，休闲娱乐仍然是一项具有重要社会意义的活动，它对于消费者活动的依赖程度远远超过凡勃伦的想象。我们消费娱乐。因此，娱乐因为商品的过时而受到影响，它给人的第一印象就是五光十色的商业广告。我们经历的最肤浅的体验是欺骗性消费，是真正的虚假娱乐——包机将游客带到遥远的岛屿，他们在飞行途中看电影，在酒店看一周的电视，然后在明信片上写下他们住在明信片上印的美景里。但是我们可以期待更高质量的娱乐活动，而不仅仅是消费这些活动。

　　我们可以从游戏能力中汲取很多营养。游戏是连接舒适、休闲和文化的重要元素。现代人从事各种活动：沟通，游戏，学习，工作。社会分工分离了不同类别的人，工业社会将人的工作分割成许多小块。当代世界为我们提供了许多性质模糊的活动。今天，许多人把越来越多的时间分配给沟通、游戏、学习和工作，这四项任务密不可分。尼古拉斯·尼葛洛庞帝[292] 高声述说着每个人多多少少都有过的直接体会，但并不总是接受这些事。他问道，当你还是孩子时，为了解决一个问题，你是否讨论过战略和数字代码？你是否经常想要比其他人学得更快、更好？对于有游戏机的孩子来说，回答是肯定的。每个人都遇到过这种情况：为了解决笔记本电脑或手机上的问题，我们总会向孩子寻求帮助。在游戏中，孩子们能立即摸清三维条件下复杂的协议和情形，同时实时把握数十个参数（目标，危险，资源……）。就我个人而言，虽然我对计算机比较熟悉，但在学习的过程中，我还是经常被孩子们嘲笑。尼葛洛庞帝说，数字革命所要求的那种能力，可能是第一次为年轻人提供了竞争优势。无论是什么背景、性别或种族，年轻人的学习速度都比成年人快：一个中等天赋的少年比已经毕业的成人要学得更快、更好。对于新一代人来说，数字就像是一种母语，我们再怎么学，也永远不能像他们说得那么完美。这也是基础学习第一次融入到了有趣的活动中。消遣就是学习，学习就是消遣，二者经常融为一体。电子"游戏"不需太多操作，就整合了数学（已经是这样），语言学，文学，历史，美学……"去做吧！"（Just do it）我们希望创办相应的培训机构——但是这种做法可能遗忘了官僚主义的过时和胶水。

依旧根据尼葛洛庞帝的观点，过去缺乏意义而且穿插着同样无意义的休息时间的工作，都将被终身学习的个人发展取而代之。周末在家时，发现了新的图形设计软件的平面设计师把时间都花在了这个软件上，这不算被老板"奴役"：如果没有这份工作，他仍然会把周末耗费在这个软件上，只不过他会创作自己的东西。也许尼葛洛庞帝的看法带有一股"加利福尼亚人"的乐观主义……但是，有多少意识形态的横梁阻碍了尼葛洛庞帝贬低者的视野！

一个存在性因素经常出现在上文的分析中：时间。人与存在的关系——以及与他自己的关系——只有在时间的范围内才是可能的。对科技智人来说，这个哲学事实以一种极具戏剧性的方式体现了出来，我想称之为"时间之争"[293]。个体，身处某个地点、具体的自我，暴露在大量的不可靠流中，应该被想象成战士，时间之争的斗士。这场战争打响了，它肆虐着；输掉这场战役的最好方法，就是不去意识到它的存在。

我们必须为自己的私密空间建起坚不可摧的防御，这里的防御指的是时间上的防御，而非空间上的防御。我们总是习惯于集体战争，习惯于为保卫（"国家的"）空间而战。而如今，我们必须学会打个人战，捍卫自己的时间。可以说，这会是一场内战或叛乱，因为问题出在服从上，也就是个人在时间上的服从。

重新把握自己的时间，将是一场智慧的胜利。[294] 对人而言，最私密的就是自己的生活轨迹，每个人都有专属于自己的时刻，属于自己的时间。从在学校学习服从的那一刻起，时间上的服从就是主要内容：（对于学生来说）没有什么比迟到或缺席更为严重，因为这是一种时间上的不服从。退学被认为是一场社会闹剧，这不是因为相关学生没有继续在学校里学习（假设他一直都没有学到任何东西），而是因为这是一场与时间有关的反抗，因为学校罪恶地占据了本属于自己的时间。被关在学校的无数个小时里，我们出色地掌握了一个非常重要的学习内容：时间上的服从。在学校学习之后，出售一个人的工作时间几乎就是一种解脱，因为在时间服从的问题上，当代的工作形式要领先于学校。不要忘记，学校最不容置疑的附加值之一也与时间有关：规模庞大的幼托所的运转，对于每个工作日的社会运转来说至关重要。

从今以后，将由个人自己管理时间预算，工作时间只是其中的一部分 [295]，而空闲时间则成为最重要的部分，不管在数量上还是在质量上都如此。时间之争就是空闲时间的"自由"引发的：不是服从安排的时间。

除了学校以外，电视是最好的保姆。让我们感到惊讶的是，一代又一代过去，我们总是习惯于被动地接收各种信息，被关在教室里，受到官僚制度的约束，或者深陷在沙发中，沉溺于一种浑浑噩噩的娱乐状态。在对体制的服从和媒体带来的被抛感之间，个人必须开辟出一片领土……时间的领土。科技智人必须意识到，其可靠性的物质基础是在时间的利用中形成的——并且大部分的不可靠性正来自对时间的疏忽。

盖瑞·麦戈文（Gerry McGovern）提出了对时间的分析，时间就是一种价值，特别是就商业通信和电子通信领域而言。[296]"内容"越来越自由，越来越开放，特别是在互联网上，并且这是知识分子和高校的成果相对"免费"的延伸。然而，这项工作消耗一定的生产成本，这个成本不是直接用金钱来衡量的，而是用时间衡量，并且获取内容也会消耗成本，这个成本同样不以金钱衡量，而是以时间衡量。我们可以进一步分析：阅读免费报纸时（在线或纸质），我们不会像买报纸那样直接付钱，但是我们把自己的时间给了它，这有时拥有更大的价值。报纸可以把这个时间卖给广告商来换钱，或者积累名声，而名声之后会以这样或那样的方式把钱还给它（未来的购物，未来的商业广告，政府补贴等）。因此，时间本身对于投入时间的生产者和投入时间的消费者来说是一种价值。在经济分析中，时间不是外在因素，而是价值。我们必须把时间考虑在内，因为它占据着越来越重要的地位。

从生产的角度来看，人的工作——人的工作时间——是一种经济价值。在这方面，生产财富的科技生产商品的效率越来越高：这些商品越来越便宜（和同等商品相比），而人的劳动，即人的时间，变得越来越昂贵并且逐渐具有经济价值。[297] 但是，对于科技智人来说，人的时间也是消费过程中的经济价值，而不仅仅是生产过程。新经济的规律，尤其是用途的优先地位以及富裕文明的已知条件，完全改变了时间的经济价值。在工业社会中，在生产的带动下，时间的经济价值就是工作时间。曾经有过一场工作时间之争。这场战争仍在持续，员工在为减少工作时间而战（这里的减少被认为是一个单独的目标），而雇主在寻求工作时间的最低成本。RTT（减少工作时间）对抗失业，时间之争保留了旧工业世界的轮廓。

但是，在由消费驱动的后工业社会中，时间的经济价值越来越多地是消费、休闲、观看广告的时间中产生的价值。虽然不太敢想，但是减少工作时间的正当理由之一是：在人们不工作的时候，他们在消费，这就是他们创造财富的地方。在一个不再有时间看电视的世界里，广告商将无法谋生。这种经济分析似乎在脑子里行得通，但没有科学依据。娱乐行业，比如电影院，直接看中的不是我手里的欧元。如今，发达国家的绝大多数居民都买得起电影票，其中一些甚至可以频繁出入电影院。但是，去电影院的时间是更加稀缺的资源，每个人的时间预算在这么多工作和娱乐之间不断抉择，这给商家带来的问题是：如何把获取的消费者的时间当作获得金钱的手段。电影行业看中了我的时间，被卷入了时间之争。因此，要在媒体上登满献殷勤的广告和文章，以期从我手中夺得看电影所需的几个小时。这就是为什么推广一部电影的预算要超过拍摄的预算。

广告必须解决的问题是使人信服，是闯入我的时间。这种入侵无时无刻不在发生。这就是为什么广告海报会挂在墙上，贴在地铁的天花板上，"休息时间"的广告打断了正在播放的广播和电视，广告页面小心地渗入杂志：只要一抬头，只要一尝试听或读，消耗时间的广告就会向我袭来。所以我们才会说，在街头朝我们呼喊、让我们给他们"一点点时间"的虚伪慈善活动家们要求的太多了：对个人时间的入侵程度正在超越容忍的极限。这就是为什么超市侵犯了我，因为我不得不花时间去查看产品的价格并进行比较：查询价格的时间价值大于它所节省的费用，因此，人们期待我的小放弃，期待我不要浪费时间去查看商品的价格。这是一种时间上的侵略。

就时间之争而言，电子邮件是一条极其重要的战线。广告的入侵采取十分卑鄙的形式，滥发信息或发送"垃圾邮件"：未经请求的广告信息侵入了电子邮箱，这比纸质广告入侵现实中的邮箱更容易。垃圾邮件侵入了收件人的时间，剥夺了他的时间。这是一场战争，个人必须自己战斗，而不要太过指望体制的防御。垃圾邮件的发送者入侵我的私生活，他应该得到一个很好的教训（自动删除，抵制，个人的口头进攻，如果他天真地给我发了电话号码）。适当地使用信息暴力（模拟的暴力）——换句话说，一场恰当的谩骂——是一种振奋人心的自卫行为。这场斗争值得进行，因为如果我们让旧体制最糟糕的过时物之一（广告）腐蚀新世界的最佳机遇之一（电子邮件），我们将在时间之争中输掉一场决定命运的战斗。[298]

在这方面，跟其他地方一样，由于我们缺乏解决方案，由于我们每天在小事上的服从，不可靠的和过时的东西占据了所有剩下的空间。当代人有很多东西需要丢弃，需要防守：他的时间，大体上说，也就是他的存在。告诉我你的时间花在哪儿，我就能告诉你你是什么样的人：这条格言对于科技智人来说越来越准确。

文化: 个人的文化革命

应该能用另一个词来取代"文化"这个词, 这样这个标题就能显得不那么无聊。可是, 我找了很久也没有找到。过时的东西是如此厚重, 甚至都禁锢了语言的想象力。我们被学校这样一个经常适得其反的有形的机体制困住, 同时又被一个经常适得其反的无形的体制困住, 那就是文化。

让我们回到学校, 学校改革是如此之难, 现在只需等待一切达到决裂的关口——这将是一场文化革命。打破学校的教育垄断迫在眉睫 [299], 这不是为了丢掉教育, 而是为了重新发现文化的意义; 不是为了丢掉知识, 而是为了重新赋予知识一种人文意义。舒马赫认为, 教育 (指教导与文化) 是我们真正的价值, 是"所有资源中最重要的"。[300] 事实并非如此, 我们建立的不是一个知识社会, 而是一个运用科技, 把能力局限于学校体制内的社会。但是从潜力上说, 我们拥有建立知识社会的潜力。为了使知识社会发挥效力, 必须进行某种形式的文化革命。科技智人仍然处于中间地带, 他很高兴拥有构建知识社会的资源, 却不考虑实现。这种热情很烦人, 不能持久: 我们开始意识到我们消耗财富时的不可靠。

校外教育必须培养一种不服从于象征性秩序的修养。保罗·利科 (Paul Ricoeur) 经常说的修养, 是指自身的文化构建, 从而让个人拥有能力: 能够思考、决策和行动。丰富的科技使伊凡·伊里奇的想象成为可能, 来一场与政治意识形态截然不同的后现代文化革命吧。[301] 总的来说，在经济生产、教育、医疗、财富管理等领域，伊里奇使同样的现象出现了：现代制度已经适得其反。我们在误解的基础上理解自身的问题。改变这种荒谬局面的唯一方法，就是文化革命。伊里奇在谈论时用了"觉悟"这一字眼，并使用了重要的意识（awareness）概念（对现实的认识，指的是意识的觉醒和对现实的关注 [302]）。

伊里奇提醒我们，"skholê"这个词，是"学校"一词的词源，意思是休闲时间，是通过学习某些东西来构建自己，而不是上学时间，甚至恰恰相反：我们把原本自由的、留给自己的时光，变成了服从于他人的拘束的时光。如今，比起一场反对学校制度、学校文化组织、学校权力组织的斗争，很少有题目能具有这样的革命性。法国的"精英学校"（grande école）体系显示出法国体制的落后。这些学校的精英是通过竞争体系中对学校的服从选拔出来的，而不是通过与外部世界现实的联系——这恰恰说明学校试图"保护"自己并保护自己的学生，并且使他们做好充分的准备，让无名之辈过上接受救济的生活，让功勋卓越的人过上现实中"受保护"的领导人的生活。

伊里奇胸有成竹地说，文化或者说教育不是委托给专家或者说"专业人士"的独立自主的活动，也就是说不是一个优先关心体制维持状况的行会。从工业理论的角度来说，教育和文化也不是由技术统治来实施的。教育和文化需要通过各种手段，重新融入生活的各个方面。我们不再需要工业时代的那些学校式的营房和工厂。个人重新把握文化，重新把握知识和艺术，这让人们

非常清楚地意识到知识与强加的知识之间的差异。我们需要的文
化，应该是一种丢掉服从的文化。这就是为什么学校、教育体制
（融合了行政机构的官僚主义和工会的社团主义）固执地反对信息
和通信技术及其价值体系。

　　"该怎么办呢？"从每一位革命者幡然醒悟的那一刻起，这
个问题就一直困扰着他们。在文化革命这个问题上，伊里奇以惊
人的准确度预测了需要的手段，实际上就是我们现在拥有的手段：
电子网络及其物质和文化环境。20 世纪 70 年代早期，在个人计
算机出现之前，早在互联网之前 [303]，伊里奇就非常清楚地提出，
教育和文化问题的解决方案是科技。他写道，为了构建人而不是
让人服从，必须构思一种用在别的方面的技术，更准确地说：让
科技以网络为单位工作，从而"打破学校教育在社会和文化结构
上的垄断"。[304] 重新把握文化将是重新把握科技的结果：这个想法
根本没有过时；它才刚刚发芽。

　　为了避免"文化"这一概念的简单化和平庸化，我们要理解
清楚，这不是一种"他择性"文化，更不是"边缘"文化。它是
真正的文化，包含拉辛和欧洲文艺复兴初期的文化，但它遵循获
取的逻辑，是一种重新创造出来的文化，超越了体制的过时和促
销流。第三种场合（既不是学校也不是酒吧）必须建立起来，或
者说发展起来，它需要释放它的潜力。文化革命正在如火如荼地
进行，这场革命最终针对的不是文化的内容，而是文化的获取。

　　我们知道文化被抛的主要内容：不可靠的微话语流的入侵，
对学校的服从，自恋"精英"在文化方面对无名之辈的羞辱。我

们拥有可以重建文化所需的重要机遇：新媒体提供的获取内容的途径，合作的兴起，对自我筹划的重要性的认识。最终，我们也许能找到一个候选词来接替"文化"这个词：照料自己，关注自己。

健康：护理与自我

生物医学是个聚合体，因为与我们亲密地接触：而且这里的接触指的就是"接触"的本义。医学为我们研究技术实践提供了令人瞩目的范式，这些技术实践描述了人与技术共同进化的特征。[305]阿诺德·佩西在很多地方揭示的误解在医学方面具有感性的色彩：医疗行为不能直接简化为狭义的"技术"干预，"技术修复"。如果是这样，如果医生表现得像个汽车修理工，那么科技与智人之间的距离就会变得难以接受……我们已经感受到这一点。

就人的文化之源来说，每一次生命历程（出生、发烧、痛苦、受伤、康复、残疾……）都是世界神话描绘的一部分。同样的生命力量让太阳升起，河流奔腾，赐予我们鱼、果实和猎物，这种生命力量承载着生与死的循环。每个重要历程都有意义——即使只有神灵或萨满可以理解这层含义。在当代医学界，疾病不再有任何意义，或者说只有技术层面的意义。所以，如果不能谈论技术（因为我们已走到现有医疗技术的尽头，或者说已超出了现有的医疗技术），那就没什么好说的了，不仅相互之间无话可说，对病人也是无话可说。对我们而言，生命历程意义甚微，我们不再强调其意义，而是过度强调技术上的因果关系。即使是最自然的过程，甚至是毫无意义的衰老，更不用说不可逆的残疾。我们正在寻找衰老的"分子秘密",从而将之视为一种疾病,可以根据其成因采取相应的行动。

从哲学上讲,医学遵循着一种行为逻辑。医学这一技术科学在更大程度上取决于不同类型的行动,而不是不同类型的知识和理论话语。拉丁语的"ars"对应希腊语的"technê"[306],而医疗"艺术"(art)具有行为的所有方面,包括准备、决策、实施、结果、叙述再现,以及这一特殊性:无论知识水平如何,医学都被迫采取行动。我们不能像科学那样"暂停判断",不能中和某些领域,也很少能同时维持几种假设;甚至,什么都不做也是行动的一种。

这种行为逻辑是由其性质决定的,它被当代医学理解为干预的逻辑。[307]医学的作用是干预:在物质过程中插入因果行为,通过知识的应用,从而改变这一物质过程。从技术角度来看,医疗干预的周期不断循环:器官工作的生理条件/可以从因果上进行识别的病理性干扰/干预治疗/恢复到健康状态(同样的或有所调整的健康状态)。现实中的序列有明显不同。个体感知到的是疾病,而不是健康。医疗"问诊"由此而来,这种"咨询"本质上是引起焦虑的。随后,诊断为该疾病提供了科学参考。诊断会使个人发生改变,有时这种变化是不可逆转的。然后,干预治疗把身体作为一种材料去处理,将身体与疾病分开,病人在处理过程中可能没有意识(麻醉状态下)。人工制品通过外科手术或者服用的药物来控制身体。通过诊断,个人首先被剥夺了自我意识,经过治疗后,又失去了自我控制。个体与某种疾病共存,他想摆脱这种疾病,因为这种病不属于他,却努力想变成他的一部分,进入他的生活，最终将他全部占据。所以医疗需求、自我救助的需求和干预逻辑都是合理的。在这种逻辑下，除了个人的疾病，医院废除了人的其他任何方面。这不应该受到质疑，干预所立足的合理性非常明确：为了治愈疾病，什么都要尝试。干预治疗建立了一种技术上合理的现实中的非常规。

医学的科技证明值得我们进行分析。首先，当前生物医学的遗传乌托邦可以衡量医学表述中的未来学程度。要记住，科学的形象与科学本身并不相同，认为它们一样是因为混淆了科学的话语（科学的内容）与关于科学的话语（科学的地位）。在意识形态（也就是广告和金融）的"互联网泡沫"之后，我们正在使意识形态（即广告和金融）的"遗传泡沫"膨胀。在生命科学领域，遗传学模型和达尔文生态模型之间正因为科学模型或者说范式而发生冲突。[308] 遗传学模式与科研机构的科学和工业联系得更紧密，经常动用广告流和官僚手段，给投机泡沫打气。

遗传学不是我们想象的那样。更确切地说，遗传学让我们认为，它是为了通过补贴与慈善事业来吸引公共和私人的资金，但实际并非如此。DNA 不是一个计算程序，其生理活动——而不是心理活动——不是执行，它也不是我们可以读写的程序。比起功能分析，我们更懂得如何从化学的角度来分析。比起如何"操纵"它，我们更懂得如何"摆弄"它。在这一点上，与计算机的类比很有启发：例如，业余爱好者可以通过更改一两行代码来控制他无法控制的程序，让它能显示出自己的名字，而不是原始的图标。这种"计算机操作"——将一段代码替换为另一段代码，同时使程序保持正常的运行（经过数百次无法解释的试验和错误）——并不能让那些修改过程序的人看懂这个程序。我们在遗传学中也碰到了类似的情况。但是，一种十分糟糕的空想被嫁接到 DNA 上，把 DNA 变成了"灵魂"的等价物：人不是因为拥有灵魂才被认为是人——从前也是——而是因为他拥有人的 DNA。[309] 这个新的圣物带来了禁令、禁忌，完全就是假冒伪劣的神秘主义。基因是神圣的。只有基因才可以拯救人。为基因奉献自己吧。大家都觉得"基因疗法"在医院得到了大力推行……而现有的护理协议则十分罕见，且具有争议。我们看到，这是未来学所期待的典型情况。

　　生物医学干预的不可靠表现，认为遗传科学一手遮天和认为遗传技术无所不能的错误印象其实只是一个更大表征系统的组成部分之一，这个表征系统包括人自身行动方式的全部表现。生物医学这位"普罗米修斯"超越了疾病，甚至超越了健康，它不仅是一个修复项目，而且是建设性的项目——无论它在避免"优生学"这个词上下了多大功夫。我们已经从病理学（恢复到自然的状态）转向生理学：维护机器，同时也改善它的性能。在秘密实验室中没有疯狂的科学家，只有具体、近距离、日常的现实：在日常生活中使用兴奋剂、精神药物和毒品。

　　不幸的是，道德话语中谈到了这些问题，而话语道德的不可靠才是真正引发问题的核心。科技智人并没有因为技术而陷入困境，而是因为对技术的反思不够可靠。在艾滋病研究方案中，正是患者及其所属团体的强制要求，才有了新的临床实践，才撼动了官方研究的官僚主义协议，并产生了安德鲁·芬伯格所谓的"对道德规范的抗议"[310]。在安乐死的问题上，做决定的是病人及其亲属。在遗传学中，谁可以决定？例如，一旦我们发现了 p53 基因（人体抑癌基因），当 DNA 被破坏时，它会阻止细胞繁殖以及癌细胞扩散，我们应不应该尝试将其植入没有癌症的人体中？应不应该像某些疫苗一样，强制改变基因呢？我们应该抵制这种遗传"优生学"吗？

　　虚伪扼杀了医学伦理。就安乐死而言，实际的做法是人道的，并且减轻了生命终结的痛苦，但是会让人感到内疚。当一个陷入绝境的人和爱他的人做出这一选择时，为什么不去实现有能力实现的没有痛苦的死亡呢？自愿中断妊娠和胚胎研究领域同样风气不正，我们期望"专家"能够在语义上区分胚胎、胎儿、未出生的孩子……与莫里哀的医生相似，"伦理学家"假装没有认识到，橡子从严格意义上来说不完全是橡树。至于不在"父母计划"（流行的说法）之内的冷冻胚胎，我找不到下述立场的逻辑：人们不能从中提取对治疗或研究有用的细胞，但是我们可以……摧毁它们。为什么丢到垃圾箱里的东西不能拿来治疗人？答案是：因为我们虚伪，而且不可靠。宗教意识形态并不是造成道德瓦解的唯一原因。哲学家们，唉，为这种微话语制度做出了贡献，这种制度下，人们什么都说，正面和反面都说，认为这样可以避免麻烦——并且制造痛苦。

　　这是道德课上给医学生讲授的一个例子（这是一本真实的出版物中采用的例子，我没有引用这本教材，以免给作者带来压力）。练习：艾滋病病毒的阳性患者不想告诉他的妻子，而他的妻子也是你的病人。你能透露这样一个医疗秘密吗？我们很清楚这意味着什么：拯救患者的生命。让我们把拯救患者的心情放在天平的一个托盘上，在另一个托盘上，放上这位先生在避免性行为的问题上想要保守的秘密。情理很容易站在拯救生命一边。被触怒的患者或离婚的患者，可能要比被感染的患者更好。但是，莫里哀的伦理学家的回答不同：医生不能泄露医疗秘密，他必须设法说服先生承认他的血清阳性或者……使用安全套。在我看来，它是可耻的，在法律上是犯罪。话语原则优先于最基本的道德良知。放血吧，服泻药吧，但愿我们听从医生的说法走向死亡吧！

医学是揭示"当代体制强力胶"问题的范例。体制没有解决问题的方案，因为它们就是问题的一部分，有时它们甚至是问题本身。在道德或生物伦理学领域，体制放弃了对问题的掌控，这些体制不仅不合适，而且也不作为。

在生物伦理学中，不仅是制度，而且就连反思本身都已适得其反。一切都必须重新开始。对于初始者来说，"生物伦理学"本身的概念很难定义。它源于医学伦理学的概念，医学伦理学与其起源于古代的医学实践是同质的——至少，我们从这个起源知道了希波克拉底的誓言。医生从一开始就把自己理解为一个具有这种力量的人，这种力量会对他施加一些行为准则。让我们将这一原则或价值观体系称为"职业道德"，仅仅通过专业的运用，在专业的运用中，强加给专业人士。我们很容易理解法官、教授、医生解释这种职业道德的必要性，我们可以想象每种职业道德的特殊性。

　　在希波克拉底的观点中，医学伦理对生物科学技术的到来造成的冲击管理不善，并且处于一个奇怪的配置中：在医学领域，道德是人的，而不是技术的。在生物医学中，生命伦理强加了人的存在，但是技术与人之间存在对抗关系，或者至少技术对于人来说是外部因素。那么，生命伦理学只能是一种否定，一种压制，一种限制要求，是冲突的调解者。为什么它不是灵感，甚至在医疗的内部也成为一种灵感？从一开始，医学就具有人文主义的内涵；我们是否可以避免将其科学化和技术化视为"人的部分"之外增长的"技术部分"？技术哲学中有一个核心思想，该思想认为人类在世上的生活从一开始就是"技术的"。这条思想也适用于人体的生理活动。不管是在医学领域还是在其他领域，人类和技术都互不分离。

　　实际上，生物伦理学的这种消极性来自其他地方，我们知道其机制，即虚伪的技术恐惧症：令人尴尬的人的问题被转化为伪技术问题。斧头负责斩首，互联网则对恋童癖负有责任。我们遇到了难题，这是正常的，包括死亡、疾病、痛苦、变态，等等，技术让我们在这些领域采取行动，但是，这些问题并不是技术造成的。恰恰相反，因为我们不知道，不能或不想解决这些问题，所以才让医疗技术分散人们的注意，扮演替罪羊的角色。在谈论医疗技术、生物伦理学和医学伦理学时，人们提出了与这些领域无关的问题。我们知道，这些问题毫无意义。

　　在生物伦理学中，将外部"倒退"的价值观应用于特定案例的想法是值得怀疑的——根据一种在认知上成立，但不符合道德规范的模型。[311] 我们对已供认的罪犯进行审判，而不是机械地采用文案上提供的惩罚，是不是出于这个原因呢？生命伦理学属于哲学判断的范畴，属于智慧领域；医疗决定和人的决定合二为一。为了避免做出决定——我们似乎缺乏决策能力——我们在伦理的道路上迷失了方向，这是一种官僚主义的伦理，它期望得到指示，这个指示要么来自科学本身，要么来自法律。这种服从的需求已不再被接受，科技智人必须再次具备能力——解决的能力，必须把决定权重新握在手里，从与之密切相关的决策开始。

在法国，全国协商伦理委员会提出了一个问题，即使只是名义上的问题。"国民"一词指的是其合法性的起源（由政治家任命的人），"协商"一词指的是这种合法性的限制（仅用于发表演讲）。通过观察这个委员会所做的事[312]，我们便发现他们在实施一项纯粹且简单的、完全是立法前的工作。他们正在制定新的法案或修订现行的法案。然而，在通常的民主理论中，伦理并不是立法前的。而且，在通常的世俗主义理论中，神学家在立法前都没有任何事可做。我的身体在痛苦或困境中会发生什么，这些说法来自医学、宗教和哲学领域（政治的，道德的）知名人士，而这些人士是由部长或国家重要研究机构的领导（他们自己由部长任命）任命……这并不能让我高枕无忧。我也没有从中看到任何伦理的东西。我拒绝承认这些知名人士在伦理方面的合理性。它只具有官僚主义的合法性，由拥有官方"识时务者"的媒体阿谀奉承地维护着。

一旦认识到这一问题是象征性中介的问题（吉尔伯特·霍托

斯所说的象征性中介），生命伦理话语就可以被重新定位。这是迈向超越生物伦理学智慧的第一步。科学技术使人的本质和激进的变化变得切实可行。我们的文化与本质发生转变的技术缓慢地共同演化，所以拥有许多手段来象征性地吸收本质的根本变化。在春天这一自然活动与收获季这样一种运用技术的活动之间，我们没有看到任何边界。我们碰到了一对新的概念，象征性操控与个人技术操控。因为，自我通过技术而发生的激进变化已突破了科技智人的自我表现。心脏移植的外科技术大量入侵，治疗高血压患者的隐形纳米技术不断泛滥，而高血压患者余生必须每天服药。我们遇到了一个文明的问题，对于这个问题，吉尔伯特·霍托斯给出了明确的定义，这种中介只是技术性的——而人则是象征性中介的存在罢了。我们再也无法回到文化同化技术的旧模式了：我们是否可以设想一下免疫抑制剂或降压药的事件呢？这种文化适应不能以假宗教、技术科学或生物伦理的形式来进行。

精神药理学、对自我的化学修饰处于技术操作和文化融合之间差距最活跃的领域。心理治疗（象征性的、文化上的调解）和药物治疗（介导药物、科学技术）之间的关系是混合功能的模型。根据具体的情况，从业者会使用其中一种手段，或叠加使用，或进行替换测试。目的很实际：就是改善病人的身体状况。达到目标的时候，至于哪种方法最有效或是唯一有效并不重要，甚至连问题的提出都是个问题。

有关"自然"与"人工"的错误的形而上会带来错误的问题。因为这三种方法之间存在一种连续性，例如，减少了对人的攻击。

一、与他交谈的时候让他体验一些精心谋划的感受，以此来改变他的观念和情感：这种"认知——行为主义"疗法实际上就是一种文化疗法……也是技术疗法。在由人制造出的文化环境中，它使用人际关系的语言和情境的技术中介。

二、为他开药方（情绪稳定剂或其他）。这是一种技术中介，通常伴随着文化中介：病人被告知有一种明确的"病症"，针对这种病，有一种有效的药。这种中介具有一种难以区分的技术和文化象征意义。

三、在他的大脑中植入一个控制神经元子系统的微处理器（现在仍处在科幻小说阶段）。跟心脏瓣膜或胰岛素微型泵一样，这种干预措施似乎比其他干预措施更具技术性，也更具有文化和象征性。我们到达了一个文明阶段，这些修复干预的问题不仅是生物学的、医学的问题，而且是文化的和象征的问题。移植问题可以证明：我们缺少这种象征性交换的捐赠者，即移植；阻碍我们的是文化和象征，而不是医疗技术。

我们必须在哲学层面承担我们能够做的，我们必须改变我们对自然、神，以及人的看法。因为，在你的心脏死亡之后，你仍有可能继续活下去。这并不意味着我们必须要做到我们能做的一切，但是，我们必须加以考虑。象征性的阻碍坚持人的"本质"，阻止了我们的思考。生物医学先行一步，强加给了科技智人一个新的相容的东西，部分是技术的。我们必须要想到接受器官移植或装了假器官的（以及佩戴眼镜的人）成年人，一个每天都要靠吃药调节器官功能的人（一个吃药的女人），是一个身体健康的人，而不是被照顾的病人。这种对健康的重新定义不是技术的现实问题，而是文化的现实问题。

人与科技的象征性的中介开始显现，这是科技智人的智慧。在晚年的作品中，保罗·利科一直致力于道德研究。他区分了三种伦理观。

一、目的论：涉及目的以及对它的追求。

二、道德观：关乎应用原则、命令。

三、智慧观：这是个运用案例智慧的问题，并不是先验地学习目的论和道义论（Paul Ricoeur，2001）。

在这种参与智慧的方法中，人们在行为疗法失败之后开出了精神药方。这个方向不是真正意义上的程序，而且带有一份例外清单，公开说明有保留意见：评估自杀风险或对他人的伤害、个人对可用的时间、相关病理的认知能力……一种案例的方法实现了一种逻辑，而在这种逻辑中只有特殊的案例而已，这些特殊的案例是由非计算的规则来处理的——不能确定一个决定，但是会启发一种选择，特别是确定要考虑的因素表、与谁讨论以及何时进行讨论的主题。在理性理论中，这些方法被描述为"次决定因素"：与某个人谈某个话题、具体提出某个目标、带来某个信息。面对一个可靠的他，要有一种次道德伦理：对重度治疗、堕胎、安乐死等决定的评估，我们要他向自己提问题并让他回答。这种方法会带来深思熟虑的决定，最终决策将基于一个待讨论或思考的主题列表，每个人都是问题的主人。无论如何，它会给出真正伦理的决定：决定自我。

　　健康项目与医疗项目完全不是一回事。"卫生"（Hugeia）一词在希腊语中的意思是"健康"。卫生通过控制环境，从而控制你吃什么、喝什么、呼吸什么。从最丰富的意义上讲，卫生学是一个直接的政治经济规划，是科技智人的重要计划。卫生是关于个人饮食最多样的人体活动的知识，是科学的一种用途，符合自我计划。同时它也是出色的预防医学。广义的卫生是一项科学的、甚至是科技的发展计划，人类文明必须明确地制订出这项计划。不要期待把健康食品和纯净水变成稀有物品，让它们产生经济效益，从而带来利润。从科学、政治、经济的角度来说，我们可以将我们的实践归纳为不是技术科学表现的"健康"，而是一种谦虚务实的智慧生活的方式。一种对自己的关注，而不是生物医学技术。

　　护理的概念在我看来出色表达了所有这些方向的问题。[313] 呵护自己就是造就可靠的自我，就是涵盖身体和灵魂的一种活动。护理好自己的身体就是对自我关注，可以恢复自我。在照顾自己的过程中，科技智人要经历自我的本体特质，在这一过程中，他体会到的是：自我在技术层面的改变并不等于世界在技术层面的改变。

　　生物医学科技对健康进行了数量上的定义[314]：血压、血液检查、组织分析……个人无法评估自己的健康状况。我们的"感觉"如何，相比一张检测结果报告并不重要。有时我们的"感觉"如何，相比于政治经济的现实，也没那么重要。我们可以准确探知病症，针对这些病症，各大实验室出售药品，利润丰厚；但是相比之下，人们很少担心容易发现的毛病，比如酒精的伤害。

护理自己，重新拥有健康，这不仅是依据身体标准表上的结果。对于这种"完美健康"[315]的错觉，大众称之虚幻的乌托邦，是一种不靠谱的存在。究其哲学根源，就是通过医疗干预的逻辑来理解健康：健康成了一种"自然的"状态，用"病理学"采取干扰措施，强加治疗的干预措施。这种解释体系掩盖了预防医学，与治疗医学根本不是一回事。自我护理其实就是自我保健，即预防——而不仅仅是预防性的"药物"。使用安全套这一做法很便捷，能让你不被艾滋病传染。但是，一旦感染上这种病，就难治疗了。对自己真正的护理在于预防，在于注意生活卫生：饮食、运动、放弃有毒且令人上瘾的产品，以及过于简单的、最传统意义上的卫生。当代被抛感的特点虽然人人皆知，但是为之者甚少。我们缺乏的是行动，而不是知识；是决心、积极的智慧，而不是科学、手段或技术。恰恰相反的是，技术的发展也促进了个人微弱的自我护理能力。那么，既然知道通过分析结果，能找到可以及时治疗的方法，那么为什么还要护理自己呢？让我们假设这样一个世界：牙齿、心脏、肝脏容易更换，我们根本无须呵护。这一定理没有任何荒谬之处，相反，在文明的传承中，我们的确会不断更换自己的物品并疯狂地将之扔进垃圾箱。那么，为什么不尽快将我们身体的一部分也用旧呢？在"伦理"来看，我们没有发现任何对这一说法的不同意见，但我想以一种哲学的意味来唱反调：如果我们放弃自我护理，我们便永远不会形成真正的自我。

今天，医学正想方设法从"疾病系统"转变为"健康系统"。[316]

因此，医学将成为被科技智人重新占有的技术的模型。通常，护理不能简化为药物的处方或治疗行为，因为护理要对人负责，要照顾人。而生物医学干预是一种对疾病的管控。治疗的逻辑挑战了病理学／治疗／愈合技术的逻辑顺序。不是所有需要注意的都是病理学，不是所有采取护理的都是治疗。话又说回来，不是所有的护理都寻求治愈。一个"承受"干预，一个"接受"护理。

在护理与自我之间，联系是必不可少的。只有自我才能照顾自己，只有自我才能被照顾。

自我护理的对立面是什么呢？是自我忽视以及缺乏可靠性而造成的被抛。在充足的情况下，这种自我护理的对立面不仅有可能发生，甚至还会让人感觉十分舒适。这种不健康的舒服尤其能够让人们理解成瘾问题。滥用精神药物的一般原理已经有了明确的解释：出现某种意识形态症状、包括生物医学症状的患者，在就诊时向医生抱怨，诉说生存上的困难。至于医生，他所受的教育、周围的文化和各种命令的直接影响让他沦为了一个只会开精神药物的人。[317] 多亏了阿诺德·佩西，技术修复的概念在这里找到了用武之地：存在的东西容易进行技术修复。我们去看医生就像去修车一样。个人患的病就像外观一样，由此而来的是因果问题以及干预主义的逻辑。因此，我们可以说：医生，我得了抑郁症，很讨厌，我想要药物来摆脱。反传统精神病学[318]强调的是，精神疾病不是我们所拥有的某个东西，而是我们做出的某件事，或者说是我们的状态。如果我们不考虑牵连的是自我，情绪的生物医学管理，也就是说日常心理学、睡眠、夫妻矛盾、丧事、工作压力……的生物医学管理，那么就有可能会很荒谬。尽管药物和毒品在社会地位上存在天壤之别，但原则上，苯二氮卓依赖与人的任何其他依赖之间并没有什么区别。[319] 只存在一个实践和一个故事，就是自己的精神行为，这是个人在技术环境中的问题，事实上，这与成瘾问题是一回事。化学技术的力量与自我的弱点之间面对面的相遇，以新的形式又把这个问题强加给了我们。

　　健康是人与技术之间共同演化的一个边界，我们要有所警惕，因为科技智人可用的力量本身就触及了自我：为其存在而存在的存在。对于实现从当代技术哲学向当代智慧哲学的转变来说，自我护理问题是至关重要的。

　　科技智人正在变得可靠。他已可以获得新的可靠的东西。首先，科技智人面对丰富的信息时，应该谨慎选择获取信息的渠道，学会提出要求和辨别真实的内容，学会通过释放新的非物质价值的潜力来自我构建。其次，科技智人应该通过把全球资源地方化，通过运行包含大量物质和信息的网络，来获得新的可靠的东西，不是根据生产、服从和竞争的旧逻辑，而是根据新的逻辑：自我计划、自主、协作。

5. 新的解决办法

接下来要做的就是发挥和释放科技智人的最佳潜力。我想说明的是，这一行动阶段依靠于一个实体——可靠的自我，以及一种存在方式——解决。

▶▷ 5.1 微行动

微行动是一种行动，一种小的、不大的行动，但它仍然是一种真实有效的行动，即使它是一种不行动。在这个语境中，"行动"与"言语"意义完全相反。以下是一些例子：日常的消费行为，或非消费行为，其中包括文化产品的消费；出于平常的公民责任感而做的小事；在"细节"——个人卫生（生理和心理）上得到政府或近邻的尊重……每一天，我们都需要做许多次决断，也就是对世界做出微改变。在人类世界中，特别是在当代的网络世界和富裕的世界中，所有大事——无论善恶——都是通过大量的微行动实现的，或者都是为许多微小的不行动所容忍。

"外政治"意识和抵抗力

如今，真实的政治水平是比较低的。政治的过时不仅仅体现在行政机构的黏滞、系统起的反作用、令人痛心的政治家的不可靠、法则所产生的大量事与愿违的效果以及政治"决策"和"意愿"的零效率。更深层的实质是，政治的过时是某种存在方式的过时，这种存在方式曾经盛行于过去的世界，这是话语交锋、"思想斗争"、古老的集体行动的世界。在这种存在方式下，人们把口袋里的政党卡和选票当作期望的后盾。这就是曾经的政治。

我们把政治的后继者称为"外政治"，或是乌尔里希·贝克[320]所谓的"亚政治"，或是雅斯贝斯[321]所说的"超政治"，这几个词所包含的思想都是一样的：改变行动水平，意识到这种改变的需要，下定决心走出过时的政治。非政治行动的效率重新平衡了政治行动的无效。比如："爱心餐厅"（Restos du coeur）为法国政府都无法资助的穷人提供了食物；摧毁柏林墙的既不是外交官，也不是军方……而是无名之辈。

政治的核心开始向微介人的行为准则转移，微介人构成了全球新秩序中真正的新权力。一个大品牌会剥削年轻的亚洲工人，只是因为他们知道我们仍然会继续购买产品。问题的关键不在于投票通过一项法案，设立一条"国际法规"，从而禁止大公司给正在求职的亚洲年轻人提供工作。问题的关键也不在于联合国、世界贸易组织、国会、世界银行……而是在于个人的购买行为。

　　微行动理论是基于公民不服从的概念，这一理论由亨利·戴维·梭罗和甘地提出，并付诸实践。一个更普遍的自我属性——抵抗力（résistivité）——完善了这一理论。在物理学中，我们将"电阻器（résistif）"称为一种器件，其基本特性是电阻（résistivité）。这个词的哲学意义直接模仿了其物理意义。当微行动的本质特征是阻力时，它就"具有抵抗力"（résistive）。大量微话语的传播是因为中转站的低阻力：即时传播不可靠内容，而任何一个可靠的自我都不曾掌控这些不可靠的内容。过时事物的繁殖也是源于此：没有任何可靠的自我付诸行动。

　　1849 年，梭罗发表了一篇文章，将美国南北战争之前公民的抵抗行动形式化。文章的标题起初是《抵抗公民政府》，后来改为《公民不服从》。这不是一篇关于政治哲学的论文，而是表达出了个人对于行动的信念。梭罗在开头说道：政府只是一种权宜之计，人们应该无视它；有时这一权宜之计会带来问题——也就是我们所说的"适得其反"。例如，当体制承认奴隶制时，就会"适得其反"。所以，完全合法的抵抗权是存在的，因为体制的合理对于一个真正的人来说不是最终的合理。这种抵抗权在个人身上表现为反抗的义务。反抗不一定会形成战争：不是所有反抗都诉诸暴力。梭罗说，公民不服从通常是不采取行动，简单地对政府表示不支持。当一场不公的战争或一条暴令出现时，人们首先会拒绝纳税。梭罗写道，只需让一千名马萨诸塞州公民不服从，或者让他们进监狱，或者一百名、十名，甚至可能只要一位公民（我，自我）就够了，就能让奴隶制在美国得以废除："因为，开始的规模并不重要，一旦完美地完成了，那就是永远完成了。"[322] 非行动抵抗是一种不服从的行为，它属于行动的秩序，而不是话语。这不是"要求获得"某些权利或者要求对某些权利的尊重，而是行使这些权利。对于有决断力的自我来说，"让人尊重自己的权利"并不意味着"证明自己拥有这些权利"，只有"行使权利"才意味着他拥有这些权利。这是运用中的智慧，所以是智慧的运用。

爱默生和梭罗重新采用了佛教的教义。他们认为，公民不服从行为属于完美的、自足的行动理论。行动是绝对的，行动的完美是内在的。[323] 它首先通过其内在的规模和它所重建的个人尊严来衡量。这一行动的有效性是附加值。然而，这一附加值必然存在，因为通过撤回个人对体制的支持，我们以一种最不可抗拒的方式对体制产生了影响。梭罗、甘地、马丁·路德·金采用了同样的原则：不要向议会进军，让我们向监狱进军吧，让别人把我们逮捕入狱吧。不要使用身体的力量，而是使用精神的力量。第一个人也许会被击败，但第二个不会。在一个不公的国家，属于正义之人的地方只有监狱。[324] 在那里，他会成为最有用的人。

外政治行动往往是否定的，抵抗性的。在爱默生和梭罗的思想中，这种说"不"的特殊方式并不完全等同于一个简单纯粹的、对立的"不"，而是一种撤退的态度：不介入。撤退意味着退回到自我。因为，重要的是内在的转变，而不是外界的转变。外在世界也会因此而改变，这是行动带来的一系列结果造成的，而外界的不公促使我们采取行动。外在世界提供了回归自我和完善自我的能量，反过来又为外在世界提供了转变的能量。外政治计划首先是自我的计划。正是为了自我，我们才会投身于外政治的抵抗行动中。正是为了自我，我们才会投身于微行动中。

甘地在大范围内将梭罗的想法付诸实践，首先在南非，随后在印度。甘地在狱中……拜读了梭罗的《公民不服从》的一书。[325] 甘地"不"的哲学是微行动的基础，为公民不服从提供了理论："大多数人对于政府的复杂机制一无所知。他们并没有意识到，每个公民，都可以用一种沉默但坚定的方式，通过他并不了解的程序来支持当权政府。因此，每个公民对自己政府所做的一切都是负有责任的。只要政府做出可接受的决定，他就完全可以支持政府。但是，当执政团队给国家造成损害的时候，每个公民都有责任撤回对他们的支持。"[326]

1931 年 12 月 10 日，在日内瓦举行的一次演讲中，脚穿凉鞋的瘦小男人主张道，不一定非要借助更强大的具体的力量来和自己的敌人——例如资本主义——对峙，这让一群政治正确的西方人感到无比惊讶。甘地说，只需简简单单地使用一个简短的、存在于所有语言中的神奇的词："不"。甘地的教育集中于对"不"的使用。那天，他给出了一个直接的政治解释："当工人们明白，选择对他们是开放的，即当他们认为是的时候，他们可以选择说'是'，而当他们认为不是的时候，他们可以选择说'不是'，到了那时，劳动就成了主人，而资本则成了奴隶。"[327] 没有了你们的合作，你们的对手就束手无策（"让我们低头的不是英国的枪，而是我们自愿的合作。"[328]）。撤回合作并不是说大话，而是一个微小的行动。停止在印度购买任何英国产品，辞去英国政府的职务，不再根据占领者的指令做出任何官僚行为（学校，法院等）……
只要做到这些，占领者就无法获益。

尊严，或对自我的尊重，既是微抵抗行动的原则，也是微抵抗行动的结果。甘地把来自亚洲的哲学思想付诸实践，接着又实践了爱默生和梭罗的思想：自我改革是所有改革中的第一项，同时它也会推动其他所有改革。1916 年，在贝纳雷斯的演讲中，甘地清晰地表达了这一观点，他明确的态度甚至引发了公愤："我厌倦了演讲。[...]应该被触动的是我们的心。[...]能让我们独立自主的，永远都不会是任何文本。再多言论的累积，也永远不会为我们的自治铺平道路。只有行动起来，方能为我们做好准备。"[329] 接着，他继续和他的同胞们说：我的寺庙很不干净，我们的房子没有受到很好的维护，城市很不干净，在我旅行的地方，三等车厢里的人也很不干净。这就是我们必须开始为之奋斗的，为了自尊，为了每个人生命的尊严。有很多次，当他访问一些村庄时，那些身着节日服装的贵宾们为了听上一场精彩的演讲，为了拍到一张可以登上当地报纸的照片，都在焦急地等待他。而这时，刚下火车的甘地，却把大家都召集到紧锣密鼓的厕所清扫活动中。连他的朋友们都以为他的精神健康出了问题，因为他把自己的想法付诸实践，付诸微行动。从元叙事到微行动的过渡是如此不同寻常……

甘地属于 20 世纪，他的行动以科技智人的世界为框架。因为技术在这种行动逻辑中占有一席之地。甘地一直需要报纸和摄影师，正如马丁·路德·金需要电视一样。他们不服从的方式以信息的丰富为前提。公民不服从行动还包括在大量媒体、大量流通的信息中强加一种不同的内容。微行动依靠的是具有抵抗精神的自我的决断，它作为信息流中"逆流而上"（remontant）的内容，对立于信息服从中"顺流而下"（descendant）的逻辑。

微行动的原则

微行动存在于具体的地点，并在此建立了全球。它不是一种英雄的智慧，而是日常的智慧；它是低调的，也就是说无名的。它是务实的，仅仅因为它是一种将话语——无论是道德的还是政治的——打回象征世界的行为。揭露象征性对策的行为已经过时了，我们只需通过坚决的、负责任的、建设性的——必要时具有反抗精神的微行动，从底部把这些象征性对策挤出去。

微行动中"微"的含义不同于"微话语"的"微"，因为微行动的源头——自我——具有严密性和内容特征。个人在筹划中记录了微行动，因此微行动的目的也具有严密性和内容性。微行动构成了科技智人新的严密之处。这种住在世上的模式重建了意义和人，并破除了服从。微行动的"微"出自舒马赫（"小即是美"），是个人和集体行动在另一层面上的新起点。

下面这种行为简直让人难以忍受：那些对法国的高速公路提出"抗议"的人，一边吵嚷着公路破坏了景观，公路费昂贵，一边却享受着高速公路给他们出行带来的便利。正是因为他们，因为这些人，才有了这样的高速公路，才有了这样的价格。使用的优先地位赋予了个人选择其他交通方案的权力。表面上看，这个不可靠的人享受着舒适，承担着消费，但是更重要的是，他不具备决策力。在高速公路上行驶，就是要决定高速公路的路线、规则、价格。购买一件产品，是使其售价生效，证明它的商业使用价值。观看电视节目，是许可节目的播放。相反，任何言论都无法赶上它：事实上，贬低的话语就是不可靠行为的一部分，它和行动中决断的缺席形成了一个体系。我们一边看着垃圾电视节目，一边又在批评它，两者相处得十分融洽。我们传递大量不可靠的微话语。言语的不可靠免去了行动的决断——但这种免除是虚幻的。在一个人的话语中，例如一个政治家的演讲中，没有什么比他的一些行为更为重要。

"每当我插上电动打字机时，我都要给爱迪生联合电气公司（大型电力公司）及其所有的技术设备投上一票"，兰登·温纳[330]写道。我们必须清楚地明白，这里的投票，至少与官方投票箱中的选票一样重要。而且，每一次的微行动中都会发生一次投票。有些行为已变得无法忍受：一些人一边过度消耗能量（直接和间接地），一边却（装模作样地）"反对"国家选择的能源，例如核工业。

对于日常情况有价值的事物，在特殊情况中就更不用说。有些案例中，整场闹剧都是因为参与者的不靠谱，在于他们的微行动，或者在于他们缺乏抵抗的微行动。法国输血丑闻就是典型。[331]医生开处方或不开处方，告知或不告知病人，个人同意不再执着于某一问题，不再重复问同一个问题，不追究没有收到答复的邮件：每个血友病传染案例的根源，我们都可以发现这一系列已完成或未完成的人为行为。每一个官员都服从于体制，受到限制，每一个只考虑自己的职业生涯或个人致富的医学—政治—行政领域的参与者，都参与了一系列责任与犯罪，参与了一系列不负责任的、犯罪的微行动。

在实际的选举中，投票是传统意义上最直接的政治微行动。2002 年 4 月 21 日，当法国极右翼候选人参加第二轮总统选举时，象征性的创伤带来了一些正直的言论和善意的抗议。但是许多正直的参与者并没有在第一轮投票中投票：相比于 4804713 名支持极右翼的选民，他们更应该在行动上对他们口头上抗议的事负责。

"用脚"投票（Voter «avec ses pieds»）是一种微行动，就像通过投票的方式在两名政治家之间做出选择一样。极权主义国家必然是个监狱，因为这些国家阻止移民，而移民正是对该政权投反对票一种微行动。前东德就曾屈服于这种投票方式。而在西方国家，放弃理科课程的学生是在用脚投票。极权主义或十分官僚的国家引发了科技人才和经济精英流亡的微行动。"留在我居住的城市，意味着我默认了其法律，包括今天将我判处死刑的法律"，苏格拉底在监狱里解释道：我们缴纳的每一项税，填写的每一张表，在一个国家度过的每一天，都是我们投出去的一票，是我们在民主地表达自己，是在行使自己的公民权利。

广告和媒体真正的敌人只有一个：微行动。

要改变那些让我觉得不可理喻的电视节目吗？我甚至无法想象从哪儿下手。但是多亏了遥控器上绝妙的"关机"（off）键，我可以选择不看。我无法想象经济系统可以帮我回避那些占满屏幕的愚蠢广告，但我可以轻易地更换频道，不看。时间不再与体制和象征进行斗争，重要的不是赢得庞大的资本，而是在沙发靠垫下找到遥控器。这是一种行动，微小且无名的行动。反对广告的斗争者用他们自己的方式进行了理解："adbusters"（广告的克星）或"casseurs de pub"（广告的破坏者）在海报上涂鸦，用公民对广告的嘲讽来补充口号。让我们创造一种视线的禁欲主义，一种心理遥控，一种积极的冥想活动，目的就是不去看。训练自己不要看到或听到广告——或以强有力的公民讽刺来回应。为了反对大量媒体和广告，让我们发展这种反抗的文化，依靠于流行文化中仍然生机勃勃的反抗基础。[332] 微行动可以让精神控制信息的接收，可以实现一种关闭听觉的能力。

微行动的无限多样性是一个创造的领域，坚定的自我所拥有的自由创造力可以不断地从中发现新的资源。别再说"我们什么都做不了"，这个"我们"谁都不是，也就是说，不是个人。我能做到，而且能做很多事，可以处理真正的问题。

力量就在信用卡的末端——而不是在刺刀的尽头。信用卡可以实现非常强大的微行动，它是我们从钱包里拔出来的武器，我们必须对它有所了解。在抵抗模式下，这种武器作为一种威慑性的工具，比没出鞘时剑更具威慑力。朗奴·英高赫（1977）所说的真正的"宁静"革命不会宁静，只是因为这场革命是在话语之外的领域进行的，同时也将以现金出纳机的沉默为标志。结账时打印信用卡收据所产生的微小噪声应该被理解为："投票吧！"这种意识是宁静革命的理论家所说的"认知动员"阶段。

自由就在遥控器的末端。如果必须为反抗的微行动选择一个标志的话，我建议选择遥控器上的一个符号，它代表设备的停止。这是一个在全世界都存在的符号，是一个顶部未闭合的圆圈，上面有一条垂直线: ⏻（符号 IEC 5009 表示待机）。遥控器是一把威力强大的枪支，让电视节目和电台主持人惊恐万分，他们乞求道: "不要换台！"不，我们就要冷酷无情地换台。广告经常直接或间接地占据超过四分之一的节目时间，如果这些广告画面被绝大多数观众逐一跳过，那会发生什么呢？首先，广告商会使尽一切手段，向客户隐瞒这一事实，然后串通一气，让他们控制的所有频道（几乎所有频道）同时播放自己的广告。他们已经在这么做。至于他们会不会在看到当前"信息"之后继续做别的什么事，那就很难说了，但是这已经不重要: 没有人会再看这些广告。支持广告，这种屈服的耐心，是典型的象征性服从之一，是贬低交流价值的自愿的服从。微行动把这种收信人退出的原则转变为在媒体中"逆流而上"的反抗行为。

微行动中的反抗精神是一种智慧的态度，因为它运用了柔道的原理[333]: 个人并不与整体发生正面冲突，他只需等待合适的时间，在合适的地方，进行小小的移动，让整体的力量只能在他面前扑个空，并且失衡。不要让反抗只停留在攻击层面，任它来吧，但让它扑个空，而一个很小的动作，甚至是不行动，就会让攻击者把能量转化到自己身上。

微行动运用了一种人类并未充分利用的资源: 个人情感。我们可以期待从微行动中获得许多情感能量。在行动中感受自己的意愿，感受自己去完成、去抵抗的能力，就是考验自己的可靠程度，就是要加强自己的底气。共同感受这样的情感，分享这样的情感，这些经验可以凝聚起自由合作的新集体——不管是在建设过程中还是在抵抗过程中。参与到微行动中吧，这样可以把对于过时的、不可靠的事物的愤怒和蔑视，转化为更加积极的情绪。

决策和决断

在微行动的源头，必然是一个坚决的自我。自我的决断始于重新获得决策力。有决断力的自我扭转了海德格尔所谓的"被抛"，也就是"此在"在本体上的弱化，当此在为存在物忙忙碌碌、担惊受怕时，当他管理存在物并进行优化计算时，就失去了他本来具有的本体的真实性。

对于科技智人来说，决断是对未来的假设，是一种形而上的动员，是存在的渴望，是成为自我的渴望。它可能是由个人危机或自我成熟引起的。任何情况下，决断都在运行一条具有系统性的逻辑，也就是重新把握决策。根据海德格尔的表述，将我定义为人的，是为其存在而存在的存在。当我任由自己多观看五分钟的广告，阅读一份完全无用的文书或与不友善的岳父岳母吃一顿饭时，受到影响是我的存在，需要捍卫的是我的存在。我只能全身心投入决断这一行动，这一微行动，受到质疑、经受考验的是自我；这不是对存在物实用性的管理，不是利益与困难的计算。这一行动有着特殊的地位，就好像这是我生命中最重要的行动，是我生命中唯一的行动，是我生命中最后的行动。

有些情况下，自我不再具备决策力。由于缺乏这种能力，他不再是一个完整的自我，这种状态可能是暂时的，也可能不可逆转——或者说，他还不是一个自我。这种情况发生在那些无意识（医学用语）的人、幼儿和受某些精神障碍、精神疾病或退化性疾病影响的人身上。所以必须进行决策的委托。在这种情况下，我们同意决策必须由其他人，由外人完成，而且这项委托的表述必须清晰明确。假定具备决策力是承认一个人为"人"的一部分，只有遵循明确的针对例外情况的规章制度下，我们才能采取特殊对策。这一特殊对策只能以护理为框架，如果自我不再（或者还没有）能够护理好自己，即成为完全的自我的话。[334] 因此，在所有其他情况下，默认的对能力的假设都原封不动，对于所有人来说，有能力的假设不会因为没有能力的（外部）决策而受到攻击。

实权深处的技治主义——或者更确切地说，官僚主义——以及表面上政治家的过时，都是基于一个完全相反的假设，无能的假设：我们应该时不时地提醒一下（这是一个基础微行动）医生、官员、老师、法官……我们既不是幼儿，也不是没有受过任何教育，更没有严重的智力障碍。科技智人必须经常记得，他有能力进行理解并做出决定，而不仅仅是服从。在每一天司空见惯的退出中，微行动是对于无能假设的回应。

在科技智人对信用卡进行"微使用"，连接上互联网，出行或娱乐的同时，他也能够做其他事情：重新把握自我。"知道"和"想做"只能算作微行动中的一个行为，即通过行动而有所知，而不是先在思想、冥思中有所知，然后再"应用"于实践。科技智人所需的思考是一种思考的行动，是行动与思考的统一：微行动是我们需要的武术。

在《存在与时间》中，海德格尔提出了"此在"真正的存在模式，并将其称为"决断"（Entschlossenheit）。[335]决断干净利落地为反抗被抛状态的可能性，为一种形成"号召"的意识疏通道路（参考注释 54）。决断就是这一号召的真正答案（参考注释 60）。它重新为此在构建起变得本真的可能性。相反地，被抛状态从本质上看似乎就是"不决断"。操心作为此在存在模式的特点，在决断中发现了自己的真正目的和本质，因为只有决断回应了对自我本真性的操心，而这份操心是自我在探索过程中的动力（参考注释 60）。

不管是将当代世界不可靠的事物转化为科技智人的新的可靠的事物，还是像《存在与时间》中所说的把被抛转化为本真，它们的基础都是相同的：那就是决断。这一方面，海德格尔的理论支撑不仅有基本本体论，还有行动哲学。因为他没有把"决断"理解为"行动的决定"，而是理解为"行动的开始"[336]。决断是科技智人行动的开始，也就是他存在的开始。

▶▷ 5.2 自我

可靠的理论与实践

可靠的理论与实践再一次涉及了并且编织了一个传统，而且我们需要回忆、传播并且扩充这个传统。这个传统就是智慧。对于科技智人而言，技术是新的可靠事物的潜力，是最本真的决策力和决断力的回归。如今，科技智人面临的问题是成为自我的能力问题。正如斯多葛学派的自我管理必须落实于行动而不只是言论一样，对自我的重新把握也必须付诸实践，而不能仅仅逞口舌之快。正如斯多葛学派的智慧包括训练，包括针对"自我"的训练和自我的锻炼一样，科技智人所需的智慧必须包括训练。微行动是对自我的训练，决断是训练过程中自我的行为。科技智人必须通过存在的行为来实现存在。他必须发挥自己的新潜力，并运用它们，必须根据自己的新潜力来构建自己的存在，而不是停留在"力量上"。

　　训练中，斯多葛学派的自我知道如何靠自己生活，因为他训练的目的是成为自我。塞内卡写信给卢西鲁斯："在我看来，思想平衡的第一个迹象就是知道如何定居，如何跟自己生活。"[337] 为了住在这个世界上，科技智人别无选择，只能科技地生活，但问题不在于此，在于居住的能力。居住能力中的问题不在于可能因为科技而"无法居住"的当今世界，而在于自我、自我的被抛和自我的不可靠。人类的重建是科技智人必须赋予自己的优先计划。这项计划不包含新的本质理论或新的价值理论，它甚至不需要重新建立一种政治。这项计划包含的是可靠的决断。通过决断，每个人下定决心摆脱过时的东西，并且构建起通往当代世界潜力的个人途径。

　　叔本华（1851）关于智慧的学说以一种既简单又深刻的分类开头：（1）我们是什么，（2）我们拥有什么，（3）我们在社会中代表什么。社会形象（3）的不可靠总是很容易表露出来。拥有（2），或者说所有物、物质能力的不可靠，则以经典的方式在哲学上表现出来。最重要的还是在于理解唯一可能的可靠的东西，那就是自身存在（1）的可靠，自我的可靠。叔本华谈到了一种"内在的空虚"：人最不重视的，往往就是自己是什么。学会把生存的气力集中在自我身上，在"我们所是"上，这就是智慧教给我们的。

　　作为现代智慧的思想家，爱默生在他的"自助"（Self-reliance）理论中给我们上了同样的一课：相信自己的能力，意思是：依靠自己，能够信任自己。"神圣的东西只有一个，那就是自我精神的完整"，1841 年他在《论自助》[338]一书中写道。然而，我们已经失去了这个圣物，"面对官方头衔和知名人士，面对大型组织和僵化的机构，我们不得低下头颅。完成这个动作是那么简单，却又那么令人绝望"。[339]成为自己，并不意味着要藏匿到孤独中，这种方式可以回避问题，但并不能解决问题。伟大的人，就是在人群中保持独处时完美独立状态的人。[340]"别再弯腰了，别再请求原谅了"[341]，冲破一切束缚吧，既不要被意识奴役，也不要因为担心自己在他人眼中的形象是否一致而受到禁锢，爱默生继续说道。唯一有价值的一致性是内在的，是从内部建立的，而不是依据外部标准重新构建的：让我们找到"本我"，这是自助的基础。[342]这个原生的我的体验本身就是一种本体论经验，是对我们这个存在的考验。这种面向自我的在场本身无关乎自我"信任"，自助不会带来一个有信心的自我，而是一个"代理"[343]的自我，它会给出行动。爱默生写道，学会从内心的海洋汲取水分吧，这片海洋人人都有，别再向别人讨水喝了。[344]

　　可靠是科技智人在自助基础上的进一步发展。我们必须重新恢复与大自然的原始联系，包括野生自然，不过首先，我们必须重新发现与自身的联系，必须找到我们身上以自我形式存在的野蛮。

"我绝对相信"，甘地写道，"如果不是因为自身的弱点，没有人会失去自由"。[345] 每个人所看到的、所谴责的东西，诸如奴役、异化、服从的内在和外在形式，总是源自"我"的弱点，而且在科技智人的世界中，总是源自"我"的不可靠。自己对自己负责让我们能够对服从的现实基础采取行动，从而对不公正采取行动。甘地教且只教了我们这一点："如果我成功地让人们相信，每个男人或女人，无论体力如何，都是自身尊严与自由的守护者，那我的使命就完成了。即使整个世界都转而反对唯一一个抵抗的人，这种保护也是可能的。"[346] 可靠性的实践，也就是自己对自己负责是自我护理的根本形式。它在尊严和自由方面的影响是即时的、不可抗拒的。

自我筹划、自我护理

存在的目的不仅仅是成为人。从本质上讲，人这种存在不会靠另一个存在而活。"让自我成为人"的计划是人类所有计划中首要的也是最不可或缺的计划。对于科技智人而言，在富裕、舒适和便利的世界里，成为仅仅能够以人类的方式生活在世上的自我是远远不够的。我们要成为的物种，要求每一个成员对自己负责。

康德已经这么认为了[347]：自然已经为我们提供了人类自我构建的原材料，把自我建构，也就是"培育"交给我们自己来负责。

如今，留给人类自己负责的最主要内容，在我看来，集中于自我筹划和自我护理。首先，人类与自然接触时被赋予了一种力量，那就是技术。充满力量的富裕的文明，是三个方面（人类、自然、科技）在当今协同进化的结果。这一文明本身从未构建任何意义或价值：它并没有给出"方向标"，也就是说，它既没有带来内容，也没有提供严密性。

在第一层面的分析中，自我走向消失，损害身体健康及其完全清醒的神智，这也许是一个可以想象的人类计划。可悲，却符合人性。但是，缺乏自我护理并不等同于如此糟糕的自我护理。自我护理的欠缺是基于计划的欠缺，即对自我存在不够负责。这种欠缺不是糟糕的选择，而是缺乏对选择和自身潜力的意识。人类能力的丧失，当代人的被抛状态，是能力意识的缺失，后续还会造成缺乏获得潜力的途径。所以，新的解决办法首先就在于提高自我认识，重新把握自我。然后，自我护理不再局限于生活卫生以及个人建构的责任，它遍布于各种性质的计划，徒劳无益的也好，至关重要的也好，私密的也好，集体的也好，但是这些计划都通过与自我的原始联系互相联结。

我们在健康领域重新发现了护理的逻辑，可它的范围大大超越了健康领域。它在所有领域都被赋予了接替干预逻辑的使命。当我们明白自我护理并不是对自然的掌控时，自我护理的逻辑便取代了掌控自然的逻辑。在与当今世界接触时，每一种消费或购买行为都可以成为个人卫生的场所，自我的所有存在都依赖于这个微行动：在我最细微的行动中，我就是我所做到的事，而且我完全就是那个完成了最细微行动的人。根据微行动中具体的本地的逻辑行动，也就是说实际上不受重大决策的影响，信息和物质方面的个人卫生计划正是通过这种方式解决了这些重大决策仍然无能为力的问题。

　　科技需要一种护理哲学——这个词更适合用英语里的"care"来进行解释。首先，我们必须对人工制品进行护理。"一次性"产品、废物的大量生产、设备在设计上的过时通常会阻止依附关系的建立，而护理正是基于这种依附关系。不注意，就是无意识。这种意识的缺失中也包括自我意识的缺失。智慧始于意识与自我意识的觉醒。

　　护理的缺失中也包括自我护理的缺失。因为"护理"（to care）活动产生人类，无论是在接受护理时还是在进行护理时。[348] 我们都来自护理，来自父母的护理。我们都有能力进行护理，能力的大小取决于我们所剩的精力。护理既不是天性，也不是娱乐：它应该是一项关系到自我，并由此关系到世界的决断。护理只能在自我的基础上才可能进行，这个自我不仅仅是提供护理的人，同时还有接受护理的人。自我护理的决断是产生相互护理的条件。比起护理系统、护理技术和护理场所，我们更缺乏的，是有能力进行自我护理的人，即提供或接受护理的能力。而令人担忧的是，科学上对"护理"概念的关注，往往在于"姑息治疗"（soins palliatifs）。姑息治疗是指当干预治疗和技术修复行不通的时候，由于没有更好的方法，出于遗憾，只能重新回到对病人的护理。"姑息"（来自"pallium"，大衣）一词的词义来源于面纱，即掩饰面部的那层布：这项治疗的名称起得非常好，因为它恰恰掩盖了……我们心中护理理念的弱点。我们把护理缩小为科技的姑息，而护理本应该是科技的灵魂。我们把护理缩小为临终的陪伴，而它应该伴随我们一生。

自我护理是典型的外政治计划，一个融合了身体与心理、文化与健康、自我保健、自我发展以及自我修复的计划。它关乎一种自我的技术[349]，我们处于行动范畴中。这种自我的实践假设在物质和信息十分丰富的情况下，某些东西是可自由获得的——教育、文化、知识——这些东西的获取途径必须推荐给每一个人，提供的方式应该是有吸引力的、合法的、慷慨和普遍的。提供这些途径的行为属于集体组织，但同时也依赖文化传播的微行动。这是相互护理最普遍的形式。每个人，每一天，都可以成为另一个人的教育者以及自我构建时的支持力量。人类经验表明，可靠性是可以通过接触来传播的，特别是在日常小事中。因此，护理自我和护理他人形成了体系。

科技智人重新回到了一个新的原始时代。我们在技术方面就相当于原始人。在我看来，梭罗似乎感觉到了这一点。我们让自己成为岛民，就像一个搭建了自己的家，又在需要时立刻迁离的开垦者。培育自己的资源——在房子周围种植自己的豆子。在《瓦尔登湖》一书中[350]，梭罗讲述了他如何回归自治、回归自然和自我，这是一部内在性的史诗。《瓦尔登湖》讲述了自我的筹划，自给自足，而且是象征性的自给自足：我们可以想象自己住在一个自己护理自己的地方，即使从城市到这个地方需要步行几分钟。

这段经历为终极阶段做好了准备：视科技文明为我们的自然环境，在这一环境中，我们不再需要身体上的移动来象征性地移动，也不再需要一间树林的小木屋来照顾自己。

梭罗指出了现代人感到被抛的原因：对自己不够负责。现代的悲观主义分析家指出了被抛感，但没有指明原因。"人在逆境中可以创造奇迹；在富裕和安全中却会变成一个茫然不知所措的可怜人。"丹尼斯·加博尔写道。[351] 可是，为什么会出现这种现象呢？"人类的敌人只有一个，那就是人类"，所以"这种情况会出现悲剧性的一面：这些才能使褪了毛的猿猴成为地球的主人，而现在转而攻击他的也是这些才能。"[352] 但这是为什么呢？因为矛盾的是，当我们身处富裕的世界，我们就不再护理自己。微行为社会学家托马斯·谢林（1984）要求道：少点经济学（economics），多些人类环境改造学（egonomics）吧。决策和重大战略的重新定位并不是抽象全球的工作，而仅仅是具体的地方事务。梭罗把自己的思想归结到三分之二原则，这值得我们思考："真正的改革可以发生在任何一天的早晨，在打开百叶窗之前。无须召集大会，我自己就可以完成世界上三分之二的改革。"[353]

保罗·利科（1986，1990）为我们提供了另一种方法来理解智人的不作为：我们缺乏行动，是因为我们缺乏行动者，而我们缺乏行动者，是因为他们缺乏文化、文本、场景和可靠的自我筹划。行动者可以把自己理解为——并且可以被他人理解为——一个角色；在我们谈论他、他谈论自己和自说自话的方式上，他有一个叙事身份。我们应该避免这种叙事身份简单地成为不可靠的微话语流，在这种微话语流中，我们无法构建任何真正的身份。这一叙事内容的构成和理解模式是文化的，它们是通过学习程序获得的，这些程序似乎与语言、基本逻辑和基本社会技能的学习处于同一水平。智人也应该了解智人的生活会是什么样子。在人类所拥有的文化途径和他可获得的自我筹划的类型之间，存在着直接且重要的联系。所以，自我护理、人类护理的第一项工作就是拥有可靠的文化内容，以便学习人类生存的发展模式、潜力和意义。如今，科技智人成长的文化社区并没有充分关注这种学习。足球运动员或美国警察、电影明星或歌星的生活，这些纯粹戏剧的生活，被商业秀产业制造成自我形象，而我们塞给孩子的方向标就是这些形象。无名之辈沉溺于大人物的幻想之中，这有效地让他们保持象征性服从的状态。

表面上，科技智人觉得自己负责一切并且掌控一切。除了他自己。[354] 他把自己置于一个悖论中：他引领世界的未来，而这个世界的理论表明，世界并不依赖他的决定。我们明白，唯一的出路就是退出；我们知道，人类本质上觉得自己不再对任何事情负责，也没有犯任何罪。

如果科技智人不对自己负责，那么他就不对任何事物负责：他对世界的掌控不值得被称为"掌控"，它只是一种简单的"力量"，一种行动的能力，一种势力。因为，不主宰自己的人，主宰不了任何事情。不要到了退休的年纪，才"终于想到自己"！不要等到新出现的潜力化为不可靠的东西而逐渐消逝。我们忽略的是我们自己，在对自己的力量进行优化计算的过程中，被当作可忽略的量处理的是我们自己。

走向新的集体

通过非常简单的推理，就可以设想出新的集体：我们缺乏集体行动，是因为我们缺乏行动，而我们缺乏行动，则是由于缺乏行动者。我们只能通过整合微行动来重新制造集体行动。与生物和人类一样，这种总和产生了整体涌现效应：整体超过了部分的总和。我们不必事先定义新的集体，它们是不可捉摸的，所以当它们出现时人们会觉得难以抗拒。我们需要做的是让集体变成新的样子。就这一点而言，需要而且只需要变成新的样子就可以了。

自我护理包含着对他人的操心，而且处于网络中的自我护理在他人对我们的操心中发展。这种关注的网络，即一些人考虑另一些人，是第一个兴起的合作形式。我们的合作不在特定的项目中，而是在每个人的自我筹划中。

个人的被抛和集体的过时让人类在体制中处于真空状态。通过坚决的微行动，可以重新激活基础的合作网络，即简单的"人际关系"网络。这不是通过改变那些管理官吏的政治家来实现的，也不是通过发布新的行政通知来实现的，更不是通过指定一个委员会，然后这个委员会出示一份报告，接着大家抵押资金来实现的。体制的过时只能以非体制内的行为来回应。在表现出坚定自我的用户面前，体制通常无能为力。个人不服从所提出的问题正在蔓延，因为这些人中的每一个都是潜在集体的中心。自我护理、自我尊重和受他人尊重是集体行动的有效手段。

小额信贷系统为集体性和体制性不强的运作方式演示了微行动的一种逻辑。在世界各地，成千上万的小额信贷举措正在创建微型企业，改变家庭或小型社区的生活。[355] 第一批小额信贷行动是个人行为，抵制银行体制的官僚主义所形成的障碍。在工业化国家，小额信贷也照顾那些被排除在银行官僚体制之外的人。[356] 即使这些人联合起来并且形成一种体制，这些新兴的集体也会保留一些抵抗性的举措，而这些举措正是他们的起源，虽然这一切可能只是在微观层面进行。他们与发达国家的各种交流社区建立了联系，尤其是 SEL（本地交流系统）。SEL 是从事无偿交换商品或服务的非正式社区（人们不需要向理发师或汽车修理工付钱，但可以为他们修剪草坪，或是给他们的孩子上课[357]）。这些集体有时与体制一起玩猫捉老鼠的游戏，他们依赖且只能依赖于他们的参与者。在这一方面，他们与体制相反，正在从坚决的经济微行动向集体意识过渡。

消费者运动是类似的隐蔽的集体。他们通过行动纠正经济和政治上的过时，这种行动可能具有决定性。像法国 Que Choisir（选择什么）这样的协会，或者美国更强大的协会，始终密切关注公民在消费选择以及在这之前的信息选择中的行动。[358] 消费主义具有政治性[359]，其典型就是拉尔夫·纳德（Ralph Nader）在美国的职业生涯。[360] 只要集体意识到自己的力量，只要行动者的数量足够庞大，隐蔽的消费者集体就可能成为主要的经济力量。

介入程度最高的政治性消费主义和传统意义上的革命性运动之间，彼此存在着联系。这种趋同与微行动的首要地位以及行动所属的范畴可能出现的转移有关。如今，在动员世界各地的他择性政治运动的抵抗理论中，意识形态往往被他择性集团的具体宪法所取代。人们在具体的地方，有效地组织集体，实现了团结与分享，从而掌握了对立政权。[361] 无论是在理论斗争还是实际斗争中，时间不再是对抗资本主义的正面战场，抵抗在于在现实中实现抵抗者认为正确的东西。目前存在的全球是微行动的结果，通常是我们微观不作为、退出和服从的结果。我们不能再通过在它面前投射一个国家或机构这样的象征性集体来影响它，更不用说政党、工会、协会或"人道主义组织"这样的象征性集体。

隐蔽的集体和沉默的计划来自微行动、没有权力和服从的意识形态或机制。它们的出现可以用一种观念来描述，这一观念带有康德的风格，是道义论和目的论的统一：个人必须按照可以构建起集体的方向，有条不紊地行动，而他希望看到这个集体的行动。康德会在此谈到从普遍性的必要性中得出的目的论预设：当我以"如果每个人都这样做……"这条规则来决定自己的行为时，我的行动就不只满足了一个正式的标准，它还构成了我想要的集体。环境的信息化、网络的密度和反应性、使用的首要地位和市场的运作，科技现代性的这些方面都使附加的抵抗力的联网成为可能，联网的抵抗力在微行动中发挥着作用。

托马斯·谢林（1978）提出了"微行动"及其后果的理论。他所说的"小决策的暴政"可以被认为是微行动整体涌现效应的力量。我们熟悉不良集体出现的例子，我们必须想象良性集体的出现。谢林提到了一个可悲的场景，驾驶员放慢速度，"观看"高速公路上的事故，以至于在反向车道上制造了"偷窥症患者引发的堵塞"。或者在一个彼此听不见对方声音的房间里，我们不得不大声说话，因为……人们说话声音太大了。我们还研究了恐慌事件，这些事件中发生了踩踏事故，出现了受害者，但是真实原因不明，而且任何人都不希望它发生。谢林经常运用他对于某个地区贫困化或"种族化"的研究，而贫困化或"种族化"是因为搬迁这一个人决定的积累。他表明，个人决定构成了不可抗拒的集体力量：每项决定都与他人密不可分，而这些决定可以预设或预测。在我看来，这意味着在每个微行动中，行动者都清楚地意识到他是在一个隐藏的集体中行动。

购买某一类型的汽车，不仅证明了其价格、能力、生产模式的合理性，还可以证实一个事实，那就是它在街区或工作地点的存在会激起他人的购买欲。我们必须认识到外经济这一方面，如今，这种外经济才是真正的经济联系：我不是在购买一台从已经存在的汽车中挑选出来的汽车，而是通过自己的购买行为使其存在。汽车驾驶员组成了一个隐蔽的但是特别强大的集体。我们完全没必要选出这个集体的代表，数百万成员每天都在为汽车经销商和加油站投票。当微决策孕育出强大但游走的、混乱的、缺乏计划的集体时，微决策就会是"暴虐的"。但是微决策也可以孕育出更加理智的集体。微行动理论表明，权力只需要被掌控。

游戏的数学理论证实了这种向乐观主义转变的想法，同时带来了竞争语境下的合作盈利原则（例如，在为同一场比赛做准备的学生之间）。合作语境不一定先于合作而存在，它由合作创造，也就是由合作的决断创造。在行动者网络的情况下尤其如此，行动者的决策会对整个网络（例如集体运动中的一支队伍）产生影响。合作作为当代科技的潜力之一，可能成为一种隐蔽的集体项目、全球项目，而这是由于个人决断的出现——曾经我们用一种更简单的说法称呼个人决断，那就是"公民精神"。

在护理自己、对自己负责的同时，想到在这个自我筹划中暗含着对集体的关注，这样便足以构成新的集体。根据战士的逻辑，我们是根据已然存在的集体来确定个人行为的，但是事实不是如此。我们确定个人行为时，就好像已经属于一个暗藏的集体，而这个集体正是这种个人行为创造的——从比赛开始，我就想象自己在一个同心协力、求胜心切的球队中打球，于是在这一过程中，我便创造了一支这样的球队。在任何时候，坚决的微行动都会产生暗藏的集体，这些集体经常会消失，但在"生态"条件成熟时，这些集体的发展速度又会快得惊人。

科技智人不再接受社会关系，而是创造社会关系。他不会为了存在而服从。弗朗索瓦·德·辛格利（François de Singly，2003）断言，个人之间可以建立社会联系，其首要原则是自主，但是这需要建立新的集体概念。人们建立的不再是"强联系"，而是"多重联系"——我们已经看到网络术语中同样使用了"联系"这个词，意思是连接：不是个人与社会、与抽象全球的联系，而是个人之间里组成网络的联系。弗朗索瓦·德·辛格利写道，个人需要的不是"脱离"，而是"不属于"，"不属于"就是拒绝别人按照自己的政治或社会立场来定义自己。这种"积极的不加入"

完全适合新集体的产生，这些新集体由坚决的自我组成，他们不想象征性地服从于新的事物或产生新的"归属"。个体不"加入"集体，但是通过行动创造集体。

索罗维基（Surowiecki, 2004）清楚地解释了一种特殊智慧的出现，这种智慧来自多种多样的人所形成的密集的合作网络；在他所使用的"人群的智慧"（wisdom of crowds）一词的基础上，这个词又衍生出众包、众筹等词。至于多种多样的人所形成的密集的合作网络带来的特殊组织，则由舍基（Shirky, 2008）做出了解释；他提出了"没有组织的组织"（没有组织机构）的想法，这一想法定义了新型集体的特征。互联网为新型集体提供了模型，而且新型集体的新社会运动——卡斯特尔（2012）对此进行了研究——提供了与政治的关系更直接的实例。尤查·本科勒（2006, 2011）为合作集体提供了宏观经济方面的研究，他以 Linux 超越利维坦的理论（哲学家托马斯霍布斯想象的象征国家的怪物）为例。

公共利益（commons）理论

公共利益（commons）的概念对我们来说不可或缺。它被广泛应用于政治生态学，但它的哲学意义远甚于此。最初，在英格兰，"common"指公社的或公共的草地，社区的每个成员都可以带领他的动物来吃草。田地、河流、水井或磨坊等其他社区设施可以是村社的共有财产。自然资源和人工制品（属于基础设施或集体机器的分类）同样也可以是共有财产。这种集体的运作方式基于传统和集体利益。"Commons"是一种有形的、实用的公共物品，只有在所有人都不怎么照看它的情况下才能为每个人服务。照看它的是社区。

"公地悲剧"意味着这种运作方式的结束。[362] 这种现象发生在各个地方、各个层面，对它的阐释存在很大分歧，颇具争议。我采用以下假说：这种现象是因为没有决断，而决断可以实现维护公共利益的特殊微行动。

要想重新把握公共利益，我们必须先重新对它进行理解，必须重建这一概念。法语经常将"commons"译为公共资源、公共利益或公社利益，但"commun"（平常的）一词在法语中常常具有贬义。英语词"commons"更能彰显这一概念的独特之处和它的新生。重新把握共同利益是一个非常现代的国际问题，与科技和生态的潜力密切相关。不要忘记，通过微行动孕育出的隐形集体，负责共同财产、公共利益的是无名之辈。从"commun"这个词的所有意思来看（除了贬义），"commons"的问题就是的"commun"的问题。

伊凡·伊里奇为公共利益问题提供了哲学基础。他在"本土"理论中再次提到了这个概念，所谓的"本土"就是在家里制作的东西：共有财产属于非商业经济；我们必须意识到并且衡量"当共有财产被转化为资源时所失去的东西"。[363] 这就是自然、环境和生命本身的命运：它们从曾经的共有财产变成了一种经济资源。今天，这些资源由私人机构（企业）或公共机构（国家）管理，机构的运作在所有地方都产生了同样的结果：旧的共有财产由"专

业人士""管理"。从这个意义上说，它们已不再是共有财产。没
有任何革命计划比这个决断更激进、更具整体性：重新把握共有
财产。问题不在于我们科技地居住在这个世界上，而在于我们有
多希望科技地居住在这个世界上。[364]

微行动理论还有一个补充要素，这个要素至关重要：那就是
微行动中的乐观推断。不要往废弃的公共花园中多扔一张沾满油
污的纸，不要为受到贬低的电视节目中多添一位观众，不要在苏
打卖家的财产中添一个喝饮料的人……可这有什么用呢？遵守其
他人似乎并不遵守的交通限速规定，坚持购买自己想要阅读的书
籍，而不是商家想要出售的书籍，乘坐公共投资不足、导致功能
不全的公共交通……这些行为有什么用呢？坚决的微行动这个概
念回答了这些问题，但是公共利益的概念增添了额外的意义。在
上述情况下，我们都不应该不分青红皂白就将隐性合作的作用最
小化，恰恰相反，隐性合作在微行动的协同作用中是至关重要的。
做到这一点后，乐观推断就会成为以下问题的解决方案：既然其
他人都会放任不管，恣意为之，那么做一点小小的努力又有什么
用呢？多扔一张沾满油脂的纸，不会改变每周末遭到蹂躏的森林
一角的状态……这就是公地悲剧的起源。这种推理的后果，就是
森林里布满了垃圾，这是把森林转变为垃圾场的隐形集体项目的
一步。对共有财产造成的每一次伤害都贴有这样一个标签："不过
是多了一点小东西，不会改变什么的。"并非如此！因为共有的东
西都是由个人的东西组成的；重大的事业都是微行动的积累。让
我们意识到悲观推断中常见的虚伪，并坚决地用对他人行动的乐

观推断来反对这种悲观推断。

你所做的事情必须取决于你，不要以与你无关为借口而选择逃避——从而为他人提供同样的借口（斯多葛版）。你应该参与决议、可靠物的良性循环，并假设你的行为具有感染力，哪怕世界的进程邀你反其道而行之（康德版）。你应该蔑视那些给我们上道德课的人，他们为了逃避正确的做法，自称是唯一真正道德的人，因为其他人都是坏人（尼采版）。用智慧的话来说，这是一种谦逊：我没有理由先入为主地认为别人不如我聪明……

科技本身就是人类技术的共有财产之一，是共有财产的广阔空间，同时，在公共空间构建和管理中，它是无可比拟的资源。科技为共有物提供了新的支撑。我们必须设想核电厂和废物处理厂，它们就像这个时代的公共草地、牧场和供水点一样。除非不想成为一个社区，否则不存在对此不感兴趣的问题。技术迫使我们采取新的解决办法。河流和海洋、大气和饮用水是天然的共有资源，与科技产品的环境协同进化：我们负责着这个整体。科技智人既不能忽视对共有财产的责任，也不能将其委托给目前正在运作的机构单位。我们是一个共同体，因为我们负责同样的共有财产。让这个共同体发挥作用，承担这一重任，如果我们决定这样做，我们就拥有了科技的资源。信息和物质上的富裕通常用于免除对共有财产的护理，但也可用于对共有财产负责，掌控共有财产。

对共有财产的重新把握不仅涉及公路和核电站，还涉及把社会看作共有财产的整体，从而对社会负责：把集体商品委托给具体地方的个人负责。在这一背景下，"科技的民主化"可能不再意味着政治家的微话语流和行政文书。渐渐地，科技不仅学会了与它"对立"的自然协同进化，还学会了与人类协同进化，但是人类与科技并不"对立"。最古老的技术结构，比如核、空中运输和征服太空，是按照专制地管理发展这样的工业逻辑建立的，并通过"通知"的形式"销售"给人民，也就是通过宣传。以互联网为模板，新科技正在发展，这个发展的过程也包含社会的协同进化，这个社会不再遵守过时的理念。互联网的成功仍然是通过脱离体制的用户和行动者来构建和管理共有财产的典范。目前对互联网上自由权的管理是协同进化的阵地，它比技术民主中的任何事物都更具战略性，而技术民主就是关于公共利益的新问题。[365]

本杰明·R.巴伯（Benjamin R. Barber, 1984）以一种非常朴实的方式，提出了强势民主的概念，它的定义区别于代议制民主：强势民主下，人们至少在某些时刻、在某些公共事务中管理自己。的确，在当今时代背景之下，公共选择必须通过审议得到确认；而且，审议不"可转让"，必须由自我亲自执行。巴伯说，我们受限于"多数主义"，因为我们无法进行真正的民主审议，这样会带来私人利益之间的量化调节之外的东西。因此，对管理共有财产的诉求也包括了对强势民主的诉求。

我们要做的不是全部，因为已经有一部分完成了、尝试过了、开始做了。技术评估（technology assessment）的概念指的是科技的民主评估程序，就像美国曾经开发并制度化的评估程序。1972年，美国创建了联邦技术评估办公室……1995年就拆除了。目前最常用的评估形式是"共识会议"系统。[366]

　　任何体制化的强势民主形式注定失败，接受这样的观点是不可能的。似乎没有什么比共有财产委员会的会议更自然。在会议上，人们将讨论核电站、机场和数字连接。剩下的工作就是了解共有财产委员会实际上拥有什么样的创议权和决定权。体制、经济和社会结构是否能够给它留下一席之地，与它建立协同进化的联系？我们想象得出有关武器贸易的共识会议吗？关于征税？关于政治家的收入和特权？但是，它至少与建立未来的废品回收处理中心或确定市政狂欢日的日期一样有趣。

　　让我们继续对存在物进行检查。管理风险是必要的，因为风险会破坏富裕生活的享受。通过这一点，科技必然会在社会辩论中出现，这种社会辩论表现为固化的辩论。[367]专家、政客和无名之辈三足鼎立。政治家的立场通常是调整变量，让辩论的局面要么偏向于专家，要么偏向于无名之辈。当事态不妙时，政治家就会在一夜之间退出专家那一边的技治主义阵地，加入"激动"的"民意"以确保他们的未来。这场辩论的民主运作只是程序性的，而民主在运作过程中也只是一项程序。

　　在这些讨论科技的程序中，重新创造民主、重新培养在危险、不确定、不可调和的背景下共同决策和共同承担责任的能力，这些行动正在上演。我们所处的局势，就像一座希腊的小城面对着强大的邻邦。科技智人发现了民主与生俱来的背景：在不确定的背景下进行集体决策。起初，民主曾是强大而直接的。因此，技术决策也属于民主决策的范围。

　　然而，它属于科学领域，真正的科学，而不是以科学为借口的宣传演出。这就迫使我们思考无名之辈在专家问题上的解决能力。乍一看，根据定义，无名之辈无权决定专家问题。只有核工程师才真正了解核，只有遗传学家才真正了解基因工程，只有医生才真正了解医学。在专家问题上，知识就是力量，它要求服从……但准确地说，具有决断能力的自我无法接受的正是这种逻辑。实际上，科学的逻辑是截然不同的：刚刚接触科学哲学的学生会很高兴地发现，科学是在反复试验与不断出错中前进的，出错的次数几乎和试验一样多。科学提出了非常冒险的、可以被反驳的假设，这些假设让理论岌岌可危。但是，出乎意料的是，任何反驳的尝试对其中一些假设都无效，这些假设因此被赋予了非常特殊的科学有效性。这不是教条的真理，而是恰恰相反，自卡尔·波普尔 [368] 以来我们就知道这一点。这位科技哲学家同样也是民主哲学家。因为科学的逻辑对反驳是敏感的，对任何可能的反驳开放，这条逻辑可以验证一个结果，其原则与民主的逻辑相同：最大限度地包容反对意见，这赋予了审议结果特殊的有效性（合法性）。孕育了科学的理性和孕育了民主的理性都是批判的理性。

　　从民主的角度重新把握科技，这一过程经过了从文化上重新把握科技的过程。产生了一部分当代技术的科学逻辑属于科学理性的开放和批判程序，而非技术专家的权力机构。是苏黎世文凭办公室勤勤恳恳的员工，是某位无法在博士论文之后进入高校体制的爱因斯坦，推翻了全世界学术机构都在教授的物理。物理学是一门科学，因为它旨在系统地暴露于这种批判的桥段。科技必须继承批判的科学理性及其程序。对技术科学的科学评估和民主评估之间可能存在连续性，然而这种连续性几乎尚未得到探索。

　　一个更精确的概念可以用来描述共有财产委员会的最优运作制度：监视（le monitering）。科技民主需要经历技术监督的过程。法语宝库（Trésor de la langue française，http://atilf.atilf.fr）把"监视"一词定义为"一组可用于分析、控制或监测的技术，在电子学中可以是监测录制的质量，在医学中可以是监测患者的病理生理反应"。在我看来，我会很自然地把这个表述的含义扩大到对任何过程的监视，而且我想在监视过程中引入一个重要的组成部分，即可能的干预。干预可以随时进行，在监视之后进行。监视一个过程，即在持续过程中跟进这个过程，分析其中的一些参数，并在必要时能够采取行动。重症监护时，对患者的监视并不是为了记录他的死亡，而是在必要时进行干预。民主需要监督，监督可以抵抗权力和知识过时的做法，这种做法就像不可逆转的最初决定。而监督是持续的、可逆的决策。在这一点上，"moniteur"（监督者）不同于"maître"（统治者）和统治时的监管：它不是一种通过知识而合理化的统治，而是一种距离合适的监视，从而根据事先得到明确的共同计划，在必要时进行干预。[369]

　　"波普尔式"理性认为，对科技的监视属于无名之辈的民主能力，而不是专家技术治国的能力。批判理性的原则是，由于对话者的身份、头衔，他们不会干预辩论，但是算数的只有他们要说的内容。无能者的能力不一定会干预最初的构思与决策，但是会在监督其建立的过程中出现，然后是运转过程，最后是科技粉碎的过程。这里我们用到了初始构思和监督之间的不对称：设计隔音屏障或更安静的飞机发动机需要工程师；而评估其效果只需一个公民。然而，仅仅根据数字和统计表格中的数据，公民能不能评估低剂量放射性物质或化学污染物对健康的影响？对于科技智人这样的公民来说，大多数情况下的回答是肯定的，不管怎么说他们应该做到。从民主的角度重新把握共有财产预先假定公民为了在科技文明中进行选举，经过了培训。培训这样的公民不是有名的技术专家感兴趣的事，这是事实。

重新把握共有财产，这只能从重新把握信息共享开始，甚至是从重新把握存在的共有财产开始，也就是上文分析中所说的，只能从重新把握自我开始。文化途径，对于构建可靠的自我来说必不可少，它取决于信息共享的状态：媒体、学校和高校系统、文本与其他内容的传播路径。在富裕的环境中，真正的文化生态至关重要。对于文化公共资源和物质公共资源来说，技术不应再构成威胁，而应是一种机会，这只有通过重新把握存在的共有财产才能实现，这距离重新把握自我是最接近的。在构建自身可靠性和捍卫自身尊严的过程中，每个科技智人都参与了存在共有财产的重建。公共空间以及私人空间的尊重权，可以像管理共有财产一样，通过让所有人参与到公共场地的安全中，从而进行管理；表达自己观点与感受的权利、进入大自然和荒野的权利，每一种存在的通道都可以构成人的尊严，这促使我们根据共有财产的逻辑管理社会环境。这种逻辑是混合的，它介于人与科技之间、自然环境与科技环境之间、个人与集体之间。然而，就是这一切构成了"公共"。

▶▷ 5.3　智慧

在科技智人中，存在问题的是智人，而不是科技。起初，我们的问题是当今世界的科技，而实质上，我们的问题是当今世界的智慧。与科技的问题一样，智慧问题是一个哲学家们遗忘的问题，一个信誉扫地的问题。我们需要为它重铸生命力，这样才能从用"科技"这个词来阐述当代问题过渡到用"智慧"这个词来阐述解决方案。

谦逊

如果我们以当今过时的事物为例来构思智慧，那么智慧就会是狂妄的，而且是一种傲慢的自负，这种智慧从源头上就不合格。我的意图，是去想象与傲慢相反的东西，一种寻求谦逊的智慧，它不接受力量的逻辑和宣传的话语。我们所需要的智慧之人，不是教授，而是可靠的实践者。他会传道，但不是传授一种学说。梭罗从孔子那里引用了他心中最美丽的图像之一："君子之德风，小人之德草，草上之风，必偃。"[370] 传播智慧，但并非以逼迫他人屈从的方式，而是像风微风轻拂一样自然。

在世界、自然以及同其他物种的成员面前，我们这种物种很容易变得傲慢。智慧的谦逊直接与力量的傲慢相对，但不仅限于此。对于我们来说，现在迫在眉睫的，是定义一种平凡的智慧，并把它与所有"不凡"的智慧，与所有英雄的智慧区分开来。科技智人不需要成为精神上的英雄。如今，我们要做的不再是从抽象的话语中描绘出一种"理想的智者"的形象，这是一种英雄主义（在他的伟大的行动中），因为之后我们就会怀疑他是否存在过，尤其是它会不会存在，对此，我们的回答最终是否定的。智慧与行动有关，而且是微小的行动。这是它与力量最深刻的区别。微行动的平凡智慧与杰出人物的英勇智慧、绝对的道德优越感截然不同。科技地、智慧地居住在当今世界，是一种与道德上的英雄主义完全不同的方案。它不是为了让自己与众不同，也不是为了表现自身的道德优越感。

变得智慧并不是目的，"想要成为大家眼中的智者"更算不上。可是，为什么会有这样的目标呢——而且优先于其他目标？我能设想一个人想要变得快乐、富有、强大，但是他为什么想要变得聪明呢？能够成为目的的，能够为科技智人的自我筹划奠定基础的，是"存在"的愿望，而不是变得聪慧的愿望。智慧是在本体论的基础上，在想要成为自我的意愿中诞生的。在这种自助的愿望中，在成为自我和依靠自我的愿望中，没有任何道德或说教的东西。

让我们谦逊一点，不要低估现代、当代、科技以及现在。让我们傲慢地打破有些虚伪的妄自菲薄。智慧不一定是过去的东西，在当今世界也不是无法想象。相反，在我看来，它让当今最好的潜力得到了释放。梭罗观赏沙子的流动，沙流就像植物的脉络……

而沙子其实是铁路的填料。[371] 罗伯特·皮尔西格（Robert Pirsig）注意到，在电子线路、摩托车发动机以及山脉和花瓣中，都有佛教的智慧[372]：这些当今世界给予的智慧，甚至是宁静的可能性，我们并不缺乏对它们的见证。在充满科技的世界里，禅宗维度仍然是可能的：十分谦虚地视万物为平等。无论我们的财富状况、物质和人类环境如何，都要谦虚地认识到，我们可以成为可靠的自我，物质富裕时可以，但即使身处贫困，也可以以传统的方式，建立智慧的计划。塞内卡的想法发人深思："使用的是陶器，却好像在使用银器一样，这样的人是伟大的。使用的是银器，却好像在使用陶器一样，这样的人同样伟大。"[373] 科技智人所需要的智慧的谦逊，并不是那个只拥有陶器之人的谦逊，而是只拥有银器之人的谦逊。

　　智慧的谦逊为抵抗知识的傲慢和权力的自负提供了一种特殊的形式。知识面前的谦逊实际上与知识施加的羞辱恰恰相反。爱惜通往自己真正掌握的知识的渠道，而不是在学术上服从于知识机构，科技智人通过这种方法为自己提供了感受知识脆弱性的才能。这是一种非常特殊的体验：真正地学会了，真正地理解了，反而带来了一种独特的谦逊。没有什么比虚假科学的傲慢和不妥协更能背叛它们自己了。没有什么比真正的实践者的谨慎谦逊更能体现真正的知识。没有什么比所谓"专家"的地位更能贬低知识：无论是经济学、生物技术、心理评估、放射性物质或病菌感染的血液、心理学还是伦理学，"专家"往往与智慧、理性、常规的范畴相距甚远。对于科技智人来说，最具毁灭性的矛盾之一，就是误将专家视为智者。

变无名为美德，化谦虚为智慧，这种话语可能是抵制有名人士象征性权力的口号。科技智人放下了智慧的英雄形象，而去寻求平凡的智慧，智慧的谦逊的有效范例，就是我们所定义的微行动。然后，人们可能因为自己不是作为专家而出名而感到自豪，可能会继续隐姓埋名，通过实际行动来建立他所希望看到的世界——而不仅仅是在电视上高谈阔论。每个人都知道这些个人的事例，他们谦逊地行事，默默无闻地改变了现实世界……直到媒体或机构、过时且不可靠的事物夺走了他们本来的生活，迫使他们浮出水面，从无名变为有名；他们从现实转向现实的复制品（大量的宣传），或者有时候，从改善现实的活动过渡到妨碍改善现实的活动。

整个微行动的逻辑取决于这一参数——谦逊，这是一个至关重要的参数，我在上文中称之为微行动的乐观推断。我们，尤其是信徒，往往会谴责人类智慧的学说成了傲慢的学说。谁会骄傲地承认自己是弱者呢？但是我想要为相反的想法说几句：得益于微行动的乐观推断，积极的智慧在其精心设计的形式下，践行了一种真正的谦逊——我没有任何理由，也没有任何权利认为其他人没有我聪明。我不会说"每个人都应该做X"，而是做X，并很谦虚地认为其他人也可以很好地完成。让我们形成一个系统吧：谦逊与自助。对于其他人的智慧，我们做出隐形的、无言的友善推断，这使每一个坚决的行动成为可能并得到加强，也预先勾勒出虚拟集体行动的网络。就像风吹过草儿，草儿不可抵挡地弯下了腰。

满足，节制

甘地是现代世界内部革命的典范。比起直接的政治行动，他的节制更加深刻地体现了他成为典范的理由。一个不追求财富与权力的人，拥有不可抗拒的能量。这种能量正在逆转统治当今世界的力量，即物质财富和体制内权力的力量。由于彻底的决裂，行动中的智者并没有明确自己的内在力量，但他在（军事、经济、政治、媒体）力量运作的过程中引入了一种不平衡，这种不平衡改变了，甚至扭转了力量的动力。

"真正意义上的文明，不是在增加需求，而是在自愿地限制需求"：[374] 甘地赋予开化文明的这一定义道出了它与当代文明的本质区别。我们已经忘记了满足感和节制，我们对富裕的理解基于力量自我持续增长的循环，我们称之为"增长"（croissance），这是荒谬的信条。当代智慧具有一种新型的能量，这种能量可以通过决断获得：节制。节制唤醒了一种新型的体验，这种体验可以通过自我的可靠来获得：满足感。我知道我是谁，我想要什么，这样我就有可能达到一种存在的饱足感，甚至将超越饱足感的境界——达到泰然自若的状态。当我们不满足时，问问自己想要什么么，想要成为什么，这会让我们意识到自己感到满足的条件。要论起富裕社会所匮乏的东西，没有什么比匮乏满足感更糟的了。

我们对冰箱进行了哲学思考，我们谈到了一种冰箱文化（不论如何，不要把它填满，也不要把它清空），这是一种非常平凡的家庭智慧。这种平凡智慧的适用范围应该扩展到电视机、汽车、手机、所有人工制品：谁敢认定，打开电视时映入我们脑海的东西，无论如何都不如打开冰箱时摄入我们体内的东西那样重要？

对于科技智人而言，通过源自平凡智慧的微行动，重新把握富裕，这是一种新的解决办法，是节制，也是满足感。节制首先是指意识到满足感的条件。从物质上讲，节制可以用简单和朴素来定义，也就是所需数量和质量的"低"限度，主要是有形的产品和舒适方面的需求。这种"高"和"低"的限度当然是相对于生活、物质和社会环境给定的背景而言的。因此，最重要的不是限制的量，因为它很大程度上取决于生活的背景；最重要的，是要设置限制。节制是一种经过深思熟虑的、有意设置的、被接受的限制。节制是自我对感到满足的条件的意识。不仅要问自己此时此刻在食物、娱乐、象征、金融等方面想要什么，还要问自己想要达到什么程度？持续到何时？这就是快乐的智慧训练、"可视化"训练、自我筹划意识的训练：意识到满足感的条件。

大多数情况下，科技智人的成员们似乎对满足感没有概念。在"增长"教条推动的逻辑的尽头，是一种自助餐厅的模式：薯条随意取用。到底何时才能够把盘子重新填满呢？大多数情况下，科技智人的成员看起来是"无法满足的"，不是因为他们的确无法满足，而是因为他们没有明确自己感到满足的条件。无论感到满足的条件有多高，只要确定了这些条件，自己就会有所意识。有些人想要有很多钱、很大的房子、若干仆人，这有什么不可以呢？但他们需要自己设定限制，有意识地去定义他们认为满意或者将要满意的点。因为，富裕背景下的不可靠可能会迫使某些人的生活达不到满足感，走不出不满足的自我筹划（爱财如命的老板，狂妄自大的政治家，被内心吞噬的暴发户）。

科技地居住在这个世界上并没有逼我们在贪婪中生活，因为并没有什么力量逼我们不满足。正是现代不可靠的事物，让我们从崇尚力量一直走到无法满足的地步。个人通往可靠事物的途径同时带来了通往存在方式的途径，也就是节制，这是个人最不可或缺的决心。

我们所认识的富裕，其运作的市场是由无法满足的个人所组成的。在这里，无法满足的个人指：对自己感到满足的条件没有意识的人。加拿大社会学家威廉·莱斯（William Leiss）的一项研究一针见血地指出，需求得到满足的机制实际上有一种自相矛盾的功能，干扰了个人对需求的感知。[375]当今个体的状态是意识不到自己的真实需求。威廉·莱斯解释道，的确，富裕为"需求"的满足铺设了源源不断的途径。在富裕的生活中，相对来说，每种需求都不是那么重要：我们有那么多满足需求的途径，以至于我们的每一个需求都变成了一个很小的需求（如果餐馆或超市给我提供腌酸菜的话，我对腌酸菜的需求就可能取代我对牛排的需求）。这种碎片式的小需求服从于完全碎片化的满足手段（又由完全不可靠的微话语推动），不单单催生了对消费的批评所揭露的"虚假需求"。对消费的批评可能是一种错误的合理分析，因为需求一旦确定，就不会是假的；我们需要思考的，是需求的确定，也就是说个人产生需求的过程。满足需求的方式的碎片化带来需求的碎片化，而需求碎片化所造成的真正影响是，服从于这些满足方式的个人不可能将其需求重新组成一个严密的整体。我们获得满足的途径如此之多，以至于让我们感到困难的不是不能满足，而是去理解我们的需求。我们对自己的需求失去了掌控，更深远的、但是极具破坏性的后果是，对自我失去掌控，因富裕而失去了对自我的把握。我们已不再习惯去确定什么对我们而言是很重要的东西。正是这种想法引起了忐忑不安，于是，大量的促销为个体提供了解决方案。这些促销通过各种满足个人需求的方式，向个人"解释"他的需求，而且重组了一个个人——实际上是重组了一个个人的形象——不幸的是，重组的方式并不可靠，因为这种方式不本真。科技智人受邀成为广告传播的个体形象。他在杂志中寻找的是他自己，因为他拥有很多满足需求的方式，却没什么决心，以至于人们需要以图像的形式向他展示他可以成为什么样的人。个人没能从富裕中得到什么，没有靠它来形成自我，而是在其影响下失去了自我。

商品稀缺，这一奠基性的经济假设随着富裕社会消失了。由于不满足感，经济上过时的东西人为地维持着虚假的稀缺。因此，节制成了经济革命的原则，明确这一点的人不只是伊利奇。舒马赫也是一位节制问题的哲学家，他对增长的教条颇有疑义：贫穷的社会可能没有"足够"一说，但是足够的富裕社会，承认已足够而且不想要更多的富裕社会在哪里呢？[376] 哪儿也没有。不管是个体还是社会，结构性的不满足感不仅是一种教条，增长的教条，也是一种病态。舒马赫试图构想的佛系经济可以这样定义，用更可靠的满足感的概念来替换增长的核心概念。

在魁北克，以及之后的其他国家，简单生活运动在实践和精神方面都做到了节制，因为当今世界的富裕产生了事与愿违的后果。从"发现用更少的东西可以更好地生活"开始，这一运动呼吁个人"挣脱阻碍他的一切，以减轻自己的生活"，也就是按照可靠的微行动逻辑（www. simplicitevolontaire.org）来做到节制。克莱格（Gregg，1936）提出的传统的简单生活可以在线阅读——参考我关于"可持续发展"的作品（Puech，2010，pp. 185-203）中开放式道路的发展："可持续的自我"，以及我关于普通科技的伦理的作品（Puech，2016，pp. 210-212）中有关节俭的部分。

自我对满足感条件的重新把握不能仅限于经济与消费层面，必然要涉及象征性满足和存在的满足。这类满足不同于商品和力量带来的满足，表面的满足，而且会赋予自我一种存在的满足感。

梭罗曾经思考过这种智慧——并且在《瓦尔登湖》中展现了（至少是象征性地）这种智慧。1845—1846 年，他在马萨诸塞州康科德附近的树林中，瓦尔登湖附近的一间小屋里度过了两年。这一退隐是象征性的，他的住处距离城市只有几公里，他几乎每天都会步行去城里见亲戚以及采购食物。梭罗在他的小屋周围耕种土地，并极尽苛刻地计算产出和盈利情况。节制是这一生活体验的核心："经济"是《瓦尔登湖》的第一章，也是最长的篇章。这一章的目的在于用实际行动证明，坚决的自我可以将节俭付诸行动。梭罗的目标，是将生活环境彻底还原为最简单的样子，从

而进行自我实验和自我追寻。彻底地意识到满足感的条件，从而
释放时间和生命的空间。在被释放的时间和生命的空间中，我们
可能会重新发现最初的自我，也就是与自然的原始联系、本真的
存在，可能会建构出一个自我，保持清醒的条件。

　　总之，梭罗的核心思想只用了一个词概括，而且重复了三次：
"简单，简单，简单！"简化一切，将一切提炼为最核心的部分，
至少是象征性的提炼，这样才能摆脱现代人浪费时间，浪费生命
的忙忙碌碌。[377] 存在的简化首先是物质上的节制：梭罗想要证明，
我们可以几乎不花什么成本在一间房子里生活（如印第安人的棚
屋），而且几周的劳动成果就够我们吃上一年。然后就是信息上
的节制，因为在象征性的退隐生活中，梭罗希望抵御的是城市的
喧嚣。

　　科技带来了富裕，但是我们可以以节制的方式生活在这个富
裕的环境中。不是禁欲，而是找寻"原始的自我"，这个"原始的
自我"几乎没有什么需求。科技文明为我们提供的环境是一种自
然，它和另一个自然一样，既没有阻碍也没有促进人类的生活和
自我构建。它提供了其他资源，也呈现了其他危险，但这是一个
可供人类居住的世界，也就是说可供自我居住。梭罗认为 [378]，理
想的文明人，是一个具有文明潜力的野蛮人。

不服从

　　微行动的概念属于不服从理论，而不是统治理论。对统治提
出争议，这种陈旧过时的模式必须被对服从的系统认识取代。意

识形态、体制、媒体在服从中运作[379]——几乎都是象征性的服从，而且一般是微服从。不服从和节制如出一辙，也是文明中野蛮的延续，也就是用一种新的方式利用当代的高度文明、科技的潜能和富裕的生活。

梭罗写道，政府非常害怕的人，是一个不读报纸，而且不花时间谈论报纸内容的人。[380] 这种人，是文明中的野蛮人，他很可能会看到真实的东西，甚至采取行动。非政治化、去体制化、不服从，现代的智者生活在极度丰富的技术文明中……就像野蛮人一样生活。不服从，而不是"不屈服"，因为不屈服体现的是对抗而非抵抗的逻辑，这是过时的逻辑，是批评和建立适得其反的体制的逻辑。

象征性服从理论解释了这么多潜力受限的原因，但更重要的是它指出了如何解除当今潜力的限制。我们刚才所说的满足和节制，就是象征性的不服从。个体的抵抗引起了不服从（参见第 5.1 节）。微行动的概念本身就带有象征性不服从的理论，因为科技智人是因为已经建立的象征性服从，才放弃了真正的、地方的、具体的、坚决的行动，而改变世界的正是这种行动。

象征性服从是在学校学到的东西，比时间上的服从更甚（我们在第 4.3 节中提到过）。为了理解学校，这个假设在我看来不容置疑。谁会没注意到，年复一年，经过数百小时的训练，大多数中学毕业的学生仍然不会说一门外语？一个销售主管在需要时，能在几个月内学会一门语言。而学业结束两三年后，谁知道年轻人对数学还记得些什么？学生已经受了多年自然科学课程的熏陶，然而对于他们周围真正的自然（植物，动物），又可以讲出些什么呢？为什么法语文学课和法语诗歌课更容易让他们不感兴趣，而不是感兴趣呢？为什么一个像学校这样适得其反的体系，会继续以高昂的成本运作，还不会激起社会或个人的反抗呢？因为这个体系运作得不错，事实上，它所做的就是我们要求它做的……在象征性服从的假说中是如此。我们要学习的不是（更不用说爱）英语或数学，而是象征性的服从。在这一点上，学校做得非常好。比起高中和大学课程的内容，我们更关心的是出勤（比较安静和沉默的到场），也就是说，服从大量的学业、滔滔不绝的讲话、强制的行政程序、若干笔记和高年级的经历。学校这个机构并不关心实际的教育盈利、信息价值以及文化，也不关心真实的人、内心和经历——许多教师对此很关心，但这是处于他们自己的创举，遵循的是个人微行动的逻辑。学校教育以文凭的形式在体制上得到了认可，只有这一点最重要。因为它证实了象征性服从。在法国学校系统中，倘若我们将文凭视为象征性服从的证书，那么不同文凭之间巨大的价值差异则突然变得可以理解了。那些毕业时间最早且学业压力最大的学习，是最有价值的，并且培育了政治领袖和精英。而关于发展自我及其自主能力的学习都不是那么有价值：他们不是不准备服从吗？

然而，如今的科技潜力使丰富的信息获得了另一种用途。首先是互联网，因为它是信息价值的载体和媒介，而且是体制外的。它允许文化以不服从的方式向前发展：我们今天的学习不是没有老师，而是可以远程跟和无名的老师学习，也就是说，可以不受他们控制地学习。一直以来，尤其是希腊哲学诞生和启蒙运动复兴之后，文本和思想的自由流通都在为摆脱象征性服从提供条件。文本和思想的自由流通应该成为我们所关注的主题，它是科技智人在这个星球上最不可或缺的生存资源。因为对我们造成直接威胁的不是温室效应或者武器，而是象征性服从的后果，即所有人和每个人的退出。

泰然自若

1955 年，海德格尔在名为《泰然自若》(*Gelassenheit*) [381] 的演讲中，提出以一种智慧的态度，面对现代科技赋予我们的一切："loslassen"，他用德语说道，我建议翻译为"放手"。放手科技智人拥有的一切不是说放弃使用，而是重新把握使用，这是一种新的使用方式，而不再是控制。海德格尔所说的放手意味着：在我们所是与我们所使用的技术设备之间保持适当的距离，也就是说，使本体和存在的情况变得明朗。为了在当代技术哲学中找到当今真正的智慧，有必要明确并发展放手的可能——走出控制的同时继续使用的可能。海德格尔认为，这项思考涉及 "Gelassenheit" 一词，它和 "loslassen"（"放手"）有相同的词根 "lassen"。"Gelassenheit" 通常被翻译为"泰然"，这个词包含了 "Gelassenheit" 的多种用法，但不是全部。"Gelassenheit" 也可以译为"安宁"，此时这个词就被赋予了一种强烈意义，即斯多葛主义在灵魂的安宁这一学说中赋予它的强烈意义（其中，拉丁语 "tranquillitas" 翻译成德语为 "Gelassenheit"）。但是最完美的翻译应该是"智慧"。

超脱的智慧是一种非常古老的学说，是科技智人可以重新把握的学说。哲学阐明了人与技术设备的关系，为放手提供了选择。受到质疑的不仅仅是我们对人工制品的"依恋"。智慧的第一课不可能说来就来，如果没有更彻底的深思，智慧的第一课就不可能走到行动这一步。这是相对于知识和能力而言的放手，关乎真理和权力的形而上制度，是我们在（西方）世界生活的基础。

我们需要摆脱的控制，不是某些物品的控制，而是一种单一思想的控制，即技术科学、行政管理和"真理体制"的单一思想。话语的命令 [382] 形成了对知识、对体制内知识的象征性服从。服从创造了力量，创造了真正的知识的统治：我们终究免不了受其控制。技术的统治只是更明显罢了。技术科学的统治不是因为符合规矩的服从行为，不是因为对技术科学权力的认可，而是因为我们已经处于技术科学的思考模式。技术科学作为单一的思想统治着我们。我们目前对科学、技术专家的权力、经济、消费的普遍印象都源于这种单一的思想。我们对世界的看法，对什么是可能的，什么是合乎希望的，什么是要紧的，什么是重要的事物的看法与技术科学思维的单一模式脱不了干系，也就是说，与某种力量的概念脱不了干系，而这个概念确立了力量的用途。这个现代的形而上制度让我们单一地运用力量。

我们相信，我们生活在一个知识的世界，这个世界的技术设备是幸福的"成果"。但是当我们坐飞机时，去看医生或上数学课、阅读经济学文章时……我们并不处于知识的世界，因为我们并不拥有这些被运用的知识，而是知识拥有我们。我们与知识之间一贯的关系模式不是去认识、掌握它，而是服从于传递给我们的知识。忙碌和依赖由此而产生，它们与泰然和智慧完全相反。在全球和抽象中，我们想象自己拥有许多知识和成果。在地方和具体中，每个个体的自我都要服从于他所不具备的知识。在拥有智慧之前，我们需要重新把握这些知识，需要与知识建立另一种关系，而不是服从关系。对知识的重新把握质疑了"被托付的"真理这一制度，这是科学暗中从启示宗教那里借用来的。人们只能服从被揭露的真理，在古代世界的终结到文艺复兴这段时间，这种野蛮的逻辑一度让西方文明走向灭亡的边缘。尽管存在这种危险，自我和知识之间的关系中包含的逻辑还是延续了下去，从启示的超验性到技术科学，其中包含的逻辑都是一样的：服从。

　　管理我们的科技生活的单一思想与另一个哲学误解有关：我们混淆了力量与掌控。掌控与力量不同：力量可以在没有掌控的情况下存在。我们的问题就在这里：我们倾向于从掌控世界的角度来构想我们的力量文明，这里的掌控世界是指能够采取有效行动，从而改变一切我们可以改变的、对我们有利的东西。这就是混淆了力量和掌控。二者之间差异的关键因素在于：掌控需要一个"主人"（maître），而力量依靠自身而存在。力量可以是盲目的，可以是机器、理论、制度。但是，如果说力量确实需要一位"主人"的话，这里的主人又是什么意思呢？此时的"主人"无关乎权力关系——因为力量和掌控之中都包含同样多的权力——而关乎"主人"的个人性：与力量不同的是，掌控某物时必须要有"一个人"，一个人类。然而，面对唯一的力量时，我们可以问问自己是否有人掌控着这股力量，可以发问："有人……吗？"

在拉丁语中，"derelictio"指的是被遗弃的、长期无人居住的地方。力量也一样。理解这样的事实是智慧的：当今的被抛感是因为力量中不住着一个"我"，一个可靠而有思想的"我"，只有这样的"我"才拥有人类的生活模式。不够可靠，没有足够的思考，这样的我们其实算不上生活在当今世界。

我们的问题在于力量与温柔的掌控之间该如何共存。迄今为止，我们在权力关系中表现出的傲慢——对自然的傲慢和人与人之间的傲慢——是应用了一种力量的形而上学，这是一种错误的、贫乏的、技术专家的形而上学，忽视了真正智慧的源泉。它是如此贫乏，以至于把"理性"发展成了最明显的非理性。这种形而上学已经站不住脚了。我们必须拥有智慧，也就是谦逊，是重新学习。在这一方面，其他非西方的智慧可以对我们有所帮助，特别是亚洲思想，因为它们没有被卷入力量的形而上学，这种形而上学引领我们走向技术科学。弗朗索瓦·朱利安（François Jullien）在西方关于效率的思辨、狂热的概念（之所以事先安排计划，是因为拥有知识、才干、力量）以及中国圣人关于行动的概念之间进行了对比，对比的结果让人震惊：随机应变，"关注事物的演变，就好像自己也参与其中，从而发现事物之间的一致性，利用它们的协同进化"。[383] 听从局势的指引，希腊思想中"恰逢其时"（kairos）的概念，是基于形势的潜力以及土地的构造。这种行动智慧没有放弃知识或才干，而是通过另一种方式利用它们。这种智慧没有力量的狂热，而是泰然自若，它让我们看到，让我们明确形势的潜力，在达到目的的同时尽可能少地采取行动。在西方，科技智人则尽可能多地行动，也就是说尽可能强有力地行动。我们的道路不想绕过山丘，它们乐于粉碎并羞辱这些山丘。我们总是选择力量，而不是耐心。让我们思考一下这个选择，然后重新把握一下这个选择。耐心，也就是去寻找和积累知识、信息，去理解，然后再行动。但是，是尽可能少的、小的且尽可能微观的行动。一位出色的将军，能够准确地理解地形构造；他只需要开凿水沟，让河流改道，这条河流就能使溪流然后是河流的水位上涨，它带来了江河所需的一滴水——随后江水就开始泛滥，淹没了敌人的营地。他的荣耀，是尽可能少地使用力量，无须战斗即可赢得胜利。

为什么我们失去了耐心？原因就和我们失去智慧的原因一样：我们要求掌握知识，要求高效地行动，也就是运用力量。泰然自若则采取另一条道路，那就是耐心的储备，而不是力量的储备。这是在世界和时间中的另一种生活。

阿尔伯特·鲍尔格曼支持一种独特的西方见解，指耐心所具备的力量、有耐心的力量。[384] 这种力量比突兀生硬、消灭困难的力量更强大：有耐心的力量不会造成伤害，倾向于合作而不是挑衅。它既不会引起恐惧，也不会招来嫉妒，而是带来尊重。[385]

当今的知识及其专业技能会压缩时间，而智慧则包容时间。在现代，知识作为力量的组织者，改变了时间对于人类的意义：我们想要知识，是为了拥有力量；我们渴望力量，是希望能够在时间中管理存在物。从前，人们从使用方式以及舒适、便利、即时可用的器具性方面管理存在物。智慧不是这种力量的知识，最主要的是智慧与时间的关系：智慧融合了耐心，长时间，就像没有经过加速的成熟期。时间的流逝可以带来存在，而不是损失，时间不一定是成本，也不一定是不必要的延迟或衰弱。长时间也可以表现为长远的责任，也就是说考虑到行动的长期影响[386]，这一方面是只强调效率的逻辑所忽视的。与"可持续发展"一词相比，"站得住脚"指的是一种更加微妙、有趣的与时间的关系：站得住脚的事物，是在时间和存在中都站得住脚的事物，同时也是可以全部责任承担的事物。

当代技术唯一需要的一样东西：一种专属于当代的智慧。我们不需要新的知识或新的价值。知识和价值甚至会出现过剩现象：知识话语过剩和价值话语过剩。现在的科学模型十分抽象，教堂和大师软硬兼施的布道层出不穷，这些现象既不是科技智人的主要问题，也不是解决问题的原则。我们所需要的智慧，必须完全区别于知识话语和价值话语。使用的优先地位是当代的特征，这一特殊需求所表现出来的既不是新知识，也不是新技巧，甚至也不是新价值，而是知识和技术的新用途，甚至是价值的新用途。

这种新用途属于哲学家所谓的"伦理"范畴，这里的"伦理"是广义的伦理，也就是人类实际行为的原则。但是还不完全准确，新用途和"原则"无关（这个概念在微话语时代变得不切实际起来），与确定"目的"、规定"义务"无关。它关乎的是存在：成为个体、动因、可靠和有耐力的人，能够护理自己和共有财产的人。如果存在没有自我的支撑，任何范畴的任何原则、目的、义

务、价值都不会改变现实世界中的任何东西。科技智人只能依靠
自身，它需要通过自助来不断存在，以及今天开始依照最佳的潜
力而存在。

　　这就是为什么存在及其成果的成熟如此重要，因为这对于不
服从来说是必要的。我们需要打破大量微话语所宣传的、不可靠
的青春典范，因为这些其实是幼稚的典范，也就是象征性服从。
从少数人参与的国家，到多数人负责的国家（敢于自我思考，所
以值得尊重），康德就是这么定义启蒙运动的，到今天，这一定义
仍未过时。因为我们生活在一个与启蒙运动相似的时代，当时的
"国家"（贵族／神职人员／"第三"等级，也就是我们不知如何称
呼的无名之辈）被一个分为两层（有名／无名）的社会体系所取代；
君主专制被官僚专制所取代，后者也走到了令人厌恶的地步。启
蒙运动曾受到一种能量的鼓舞，这种能量受到旧社会下过时事物
的扼杀。我们目前的状况也是如此：科技智人的潜力被扼杀，陷
入过时的困境。但是，我们没有要砍的头，没有要攻占的巴士底
狱。这场革命必须是沉默的、内心的、思想的，正因如此，哲学
家们有话可说。当今的被抛感是内心的、地方的、具体的。摆脱
这种被抛感需要一个强有力的内心支撑，那就是可靠的自我，这
是人类针对富裕生活中多重控制的回应。

　　我们对力量的运用来自我们看待力量的方式。我们需要探讨
的，是我们在世界上的生活，而不是生活的副作用。仅仅关掉电
视是远远不够的，我们必须去理解，为什么是电视，为什么人们
选择电视这种形式来实现他们的科技力量。这样，在未来，泰然

自若，或者说智慧就可能实现。而且，有时候我们甚至可以重新打开电视。我们身上存在的问题与思考，与思想有关，而不仅仅是全球变暖或电视节目荒谬愚蠢的问题。

泰然自若是自由的支配，是恰当的距离，是放手。它把问题置于某些事物、某些科技的"是"与"否"之外。[387] 它将问题置于思想的感受中，换句话说，置于自我和真实的觉醒中。海德格尔的眼光很准确，他断言，当今世界中会思考的存在的处境才是问题，才算得上是问题，才值得思考。他更不乏远见，指出"Gelassenheit"，即"泰然"或"智慧"，回应了值得思考的事物的期待。重新把握自我的决断正是当代智慧。它没有直接解决当代科技的问题，但最终这些问题都会得到解决。这就是智慧：没有特定的目的，但是可以成功达到目的。无须战斗即可获胜。

智慧能够看到。弗朗索瓦·朱利安指出，动词"réaliser"从英语中借用了"意识到"的意思，这是恰当的。[388] 而法语中"réaliser"的常见意思是：使真实、使存在、使执行、达到某种结果。这完美地反映了两种存在方式之间的同一性：意识的觉醒（"睁开眼睛！""你们要意识到！""意识到！"）与付诸行动（真实的行动，微行动）。当代智慧在于思想觉醒与过渡到实际行动的统一。除海德格尔而外，在爱默生和梭罗的思想中似乎也能找到这种智慧的依据。他们所寻求的智慧是一种意识的开放，是对闪耀的、全面的、本真的、存在的开放。生活在当下，体验每一刻、每一件事物的美好。感受每一刻、每一件事物的存在潜力。这样，可靠的自我就会构建起来，他生活在当下，有看见的能力。因为当下是有所意识和有所行动的时候，这个可靠的"我"能够采取行动。

在海德格尔 1955 年的演讲中，当他谈到"泰然"（Gelassenheit）的时候，他追求的是当代智慧，也就是宁静，灵魂的宁静。他把通往智慧的思维方式称为"冥想"（Besinnung，Nachdenken）。冥想必须保留下来，它不同于"计算"思想，即通过计算使用存在物，其目的也是计算。我们缺乏本真的思想，这让我们处于被抛状态。这种状态在会议中被称为"Bodenlos"，意思是"没有土壤"或"没有根"。现代人缺乏思想，因为他们缺乏根，或者更准确地说，缺乏土壤（Boden）。思想必须让我们"扎根"（Bodenständigkeit），更准确地说是"靠在土壤上"或"支撑的土壤"。今天，对于科技智人来说，支撑我们的将是可靠的自我，是自助。科技智人无法发展"脱离土壤"的、由大量不可靠的微话语推动的思想，也无法让它逐渐走向成熟。可靠性[389]需要土壤的支持，而对于自我而言，土壤只能是他自身的存在，通过决断重新把握的存在。可靠性要求自我的支撑，自助，这让我们重新将思想付诸行动。

结　论

　　我们的变化太大了，所以我们不能就此止步。科技迫使我们走向智慧。但是，它并没有为我们做好准备。尽管我们拥有知识、力量、财富、舒适和便利，这个科技世界的环境，这种技术科学文明并没有帮助我们成为人——因为，要成为人，我们需要智慧。

　　科技哲学是寻求智慧的开始。它告诉我们，我们必须以不同的方式去构建传承和创新的逻辑。我们不能再让自己成为一个保守的人，依赖于传承的价值观；也不能成为进步分子，依赖于创新的好处。我们必须创造科技智人。

　　今天，科技智人的智慧与以往智人的智慧截然不同。从前的智人面对现实无能为力，今天的科技智人在现实面前逐渐强大起来。这两种智慧在很多方面都有所不同。我们必须要"顺从"，不是顺从于我们的无能为力，而是顺从我们的力量、舒适、便利……力量让我们处于困境，富裕让我们感到无依无靠。作为人，我们并没有做好准备处理这些问题，并且仍然为此感到困窘不已，在几条错误的轨迹上犹豫不决。元叙事不再是避难所，机构的过时性不可逆转，大人物所做的演说始终让我们有上当受骗的感觉。旧的政治把戏、新道德的泡沫、有名人士的傲慢、官僚主义的愚蠢以及精英的自恋情结仍旧存在。

但是，没有什么能迫使我们接受集体的过时和个人的被抛感。我们有权生气，但必须采取行动。我们可以做到，就像从前一样。

我们习惯于停滞不前了。不要再浪费自己的天赋和才能了。去发现新的、变得可靠的方式吧！去发现个人不一样的介入形式吧！然后，通过果断的微行动，让这些可以取代过时体制的新集体脱颖而出吧！让我们创造科技智人吧！

当代智慧既不是知识，也不是才干；既不是价值，也不是人们可以"拥有"的东西：它是存在。从存在的角度来看，只有重新把握决断的方法、从而把握行动的方法的"我"，才具有存在的特性。这种智慧不再将力量视为终极问题，取而代之的是自我的潜力。自我构建先于改变世界，或者更确切地说，自我构建可以通过另一种方式，而不仅仅通过改变世界来理解。在公开场合，所有的人都受到世界的掌控（技术科学）；在私下，人们又受到他人的掌控（权力，道德）。我们行使力量，生产大量不可靠的东西。通过第三种形式的掌控，自我的掌控（智慧），科技智人可以超越掌控，走向宁静，最终形成与自我、他人、世界的正确关系。我们甚至可以假设，我们是科技人，这个人种试图成为智人，而不是智人试图成为科技人。科技（Technologicus）不是智人的后期进化阶段，智人才将是科技的后期进化阶段。

注 释

1　"哲学之所以生动且美好，正是因为它最终将注意力转向了技术和科技（technique，technologie）。"（拉里·希克曼，2001，第 2 页），1987 年，法国出现了一篇关于技术哲学的文章，这篇文章就好比当代哲学下的赌注——多米尼克·贾尼科（Dominique Janicaud，1991b）的作品中再次收录——文中贾尼科指出："一个矛盾的评定必然引发我们的疑问：我们处在一个高度技术化的世界，而技术哲学却只占据相对微弱的地位，尤其是在法语时代。"（第 81 页）他说："技术科学是一个需要定位和思考的事件。由于它所引发的问题涉及面广，所以技术科学造成了一种哲学上的冲击，这一冲击被自作聪明的史书或'技术对象'的概念给隐藏了。"

2　保罗·T．杜尔宾，《系列引言》，哲学与技术研究，第 1 卷，1978，第 3 页，引自卡尔·米切姆（1994）。［Paul T. Durbin, «Introduction to the Series», *Research in Philosophy and Technology*, tome 1, 1978, p. 3, cité par Carl Mitcham (1994)］．米切姆（1994）回顾了国际技术哲学学会（SPT）及其刊物《哲学与技术研究》的

历史。米切姆（1997）向我们展示了十分具有哲学活力的当代技术哲学，而在卡普兰（Kaplan, 2009）这本内容丰富的文集中，我们可以找到许多重要文本，获得大量的信息。

3　"在当今世界，异化的最大原因在于对机器的这种无知，这种异化并非由机器引起，而是由于对机器及其本质和特性的无知、在意义世界的缺失及其在构成文化一部分的价值和概念中的遗漏。文化是不平衡的，因为它承认某些物，例如美学物品，并赋予它们在意义世界中生存的权利，同时，它又驱逐其他的物，尤其是技术产品，它们存在于一个没有结构、没有意义的世界，只剩一种用途，一种有用的功能。"（吉尔伯特·西蒙栋，1969，第9—10页）对西蒙栋来说，技术所引发的问题在"文化"层面（同上，1969，第2部分，第二章），并要求探寻一种"技术智慧"："正如文学文化需要形成智者，他们在某种退隐中体验并思考人与人之间的关系，这种退隐给予他们宁静和深刻的判断力，同时对人类又保持强烈的存在感。同样地，如果没有某种智慧的发展——我们称之为技术智慧——技术文化就无法构建，人们虽然感受到他们对技术现实的责任，但仍然没有与某一特定技术物品建立直接和排他性关系。"（西蒙栋，1969，第148页）

4　汉斯·萨克塞（Hans Sachsse），最初是化学工程师，他提出了哲学人类学的问题，旨在实现文化和解，并使用了"科技智人"一词："技术，离我们如此之近，又如此遥远，并不是一种外来的、可以奴役我们，也可以使我们得到解放的邪恶力量，也不应像目前的观点那样，被理解为拯救者或毁灭者，而是我们'存在'的一部分，是我们本质的组成部分，也可以说是我们的身体器官，而我们仍然把它视作一个外来因素，因为我们还没有认识到，它与我们已经分割不开了。"20世纪的"科技人"还没有达到真正的自我理解；还没有成为"科技智人"。我们需要一种技术人类学，从人类本性出发，其中包括技术，作为人类本质的一个要素。（汉斯·萨克塞，1978，第6页）参见汉斯·萨克塞（1972）思考的出发点。

5　参考兰登·温纳（1995）关于这一问题的论述以及后文第3.2节。"智者"和"专家"之间的区别有时是个谜，或者更确切地说，引人发笑。

6　马丁·海德格尔（1927）。这本无法翻译的书存在多种法语译本，但它们并不总是能让人更好地领会海德格尔的思想。初学者更喜欢威廉·J.理查森（William J. Richardson，1963）文字清晰的译本，或者法语的，例如乔治·斯坦纳（George Steiner，1978）或基阿尼·瓦蒂莫（Gianni Vattimo，1971）。海德格尔的几位译者专注于分析和实现他对技术的解释。特别要指出的是：约翰·罗塞伯（John Loscerbo，1981），他一直忠于/接近海德格尔的文本；迈克尔·齐默尔曼（Michael Zimmerman，1990），他分析了海德格尔技术恐惧症的起源；布鲁斯·福尔茨（Bruce Foltz，1995），他在海德格尔的基础上发展了一种生态哲学。在法语译本中，休伯特·德雷弗斯（Hubert L. Dreyfus，1983）的文章，对器具分析在海德格尔《存在与时间》的思想中最终占据的模糊地位，进行了暗示性探索。参见由勒尔纳手册出版社出版的《海德格尔》

（1983）的"技术时代"一章。我们还可以看到彼得·斯特劳戴克傲慢的亲切，他从以下原则出发："如果我们把海德格尔视为农业时代的最后一位思想领袖，那么他对工业主义现代性的偏见，相反，对于形成新的积极理论可能非常有用。"（斯特劳戴克，1993，第 79 页）

7　参见马丁·海德格尔（1927）第 41 段，以及第 64 段和第 65 段，更详细地描述了烦心的概念。

8　关于"常人"（on）和"闲聊"（毫无真实地说话），见海德格尔（1927）25—27 段和 35—38 段。

9　参见海德格尔（1927）第 4 段和第 9 段。

10　在卡尔·米切姆（1994）的主要作品中，可以找到完美的历史起源和可靠的参考书目。还有一些学术性稍弱的介绍也可以参考：弗雷德里克·费雷（Frederick Ferré, 1988）非常基础；唐·伊德（Don Ihde, 1993），尽管仍然通俗易懂，但他提出了与现象学的联系。让－皮埃尔·塞里斯（Jean-Pierre Séris, 1994）的书十分清晰地展现了技术哲学——从法国大学传统的角度，而不是从最近的技术哲学。弗里德里希·拉普编著的作品（Friedrich Rapp, 1990）准确地描述了技术哲学中重要的日耳曼传统。另见汉斯·伦克、马蒂亚斯·马林编（Hans Lenk, Matthias Maring, 2001），第 3—30 页。

11　恩斯特·卡普（1877）。针对卡普，参见卡尔·米切姆（1994），第 1 部分，第 1 章。

12　阿尔弗雷德·埃斯比纳斯（1987）。凭借技术内在的正义，

这篇被人遗忘的文本在互联网上能够非常容易地获得，网址为：gallica.bnf.fr

　　13　弗里德里希·拉普（1978）（Verein Deutscher Ingenieure，德国工程师联盟）今天仍然是一本（工程师）哲学的经典著作，这种哲学仍将技术视为应用科学。这一问题承认了一种单义序列，即科学/工程科学/技术项目。"工程师"技术哲学与"人文主义"技术哲学之间的紧张关系，在该学科的历史中占据着重要地位，我们将在卡尔·米彻姆（1994年）的历史中找到回音，见第1部分，"技术哲学的历史传统"。在法国，皮埃尔·杜卡斯（Pierre Ducassé，1958）的相当孤立的思考，证明了学术哲学传统和工程哲学之间产生可能存在的相遇，从中可以发现有启发性的见解和建设性的问题，但还没有上升到整体性问题。迪迪埃（Didier，2008）通过比较不同的工业国家，提供了工程伦理历史和哲学方面的概述。见让·拉特利尔（Jean Ladrière，1977），他在哲学上阐明了科学与技术的区别，以及莫里斯·道马（Maurice Daumas，1962），第1卷，XI—XII页："技术不是科学的依赖"，只要人们对事实有一点兴趣，这种想法就是必不可少的。

　　14　在科学哲学家马里奥·邦格（Mario Bunge）的经典文章中，可以找到一个清晰而有建设性的立场：马里奥·邦格（1966），被《文明》（1968）和弗里德里希·拉普编辑再次采用（1974）。他力求对纯科学、应用科学和技术进行分类，并阐明科学法则与技术规则之间的区别，这一区别与法则（loi）与规则（règle）的差异一脉相承，即真实与效率逻辑之间的差异。

一、规则不论真假，只看有效与否。

二、同样的法则符合多个不同的规则。

三、法则的真实性并不能保证从中推导出的规则的有效性。

四、给定的法则可以推导出规则，但是给定的规则不能使我们回到有关法则的知识。

参见玛丽·泰尔斯、汉斯·欧伯蒂克（Mary Tiles, Hans Oberdied, 1995），第 3 章和第 4 章。关于技术进步 / 科学进步的问题，见瑞秋·劳丹编（Rachel Laudan, 1984）以及关于科学哲学中技术哲学的需要，见唐·伊德（1991）。

15　关于身体的技术，马塞尔·莫斯（Marcel Mauss, 1936）仍然是该技术哲学的基础读物。

16　在技术哲学中，我们用“人工制品”（artefact）一词，是指“人工制造的物品”（英语 artefact）的意义（1），而不是其原始意义（2）：“由仪器（英语 artefact）创造的虚幻”，我们可以保留法语中存在的词，“artéfact”。“artefact/artifact”的区别在英语作家中经常受到尊重，但并非一直如此，因为“artifact”可以具有意义（2），而“artefact”似乎越来越被简单地看作“artifact”的“英语说法”。

17　关于“技术”一词的历史，让 - 雅克·萨洛蒙（Jean-Jacques Salomon, 1992），第 70—71 页，和卡尔·米切姆（1994），第 128 页。关于“技术”（technology）这一术语在美国英语的起源，见霍华德·塞迦（Howard Segal, 1985），第 78—79 页，若要分析其当前的含义，请参阅拉里·希克曼（Larry Hickman, 2001），第 8—

15 页。让 – 克劳德·伯恩（Jean-Claude Beaune，1980b）在附录中针对"技术"给出了 46 种不同的定义……

18　"低科技"一词越来越多地被使用，目前的语义似乎很复杂：起初它具有讽刺意味和贬义，但实际上，它越来越多地被用于对"高科技"的讽刺。低科技手段可能是我们寻求的智慧之一。

19　当代伦理学提出的"动物文化"概念［特别参见弗兰斯·德·瓦尔（Frans De Waal，2001）］并没有给技术哲学带来困难，因为技术哲学只是人类技能和技术的哲学。在我们对非人类动物的哲学思考的贫乏上，动物技能哲学的贫乏只是其中的一小部分。伊夫·柯本斯、帕斯卡尔·皮克编（Yves Coppens，Pascal Picq，2001），第 2 卷从动物文化的角度（à la lumière des cultures animales），对当前的人道主义思想进行了回顾。

20　安德烈·勒儒瓦 – 高汉（1964）。此外，可以阅读皮埃尔·马克西姆·舒尔（Pierre Maxime Schuhl，1969）和伊夫·柯本斯、帕斯卡尔·皮克（Yves Coppens，Pascal Picq，2001）的著作。多米尼克·布尔格（Dominique Bourg，1996）在哲学上发展了这种人的观念，即他从自己之外建构自己："人不仅是人工制品的制造者，他本身也是一种技艺。"（第 160 页）人并不是生而为人的，也不是凭空"出现"的。在弗兰克·汀兰德（Franck Tinland，1977）中也有类似的研究：人是"天生的"技术师，技术对他来说是很自然的事物。艾伦比（Allenby）和萨里维茨（Sarewitz，2011）描绘了一幅"技术 – 人类状况"的哲学相关图景。

21　安德烈·勒儒瓦 – 高汉（1964），第 258 页。吉尔伯特·霍托斯（Gilbert Hottois，1984a）正是基于这一问题对符号和技术进行了研究。

22 从维特根斯坦（Wittgenstein）以来，对表象主义的批评一直是哲学实用主义的延续。我们可以在理查德·罗蒂（Richard Rorty）中发现一种发展的形式，例如（1979）或（1995）。

23 卡尔·米切姆（1994），第154页："现代人类行动哲学几乎完全集中在'做事'（doing）上——道德和政治哲学的地区——以牺牲'制造'（making）为代价。唯一例外的，只有在艺术哲学和美学哲学中能找到有限的一些关于'制造'（making）的讨论。"

24 吉尔伯特·西蒙栋（1969）。关于西蒙栋，我们可以参考吉尔伯特·霍托斯（1993）和吉尔伯特·西蒙栋（1994），这是一个集合作品，阐明了西蒙栋在心理学和人类学方面的研究。巴塔利米（Barthélémy，2014）近年的研究重建了西蒙栋思想的复杂性，有时候对我来说有点深不可测。

25 吉尔伯特·西蒙栋（1969），第46页。见第1部分第1章，关于"实现过程"的全部内容。

26 西蒙栋（1969），第1部分，第2章。示例和解释被我自由地调整了。

27 在《进化与技术》系列中：勒儒瓦－高汉（1943年和1945年）。勒儒瓦－高汉后期的作品（1964年和1965年）更为人所知，是对以前收集的材料的阐释，但并未用尽其含义。

28 特别参见马丁·海德格尔（1954）的"技术问题"会议。

29　伟大的技术历史学家伯特兰·吉列（Bertrand Gille）在他的《技术史》序言中对此表示出绝望："今天，哪位作家会发表关于比克牌圆珠笔笔尖的演讲呢？哪位工人会谈论他用来工作的机器，喜欢提及异化、疲劳和阶级斗争，尽管马克思已经专门用长篇章节精准地研究了机器。在日常谈话中，人们很难会一起谈论汽车的性能、自洁式烤箱的品质，或者一包比一包更精妙的洗涤剂。我们钦佩狄德罗的《百科全书》；但我们不会以他为榜样。试图调和人与他常用的物品、他所服务的物品，以及使用的物品，可能会是一场徒劳。"吉尔（1978），第7页。

30　刘易斯·芒福德（Lewis Mumford，1934年），第20页。见让·皮埃尔·塞里斯（1994），第4章"技术和机器"，以及塞里斯（1987年）作品中关于机器起源的历史性研究。

31　亨利·安热尔·德·奥里亚克，保罗·韦鲁瓦（1984）。雅克·拉菲特（Jacques Lafitte，1932年）从人文主义工程师的角度来寻求"机器科学"的定义。

32　同上，第13页。

33　他们进行了区分："传感器"，它们是感知的人工制品；"处理器"，它们是数据处理机器；以及行动机器，通过区分意义的行动和实际的物质行动。在行动机器中，首先是"表达者"（expresseurs），即用于表示"意义行动"的假肢，小提琴就是最著名的例子。

34　同上，第58页。

35　同上，第58—59页。

36　奥里亚克和维霍耶使用了另一个术语，"奴隶"（能量制品）和"抄录员"（信息制品）之间的平行概念。他们的论点首先是对新信息机器的革命主张的反对，和对旧机器（能量）的辩护和说明（同上，第4章）。我将秉持相反的观点。

37　刘易斯·芒福德（1934年），第1章。

38　我们知道马克思在《哲学的贫困》中所说的："手工磨坊将会给你带来领主社会；而蒸汽磨坊会为你带来工业资本家社会。"（马克思，1965年，第79页）这种联系是基于对"生产力"对"社会关系"的确定的分析，而（非马克思主义的）技术哲学的方法更多地保留在"确定"的关系上，并不把生产维度看得比技术系统中的其他维度更重要，并且具有文明的概念，包括"物质文明"，不是一种简化为被人们理解成权力关系的社会关系。

39　费尔南·布罗代尔（Fernand Braudel，1979）：对于历史学家来说，"物质文明"是一种"不透明区域"（第8页），它是由日常生活、它的实践、用途和对象构成的，这些都是一种文化、文明的基础。人们可以说，这种物质文明是一个指涉网，其概念比海德格尔的概念更丰富、更重要，主要围绕已变得自给自足的功利主义的被抛。

40　我自由地从卡尔·米切姆（1994）第7章得到了灵感，他自己也在尝试刘易斯·芒福德的研究。

41　维克多·斯卡迪格利（Victor Scardigli，2001）提出了一项令人印象深刻的社会学分析，即在设计直线飞机时，人类的行为与计算机行为（AirbusA320设计人员的实地工作）相竞争。这个问题也出现在布鲁诺·拉图尔（1992）关于铁路车辆的问题上。

42　米歇尔·塞雷斯（Michel Serres，2001）提出了 OPM 的表达：表型修饰生物。

43　雅克·埃吕尔（Jacques Ellul，1972），第 137 页。

44　同上，第 167 页。

45　雅克·埃吕尔（1972）描述了这一问题的根源："通过自我增长（auto-accroissement），我的意思是，技术人员系统'好像'正在通过一种内在的、固有的力量而生长，没有人为的'决定性'干预。"（第 228 页）技术不是根据要追求的"目的"而发展，而是根据现有的增长潜力。这种没有终点的自我增长法则通常被称为"贾博定律"："'可以'做的事情'必须'完成。"（Gabor，1972，第 66 页）；另见贾博（1964）。

46　塞缪尔·巴特勒（Samuel Butler）的小说《埃里汪奇游戏》（*Erewhon*）（1872），其主题更加复杂，更加有趣，在它所呈现的世界里，人是由机器使用的一种手段（moyen）。

47　兰登·温纳（Langdon Winner，1977），第 202 页："我们生活在技术中比我们使用技术要多。"温纳将技术自主性和中立性的两种主张相比较，表明在现代技术所构成的世界里，传统的政治分析在权力关系和奴役关系方面已经不再适用。

48　参见弗里德里希·拉普（1978），第 3 部分，第 4 章，"技术手段的中立性"：该技术"有用地"使用已知的自然法则；这些法则是有条件的（如果 A，那么 B），因此该技术只是在完美的"方法论中立性"中提供了一种手段。

49　雅克·埃吕尔（1954），第 18 页。见第 78 页关于唯一存在的"最佳方式""已做出的选择"原则。

50　米切姆（1997）从工程师和哲学家的角度十分生动地综合了技术伦理问题和可能。马克·德·弗里斯（Marc De Vries），阿利·塔米尔（Arley Tamir）（1997）为这一事业争论，并强调"技术转移"的重要性，从最"先进"的国家到其他国家，转移在政治、经济、心理上都是"中立的"……约瑟夫·皮特（Joseph Pitt, 1995）很好地记录了现代技术的中立性及其虚假证据的中立性问题。

51　布鲁诺·拉图尔（1992）。这种技术社会学研究是基于 RATP（巴黎独立运输公司）委托的一份报告。

52　罗伯特·贝尔（1998）对"高科技的资本罪"的压倒性起诉，通过许多例子表明，技术"纯洁"是一个神话。他正在攻击的主要高科技项目完全被破坏，有时甚至注定失败于与技术无关的不良实践，而是源于贪婪、不诚实和傲慢。

53　伊凡·伊里奇（2005b），第 755—756 页。伊里奇说，我们的"家园"对于人类而言只能是"车库"，因为我们失去了这种生活艺术。

54　参见马丁·海德格尔（1954）的两篇文章：《建立，生活，思考》和《……作为一个诗人生活……》[马克译·本泽（Max Bense, 1949）] 对同一点进行了更为清醒的分析：让我们生活在技术世界中，而不再是自然世界，我们在这种居住环境中并不适合这种生活。

　　55　马丁·海德格尔（1954），第192页。海德格尔说，只有诗歌，加上一种新的思维方式，才能让我们获得真正的"住所"。"诗歌使他成为最初的居民。"（同上，第242页）只有这样一种生活方式才能产生宁静——参见海德格尔（1966a）中的"宁静"。在我看来，本文发展了海德格尔的技术哲学中最成熟和最重要的观点：不要担心我们的世界会发生什么，而是担心我们对其思考的能力（参见第5.3节）。像"乡村公路"这样简单的东西就是通道——见海德格尔的"乡村之路"（1966a）。布鲁斯·福尔茨（Bruce V. Foltz, 1995）探索了这条道路，即在我们的地球家园中修复"诗意"，以拯救地球——但是从"此在"（存在）和自然之间的对等开始，我认为这一对等过于机械。

　　56　参见吉尔伯特·西蒙栋（1969），第160页和第161页，西蒙栋回忆说，人类和世界之间的调解长期以来一直是魔法的办公室，人类通过行为和物体将他的欲望铭刻在大自然中，其有效模式是象征性的。"魔法的对象和过程属于自然，而物体和技术过程不属于自然，这导致了技术和宗教思想之间的分歧，我们仍然生活在其中"，西蒙栋说。

　　57　（原文空白）

　　58　2001—2002年冬季：警察和宪兵在争取更好的工作条件时，将防弹背心和办公电脑列为优先问题。我们知道他们用自己的钱买电脑来工作（比如……老师）。工人罢工反对计算机化的时代已经结束：他们继续罢工是为了电脑化，并在此期间自掏腰包。预言反抗计算机工作的恐怖是一个错误，与现实完全相反。这是许多其他错误之一，但在我看来，这是政治化的社会科学在他们的"20 世纪 70 年代"版本中所犯的错误的症状，在许多机构中仍然存在。

59　有关电话诞生的历史，参见帕特利斯·弗利希（Patrice Flichy，1991a），帕斯卡尔·格里塞（Pascal Griset，1991）。

60　参见若雷吉贝里（Jauréguiberry，2003），阿加尔（Agar，2003），卡茨（Katz，2008），高津（Goggin，2006），凌（Ling，2012）。

61　兰登·温纳（1986），第 1 章"技术作为生命形式"证明了通过技术哲学使用生命形式的概念是合理的。

62　唐·伊德（1990）。伊德是一位哲学家，他最认真地考虑过简单的事情，比如赤脚在海滩上行走，用最先进的设备徒步旅行，驾驶汽车（与骑马相比），戴眼镜。

63　艾尔伯特·鲍尔格曼（Albert Borgmann，1984），第 61 页。

64　唐·伊德（1990），第 75 页。在设备上，同样的意图可以使高山远足十分便利，同时保持透明。唐·伊德解释说，这是人类世界通过技术的延伸，是人类经验可接触到的世界的延伸，因为这座山传统上被认为是丑陋和危险的，人们没有任何兴趣。同上，第 12 页。

65　参见让·克劳德·博纳（1998），他从技术环境的概念中组织了他的思想，特别是安·勒儒瓦—高汉（1945），他通过与生物学中的"内部环境"概念的类比，发展了人类技术的"外部环境"的概念。这可以补充西蒙栋的技术层面：元素 / 个人 / 系统 / 环境。

66 风力"森林"，大型集体能源机器的出现，似乎违背了这一排斥原则，但是这些设施招来了反对意见（以景观的名义），群众对风能的怀疑一部分可能来自这种集体机器，机械、醒目的性质，它似乎与"进步"的方向相反，因此构成了一个排斥极。屋顶上看不见的微型太阳能发电站将被普遍认为是风车的回归。

67 塞缪尔·巴特勒（Samuel Butler，1872）想象出机器的"自然"演变，恰恰比自然演化更快，并且会使机器超越人类。吉尔伯特·西蒙栋（1969）给出了这种并行演化的更具哲学性和更少灾难性的版本。安德烈·勒儒瓦－高汉（1945）在著作的最后一页，设想了一种进化的一般科学，它将是生物学（自然的创造）和技术的综合（他在第440页写道，科技是人类的创造，是工业的创造）。伊夫·迪福热（Yves Deforge，1985）关于工业对象"线"的著作是技术古生物学的开端。米歇尔·塞雷斯（2001）认为，由技术驱动的"出埃及时期"进化已经取代了达尔文进化论。关于技术史的进化论解释的参考研究，在我看来是乔治·巴萨拉（George Basalla，1998）。

68 安德烈·勒儒瓦－高汉（1943）和（1945），莫里斯·道马（Maurice Daumas，1962），伯特兰·吉列（Bertrand Gille，1978），阿兰·贝尔特朗（Alain Beltran，1990），布律诺·雅科米（Bruno Jacomy，1990和2002）。

69 戴维·S.兰德斯（David S. Landes，1969），第15页。作为工业革命历史学家，兰德斯提纲挈领地对其观察进行了总结，"商品和服务在种类与数量上大幅增加；自钻木取火以来，这种增长对人类生活的改变比其他任何新事物都要大"。

70 安·勒儒瓦 – 高汉（1943），第316页。作为物质文明历史学家（自史前时期开始），勒儒瓦高汉强调进化的连续性："技术，现代工业词汇中的一个精确词汇，正逐渐从电视机延伸至光芒四射的火石。"

71 安德烈·勒儒瓦 – 高汉毫无保留地肯定了它："在道德、艺术、社会领域，我们可以扪心自问，作为人，是否在进步或保持稳定，或者更确切地说是一系列的起起伏伏，以总体水平十分缓慢地上升表现出来。在技术领域，从来没有任何人提出过疑问：人以如此高的效率完善他的工具，以至于他现在在道德、艺术和社会上都被他对自然环境的行动手段所超越，而这种技术进步的运动是如此辉煌，几个世纪以来，每个在其工具中得到振奋的群体，都认为自己在其他所有领域都有同样的优势。"（安德烈·勒儒瓦 – 高汉，1945，第304页）

72 赫伯特·马歇尔·麦克卢汉（Herbert Marshall McLuhan，1962），第354页。

73 罗伯特·尼斯比特（Robert Nisbet，1980）所提出的关于进步的观念，在西方历史的每个时刻，都表现了这个观念在理解自我和理解一个时代的作用。尼斯比特写道，诚然，进步的想法是一种教条，但是，是对于那些点燃和动员人类能量的人，因为从来没有一个"被证实过"的想法能够做到（第9页）。

74 根据安东尼·吉登斯（Anthony Giddens）发起的思想运动，这场思想运动成为欧洲思想和政治实践的核心。见乌尔里希·贝克（Ulrich Beck），斯科特·拉什（Scott Lasch，1994）；安东尼·吉登斯（Anthony Giddens，1990）；另见乌尔里希·贝克（Ulrich Beck，1986、1997）。

75　克里斯托弗·拉什（1991a），第 13 页："面对这些长久以来明确地反驳进步观念的大量证据，严肃的人们还如何能继续相信进步？"

76　阿诺德·佩西（1983）在第 14 页指出，线性进展的神话取决于测量这种上升线性度的参考轴的选择。他说，在英国，如果我们计算耕地面积和工人数量，谷物产量就会增加，但如果我们计算每单位能源消耗量，谷物产量就会减少。但是，这种能源消耗的衡量标准今天并没有什么奇特之处。

77　阿诺德·佩西（1983），第 7 页。见阿诺德·佩西（1990）和（1999）对此调查的扩展。

78　阿诺德·佩西（1983），第 25 页。

79　曼纽尔·卡斯特尔（Manuel Castells，1996），第 91 页。

80　关于自然主义作为形而上学和一种意识形态，在西方哲学中无处不在，见克莱蒙·罗塞（Clément Rosset，1973）。

81　亚里士多德（1999），《物理学》，B，1。海德格尔认为这个文本是我们形成对西方世界和"技术"世界的观念的奠基人；参见马丁·海德格尔（1968）的"自然是什么，怎样确定什么是自然"。

82　参见杰里米·里夫金（Jeremy Rifkin，1998），第 332 页。

83　卡尔·米切姆（Carl Mitcham，1994），第 173 页。

84 吉尔伯特·西蒙栋（1969），第 256 页。参见弗兰克·汀兰德编（Franck Tinland, 1991、1994）和多米尼克·布尔格（Dominique Bourg, 1996）。伯纳黛特·邦索德－万桑（Bernadette Bensaude-Vincent, 1998）在材料的历史上，更广泛地说是在化学史上展望了人工、人为、合成……的类别。它提出了一种原始的"混合"类别，特别是在自然和人工之间。

85 对人工进行重新评估的最初目的可能是进行化妆，不是被设想成欺骗、人工美，而是"美丽的揭示者"，这听起来已经像是一个广告标语。亨利－伯纳德·维戈特（Henri-Bernard Vergote, 1988）对反自然的意识形态价值做出了有益的贡献："因此，从技术上讲，心电图比观察器官更好，因为它看起来不像心脏外科医生想要治愈的器官。因此，从技术上讲，阅读门捷列夫的表比直接观察自然物体更能发现简单的物体。"（第 130 页）人工，有时或经常的，抓住了自然及其真理和现实，它不会使自然"变形"，也不会取而代之。

86 基因"操控"的概念有负面的内涵，可能与修补匠和巫师的想法有关：就像我们用笨拙的大手指，没有授权，没有技巧地摆弄着大自然最亲密的机制。相反，"生物技术"的概念具有积极的意义，即技术的内涵，它提及的是一种运用（maniement），而不是操控（manipulation），即知识、技能和负责任的活动。

87 查塔尔·杜科斯，皮埃尔－伯努瓦·乔利（1988）的著作表明，生物技术首先是三个实体的新整合：科学、工业和贸易。

88 多米尼克·布尔格（1996），第 315 页。

89　维基百科的"OGM"页面提供了详细的基本信息，并引用了相关的来源。

90　联合国（粮农组织）的意见以最近的文件为例：http://www.fao.org/ about/meetings/agribiotechs-symposium/faqs/fr/。

91　2000年4月提交的报告：美国NRC 2000, Genetically Modified Pest-Protected Plants : Science and Regulation，见：www.nap.edu。

92　为了获得关于转基因生物的最新信息，互联网上有良好的资源，其中有三种类型的网站：科学和信息的；亲转基因生物；反转基因生物。迈克尔·鲁斯（Michael Ruse）和戴维·卡索（David Castle, 2002）的书，包含了OGM文件的主要部分，为每一种类型的参与者提供了话语权，并提供了哲学参考分析。考虑到媒体的作用，从政治社会学的角度来看，参见苏珊娜·德·舍维涅（Suzanne de Cheveigné）等人（2002）。

93　1999年，这个终结者基因的案例极大地破坏了生物技术公司的形象。

94　唐·伊德（1990），第7章，声称一艘高科技帆船最终更接近自然、海洋和风，而不是一艘古老的、沉重的、危险的、实用的船。我想说的是，这艘古老的船对自然更"不透明"。

95　塞缪尔·巴特勒（1872）非常清楚地看到了这一点，他的焦虑根植于这种连续性："除了使用机器之外，我们不会使用自己的四肢，而腿部只是一条木腿，比我们能够制造的任何东西都要好得多"；"观察一名男子用铲子挖掘：他的前臂被人为地拉长，

他的手变成了一把铲子。"（第 255—257 页）

96　参见阿拉斯代尔·麦金太尔（Alasdair MacIntyre，1981），第 2 页："我们实际上有道德模拟，我们继续使用主要的表达方式。但我们已经——在很大程度上（如果不是完全）——失去了对道德的所有理论和实践的理解。"这种情况的原因之一是哲学中隐含的宗教共识的解体："在这些实践的背景消失后，道德判断是古典神教实践的语言幸存。"（第 60 页）在生物医学中也可以看到同样的过程，因为在特定的社区之外缺乏道德共识——见 H·崔斯特姆·恩格尔哈特（H. Tristam Engelhardt，1986）。

97　当时正在进行接种和疫苗接种，这是人类/技术前沿的第一次示范性战斗。参见让 – 弗朗索瓦·德·雷蒙（Jean-François de Raymond，1982）。

98　电影取自菲利普·狄克（Philip K. Dick，1968）的小说，（《机器人会梦到电子羊吗？》，加登，纽约双日出版集团）（*Do Androids Dream of Electric Sheep?, Garden City, New York, Doubleday*）。

99　关于人工智能的未兑现的承诺，特别是一些研究项目背后的哲学假设，应该阅读休伯特·L. 德雷弗斯（Hubert L. Dreyfus，1972），特别是他最新的、能够体现其自信的版本（Dreyfus，1992）。

100　约翰·奥格朗（John Haugeland，1985）。雪莉·特尔克（1984）承认，计算机只做计算，但是是从"毕加索只在画布上画画"的这种意义上来说（第 238 页）。从更哲学的角度来看，丹尼尔·C. 丹尼特（Daniel C. Dennett，1991）提出了一个类似的分析：我们的思想是给定物质系统——大脑的运作；然后，必须放肆地宣布，没有其他物质系统（或人工制品）可以完成类似的任何事情。这个立场是由布鲁斯·马兹利奇（Bruce Mazlish，1993）从人机共同进化中发展起来的：根据他的说法，这种共同进化给人类造成了一种自恋的伤害，这种伤害与哥白尼、达尔文和弗洛伊德本人（根据弗洛伊德）已经给他造成的伤害相当。安迪·克拉克（Andy Clark，2003），以他对人类思想的外在支撑的自然性质的观点，以一种我认为正确的方式重新提出了这个问题：今天，是人／非人的混合网络在思考。我不知道在没有搜索电脑（可能是互联网）的情况下，我对一个哲学问题的真实想法会是什么。谷歌的智能，没有引号的智能，是由人与非人的混合网络产生的。

　　101　柯克帕特里克·塞尔（Kirkpatrick Sale，1995）回顾了勒德分子起义的历史，并提出了一种新勒德分子理论，以抵抗第二次工业革命。

　　102　塞缪尔·巴特勒（1872），第234页："我们不是在为地球上的霸权创造我们的继承者吗？"（第237页）；人类不知不觉地成为机器的宠物（第253页），他越来越成为机器的简单功能寄生虫（第232页）。"我不害怕任何现有的机器；我担心的是它们变化的速度，正在飞速地发展成和现在不一样的模样。到目前为止，没有任何一种生物进展如此之快。难道我们不应该密切关注这一进展，并在我们还能控制它的时候控制住它吗？难道没有必要摧毁当今最先进的机器，即使它们本身并没有伤害到我们吗？"（第229页）

103　在这一主题上，以及与失去的天堂相反的观点，见唐·伊德（1990）和兰登·温纳（1986），第7章。

104　吉尔伯特·西蒙栋（1969），第88页。

105　布鲁诺·拉图尔（2001），第26页。另见布鲁诺·拉图尔（1991，1999）。

106　这个粗俗的拼写与名人（《人物》）编年史的粗俗相符，其中"名人"的意思是"我们在《人物》杂志上谈论的人"。

107　我知道我在谈论什么，我在这个行业工作过，并在20世纪90年代做过类似的研究。在"征服太空"领域发生了同样类型的系统未来学毒害（见谢尔盖·布鲁尼尔，2006），这是一个破坏性的投机泡沫，它应该与互联网泡沫和基因泡沫同时发挥作用。

108　维克多·C．费尔基斯（Victor C. Ferkiss，1969），第10页。费尔基斯写道，没有一个文明像我们的文明那样"被改变所陶醉"；他说"陶醉"，因为他认为未来的神话阻止我们看到同样的经济、社会、政治和文化重担持续存在。参见刘易斯·芒福德（1967），第8章："进步被认为是科幻小说。"

109　美国商务部人口普查局网站上提供的最新精确数据：www.census.gov。

110　1970年，阿尔文·托夫勒（Alvin Toffler）发明了"未来的冲击"这个词，他想指出一种真正的文明疾病，由于人类变化的加速。阿尔文·托夫勒（1970），第10页："进化的'节奏'本身就有后果，有时比后续的'方向'更重要。"另见阿尔文·托天勒（Alvin Toffler，1978、1990）。

111　艾尔伯特·鲍尔格曼（1984），第 52 页。在菲利普·布雷顿（2000 年）的第 2 章"一个更美好世界的承诺"中，可以找到适用于互联网的技术承诺和这些承诺的广告恢复问题的版本。

112　从一开始，技术乌托邦就是美国国家文明的契约，优秀的研究证实了这一点：霍华德·西格尔（Howard Segal，1985），他显示了美国心态中政治乌托邦与技术进步之间的准同一性；约翰·卡森（John Kasson，1976），追溯了美国民主计划与他的技术计划之间共同进化的联系。大卫·诺布尔（David Noble，1997）将技术末世论与宗教末世论联系在一起，从而勾画出一种越来越相关和令人恐惧的假设，即宗教意识形态和技术主义意识形态是一种很好地结合。

113　狄奥多·阿多诺，马克斯·霍克海默（1944）。这种"逆转"理论（辩证法，必然是辩证法……）激发了许多现代技术恐惧者的谴责。

114　丹尼尔·贝尔（1973），1976 年序言。

115　约翰·J. 多诺万（John J. Donovan，1997）。多诺万是剑桥科技的创始人，剑桥科技是电子商务领域的历史参与者之一。他在麻省理工学院和耶鲁大学任教。关于新通信技术的现实和想象，参见：菲利普·布雷顿（Philippe Breton，2000），帕特利斯·弗利希（2001）。另见让·卢日金内（Jean Lojkine，1992），受马克思主义启发，并反对丹尼尔·贝尔风格的后工业理论，但他总结了一个后商业社会的可能性，它的出现被旧工商业系统意识形态的幸存所推迟。我们看到，所有政治观点对后工业化未来的看法都是一致的。

116　参见曼纽尔·卡斯特尔（1996）引用的阿兰·杜罕（Alain Touraine，1994），第44页："在后工业社会中，文化服务已经取代了生产中心的物质产品，这是对主体的个性和文化的捍卫，违背了机器和市场的逻辑，取代了阶级斗争的想法。"让－克洛德·吉耶博（Jean-Claude Guillebaud，1999）很好地描述了今天社会和政治对抗中典型的"新傲慢"："新自由主义去领土化、股票化、游牧化，从此没有社会基础（'一个没有社会的力量'，安德烈·高兹写道），是一个难以对付的对手，比旧的'阶级敌人'，资产阶级和剥削者更难以捉摸。"（p. 77.）

117　阿尔伯特·鲍尔格曼（1992）。马克思·沃托夫斯基（1992）认为，第一次革命（技术革命，然后是社会革命）是工具的发明，是人性化的基础；第二次革命是工业革命，是从工具到机器的过渡，第三次是信息革命。第四次不是技术革命，而是技术在文化和社会中的地位和作用的革命，主要是关于决策通道的民主化（30—31页）。

118　让·弗朗索瓦·利奥塔（1979），7—8页。布鲁诺·拉图尔（1991）在"现代"（人类世界与物体世界之间的官方分离）的定义和诊断中提出了另一种选择：对他来说，我们从来就不是"现代的"，我们也不必超越这个虚构的状态。

119　让·弗朗索瓦·利奥塔（Jean-François Lyotard，1979），第7页。

120　维克多·C.费基斯（Victor C. Ferkiss）抗议说，技术人

还没有出现，仍然是同样的"资产阶级"个体存在于同样的经济、政治和文化生活结构中（费基斯，1969，第 243 页）。这也是阿尔文·托夫勒的主要教训："世界面临的最紧迫问题——食物、能源、裁军、人口、贫困、资源、生态、气候、第三时代、城市环境的退化、生产性和有价值工作的需求——不再能够在工业秩序的框架内得到解决。"（阿尔文·托夫勒，1978，第 31 页）

121　维克多·C.费基斯（Victor C. Ferkiss，1969），第 28 页。

122　兰登·温纳（1986），第 20 页。温纳谴责他所谓的"计算机神话"，即信息技术作为拯救人类手段的"神话化"（第 6 章）。

123　关于科学生态学，在数据和方法方面对技术哲学有用，参见让－保罗·德莱尔（Jean-Paul Deléage，1992）。

124　雷切尔·卡森（Rachel Carson，1962）。这本书以埃尔温·布鲁克斯·怀特（Elwyn Brooks White）的题词作为开头："我对人类这一物种感到悲观，因为他对自己的利益太过聪明了。"

125　雷切尔·卡森（1962），第 17 章，"另一条路"。本书的结论，第 197 页，将我们的科学描述为"原始的"，它使我们能够在自然界中如此暴力地行动，并呼吁人们更加尊重科学。

126　在这一过程中，有来自各种地方的研究，特别是在德语世界。例如，汉斯·萨克塞（1984）从生态学创始人恩斯特·海克尔（Ernst Haeckel）对生态的定义出发——有机体与其环境之间的关系科学，以表明人类现在是融合了自然、技术和社会的一般生态学的一部分。另见迪特·斯坦纳，马库斯·瑙瑟编（1993），该书从瑞士地理学家对跨学科性的思考出发，并以一种技术哲学计划为中心，为高度跨学科的"人类生态学"绘制框架。

127　多米尼克·布尔格（Dominique Bourg，1997）提出了一种回归自然的想法。

128　米歇尔·塞雷斯（Michel Serres，1990），布鲁诺·拉图尔（Bruno Latour，1999），多米尼克·布尔格（Dominique Bourg，2003）。

129　海德格尔关于技术的主要文本在《论文与会议》文集（1954年）中可以找到。参见约翰·罗塞伯（John Loscerbo，1981），特别是迈克尔·齐默尔曼（Michael E. Zimmerman，1990）。

130　《对哲学的贡献》，《海德格尔全集》第65卷。

131　见基阿尼·瓦蒂莫（1985）。

132　让－皮埃尔·赛利（Jean-Pierre Séris，1994），第304—305页。兰登·温纳的引文来自兰登·温纳（1977）。

133　刘易斯·芒福德（1934），第250页："我们面临的事实是，机器是矛盾的。这是一种解放而又约束的工具。它拯救了人类的能量，却误导了方向。它创造了一个巨大的有序框架，却产生了无序和混乱。它高尚地为人类的目的服务，同时又改变了他们，背叛了他们。"

134　刘易斯·芒福德（1967），序言，第2页。

135　同上，第9章，第226页。

136　巴里·康蒙（1971），第15—16页。

137　雅克·埃吕尔（1954），第388页。

138　雅克·埃吕尔1988年出版的《技术虚张声势》（*The*

Technological Bluff）（第 96 页）中提出了最严苛的谴责。他写道，问题来自技术不知道它该走向何方，解决方案是不言而喻的：必须停止技术。

139　雅克·埃吕尔，《新着魔的人》，巴黎法雅出版社 1973 年版，第 259 页（Jacques Ellul, *Les Nouveaux Possédés*, Paris, Fayard, 1973, p. 259），引自：www.ellul.org.

140　汉斯·约纳斯（1979），第 241 页，注 3。

141　让－皮埃尔·赛利（1994）以一种愤怒和幽默混合的方式写道："道德的回归还是一种悲伤的、狭隘的蒙昧主义，一种狂热的技术恐惧症的回归？"这里聚集的诡辩和谬论之和，无论如何都让人害怕最坏的情况：约纳斯的书确实是一本可怕的书。（p. 348）

142　米歇尔·亨利（1987）。第 7 章，"大学的毁灭"给档案记录带来了令人震惊的事实因素：在技术文明破坏文化的过程中，（法国）结业班哲学课时的减少被谴责为技术的"极权主义爆发"，反对任何批判请求；权威教授这类"杰出人物"的教学时间增加，这种加时（如米歇尔·亨利本人）被揭露为阴谋的关键手段（第 199 页和第 191 页）。

143　同上，第 84 页。癌症不可避免的图像在第 87 页。

144　大学炸弹客（Unabomber），真名西奥多·卡钦斯基，是一位训练有素的数学家，于 1996 年 4 月 3 日在蒙大拿州的小屋被捕。自 1978 年以来，他发送了 16 枚包裹炸弹，造成 3 人死亡，23 人受伤。

145　保罗·维利里奥（1998）。

146　同上，第 48 页。

147　同上，第 47 页。

148　同上，第 119 页。

149　再一次，谨慎的让－皮埃尔·塞利，带着一种残忍的怀疑，只是诊断道："一位思想多变的知识分子认为，技术应该像从前一样，保持差不多的反'资本主义'论调。"塞利补充说，资本主义显然做得很好，抵制了这些可怕的诽谤，并且有迹象表明，技术文明也将在新的巴黎教令中幸存下来（塞利，1994，第 377 页）。

150　最后一期《交互世界报》的摘要值得详细说明，它包含了所有的谴责记录。标题："打倒科技！"调查页面："斗争者：破坏计算机以阻止进步的破坏"，还有在"大学炸弹客宣言"上的陈述、在线文本地址和勒德分子网站，包括 www.ellul.org，以及雅克·埃吕尔的照片。第二页调查："不再流行的潮流者：新技术，越来越平庸，开始不再流行。"第三页调查："被排除在外：远离网络的人很多。"第四页调查："失望：开始对网络失去兴趣的草图。"企业页面："我们还能相信圣诞老人网站（pere-noel.fr）吗？在客户不满意后，网站必须面对公正。"肖像页："弗朗索瓦·胡塔德，牧师，马克思主义者和抗议者，将福音应用于全球化"（"全球化"是新的流行主题，在这个小世界里，谴责仍然是必需的）。

151　彼德·斯特劳戴克（Peter Sloterdijk，1989），第 223 页。

152　尼尔·波斯特曼（Neil Postman，1985）展示了电视娱乐通过什么机制使政治脱离一切现实。他用奥尔德斯·赫胥黎战胜了乔治·奥威尔这样的字眼阐述这一观点："奥威尔警告我们，我们面临着被外部压迫力压垮的风险。在赫胥黎的愿景中，不需要让一个老大哥来解释人们将被剥夺自主权、成熟度和历史。他知道人们会喜欢他们的压迫，喜欢破坏他们思考能力的技术。奥威尔担心那些会禁书的人，赫胥黎担心甚至没有再必要禁书了，因为没人再愿意读了。[...]奥威尔担心真相会被隐瞒。赫胥黎害怕真相被淹没在无意义的海洋中。"（第7—8页）

153　乌尔里希·贝克（2002），第15页，引用了一个抗议者的横幅，这是一个过时的政治："我们选举出来的人没有权力。那些有权力的人，我们没有选举他们。"

154　真正的力量，政治经济的力量。灰色有名者的典型是公司董事阶层，人们会在诉讼和金融丑闻中听说过他们，但在剩下的时间里，他们将控制全球经济，为了其独家和直接利润（不成比例的工资、"股票期权"、"黄金降落伞"、内幕交易等）。参见经济学家约翰·肯尼斯·加尔布雷斯（John Kenneth Galbraith，2004），关于通过一个看不见的有名者实现欺诈的制度化。

155　关于实地数据的思考，参见弗朗索瓦·杜贝（francois Dubet，2002）关于学校、医院和社会服务的报告。

156　伊凡·伊里奇（Ivan Illich，2005b），第68页。

157　彼德·斯特劳戴克（1989），第212页。

158　在我们的后现代时代，社会阶层的划分所必需的调整，见雅克·埃吕尔（1982）和安德烈·高兹（2003）。

159　彼德·斯特劳戴克（1993），第 45 页。

160　注意：今天，如此重要的 ONG（非政府组织）并不是制度强力胶的替代方案，因为它们是机构，全球传媒机构，可以轻松地和新的政治经济"流"汇合，运作方式和正常的政治运作并无区别。近年来，政治经济方面最好的活动可能是 2004 年 12 月南亚的海啸"慈善事业"。参见蒂埃里·佩奇（Thierry Pech），马克·奥利维尔·帕迪斯（Marc-Olivier Padis）（2004）关于"核心跨国公司"，这些公司既不是在权力外部，也不是在市场外部，而是在其中蓬勃发展。

161　玛丽 – 安吉尔·埃尔米特（1996 年，第 15 页）写道："需要近 2000 起诉讼、两部法律和修订宪法才能构建社会结构。"这件事是"围绕技术社会理念重组社会和政治机构的重要一步"（第 16 页）。美国方面与法国方面一样严厉，参见 C·伯罗和 M．吉莱恩在弗兰克·费希尔、卡门·西里亚尼（1994）撰写的文章，第 426—442 页。他们对流行病学灾难给出了三种解释：

一、官僚主义（组织失败）；

二、政治经济（里根政府不想听到公共卫生计划）；

三、"道德多数"，即宗教意识形态。

162　过时的有名者，即便他犯罪，也可以安然无恙。审判期间，援助协会（Aides）创始人丹尼尔·德菲特回忆说，他于 1985 年 5 月写信给道德委员会主席让·伯纳德教授，负责向政府提供关于献血者的信息："回答是，他和道德委员会的其他成员都没有时间接待我们。"（《解放报》，2006 年 5 月 8 日）

163 皮埃尔·伯恩鲍姆（Pierre Birnbaum, 1975），阿兰·迦耶（Alain Caillé, 1994）。

164 关于官僚主义的灾难，见罗曼·劳弗，凯瑟琳·帕拉迪丝（1990），第 12 章；米歇尔·克罗吉耶（1963）。

165 他们的担保几乎是一种恩膏，一种仪式的祝福，占据了宗教的功能之一，唤起了同样的怀疑："如果科学团体已经学会警惕宗教专家，不要感到惊讶，因为宗教团体最终也会警惕牧师"，让–雅克·萨洛蒙（1984）写道，第 13 页。关于民主专家的问题，见弗兰克·费希尔（1990）：专家政治是一种智力骗局，它声称技术管理和经济的非政治化，以玩世不恭地运用精英和非民主的力量。

166 除了玛丽–安娜·赫密特（1996）的指控性评论，还可参考亚历克西斯·罗伊（Alexis Roy, 2001），他的著作只叙事实，但值得在此处提出的假设的基础上进行重读。兰登·温纳（1986）的第 9 章《白兰地，雪茄和人类价值》仍然是对官方技术评估者进行反思和讽刺的经典之作。

167 卡尔·波普尔（1959）和（1945）。关于"非专家对技术的评估是对技术进行'民主'评估的条件"这一观点，参见理查德·斯克劳夫（1995）。

168 代表团的这种合法性危机与阿尔文·托夫勒（1978）第 6 章或安德鲁·芬博格（Andrew Feenberg, 1999）的技术文明新特征有关，后者接替兰登·温纳谴责专家的嚣张气焰（第 27 页），并呼吁"自下而上"的改变，因为技术民主化不能成为行政问题

（第 80—81 页）。

169　科内利乌斯·卡斯托里亚迪斯（1996、1998）。"当代世界的特征当然是危机、矛盾、对立、破裂等，但最让我印象深刻的一个特征是无关紧要。"（1998，p. 11）。

170　同上（1998），第 92 页。

171　见阿拉斯代尔·麦金太尔（1981），尼卡拉斯·卢曼（Niklas Luhmann，1990），吕旺·奥吉安（Ruwen Ogien，2004）。

172　"我们的时代是愤世嫉俗的，它知道新的价值观不会走得太远。"彼得·斯特劳戴克（1983），第 9 页。从对现实世界的所有关注中解放出来的话语对应于哈里·法兰克福（1988 年，第 10 章）中的"废话"类别，它在法语中被翻译成"n'importe quoi!"（胡说八道！）或者"dire des conneries"（说废话）。

173　也就是说，在地方冲突中，当它不是一种交替战争手段时，它通常服务弱者抵抗强者。关于这里提到的恐怖主义特征的全球冲突，我们将参考本杰明·R．巴伯（Benjamin R. Barber，1995 年）——可惜的是，在他所谓的"圣战对抗"（MacWorld）冲突的发展中，已经有点过时了，但是在他对《圣经》和《古兰经》原教旨主义进行的坦率的并列中，具有相当可怕的现实性（第 10 章）。

174　万斯·帕卡德（Vance Packard）的"秘密说服"理论可以追溯到 20 世纪 50 年代，基于当时所谓的科学基础（潜意识心理学和社会学……）以及对消费社会的批判性分析，这不完全是此处的主题。参见约翰·肯尼斯·加尔布雷斯（1978），第 18 章及其后"特定需求调节"。

175　参见罗曼·劳菲尔（Romain Laufer），卡特琳娜·芭拉戴斯（Catherine Paradeise，1990）。"现代的王子是一名官僚，他的'特有方法'是市场营销。"本书描述了政治的广告倾向，并将官僚主义与政治营销统治联系起来，作为一种解决"不可能的管理"的解决方案，这似乎是当代集体强加的，但却是一种诡辩的解决方案（即空洞而纯粹的形式）。自 20 世纪 50 年代起，广告就被认为是现代政治的重要组成部分。

万斯·帕卡德（1957）将他关于秘密说服的书分为两部分：说服我们作为消费者 / 说服我们作为公民。

176　为了将广告传播置于其所属领域，即市场营销，参见雅克·伦德雷维（Jacques Lendrevie）和丹尼斯·林登（Denis Lindon）经典且条理清晰的《墨卡托投影》（*Mercator*）（1997年，2014 年新出第 11 版，副标题为《数字时代的整个营销》）。对这个问题的更多分析，参见弗兰克·科乔伊（Franck Cochoy）（1999），关于"市场调解"的人文论文。

177　见法国马克·马丁（1992）。斯图尔特·艾文（1977）因更为严厉的社会批判（马克思主义）获得了活力。见让 – 诺埃尔·科普菲尔（1978）关于广告说服理论及其手段。

178　关于广告有效性的限制，参见迈克尔·舒德森（1986）。这种分析是有益的，但在我看来，它并没有针对主要问题。我们会发现广告并不一定是"有效的"，它只需要存在，而且是无处不在。

179　科内利乌斯·卡斯托里亚迪斯（1986）。

180　根据弗朗索瓦·本哈默（Françoise Benhamou）（2002）的说法，这种名人经济——对名声的经济利用——有三个特点："对于创作者和'当选'的艺术家来说，收入差距远远大于才能差距；荣誉的资本化超越了最初的能力范围；所获得的好处，有时是因很大程度上的偶然机会得来，受到自我强化现象的影响。（第14页）。这是有名人士的广告运作。"

181　例如，由让－弗朗索瓦·尼斯和瓦拉迪米尔·安德烈夫（《世界报》，2002年6月21日）收集和分析的数据："我们已经从 SSS 融资模式（观众、补贴、支持）转变为 MMMM 模型（媒体、大亨、商品、市场）。"足球运动是这些大量的金钱和图像的典型范例，观众只占总收入的20%，而电视（实际上是广告）的收入超过50%，这无疑是这项运动的主要赞助商。

182　关于这一现象，请参阅2005年3月16日《纽约时报》的社论："现在，假冒新闻。"

183　让－克洛德·吉耶博（1999），第201页。

184　诺姆·乔姆斯基，爱德华·S·赫尔曼（1988）。这本书所展示的媒体奴役的元素是不可低估的。

185　参见保罗·波德（Paul Beaud）（1984）对媒体运作中"共谋社会"的调查。

186　一个完全相同的案例发生在美国的乔纳森·弗兰岑身上，他被誉为美国最杰出的小说家之一（2001年国家图书奖，被"纽约人"列入21世纪二十位作家）。他于2001年9月受电视脱口秀女祭司奥普拉·温弗瑞邀请，这无疑意味着销量的惊人增长。但是，在接受俄勒冈州一家报纸的一次采访时，他说很尴尬地看到他的作品附在电视的所有宣传标识上；他有点害怕"被在电视上看到"，这对书籍和文化产品是一种嘲笑。奥普拉生气了，取消了她的邀请。然而，一场针对乔纳森·弗兰岑的激烈争论正在发展，据说他过于势利，崇尚精英主义，无法接受在电视上露面。正如他所说，他变成了"二号公敌"（头号公敌本·拉登在那些年里是不可取代的）。

187　参见伊凡·伊里奇在现代机构和手段（学校、医院、交通等）的系统性反生产力方面的作品。让－皮埃尔－迪普伊，让·罗伯特（1976）的论文讨论了丰富文明中的"结构性反生产力"（p. 63）。

188　为了阅读一个从根本上对微软充满敌意的案例研究，我们将参考该公司的亲密敌人，罗伯特·迪·科斯莫（Roberto Di Cosmo）——可以在互联网上或罗伯特的主页上看到多米尼克·诺拉的文章（Dominique Nora, 1998）。

189　在这个问题上，我们可以跟随《大英百科全书》、美国、英国和法国的主要报纸、国家气象局……

190　在哲学中，"总是已经"（toujours-déjà）的概念帮助定义了最重要的预解释，即那些构成解释框架的解释，并且现在已经无法追溯这些预解释。

191　恩斯特·弗里德里希·舒马赫（1973），尼古拉斯·乔治斯库－罗金（1995），布艾希（2010）。

192 关于这种幻觉,参见丹尼尔·科恩(Daniel Cohen,1999)。

193 在我微薄的个人商业经验中,我发现这些数字是系统性错误地、捏造地、粗略地修改的,以便说出人们想让它们说的话。这是一种结构性数据,而不是周期性的,即使它是可怕的。

194 参见维维亚娜·弗雷斯特尔(Viviane Forrester,1996),其语气非常愤怒,杰里米·里夫金(Jeremy Rifkin,1995),做出论证以及陈述事实。这些书中讨论的经济恐怖是指工作的消失(失业),正是从这个角度来看,大多数受害者都受到经济恐怖的影响,即使邪恶的原因需要挖掘得更深,而且在后工业时代的经济学病理学中更为分散。见曼纽尔·卡斯特尔(1996),第4章:工作不再是在劳动力市场上交易的商品。

195 约翰·肯尼斯·加尔布雷斯(1986),第18页。

196 约翰·肯尼斯·加尔布雷斯(2004),第66页:"自1913年以来,即美联储正式成立时,其对抗通货膨胀的斗争,特别是对经济衰退的斗争记录一直是完全无足轻重的。"

197 恩斯特·弗里德里希·舒马赫(1973)。这本文集的副标题"把人当回事"(*Economics As If People Mattered*)与其著名的标题一样引人注目:小即是美(*Small Is Beautiful*)。

198 恩斯特·弗里德里希·舒马赫担任高级官员职务,特别是在英国煤炭行业。参见恩斯特·弗里德里希·舒马赫(1973),第1部分,第1章:"生产问题。"

199 同上,第45页。

200 同上，第 99 页和第 155 页："现代世界是由其形而上所塑造的，它塑造了它的教育，反过来又孕育了科学和技术。"

201 同上，第 125 和 126 页。

202 同上，第 167 页。

203 同上，第 202 页。

204 参见尼古拉斯·乔治斯库 – 罗金（1995），1970 年的文章《熵定律和经济问题》，以及 1982 年的文章《熵退化和人类技术的普罗米修斯命运》。

205 同上，第 132 页。

206 参见理查德·斯克罗夫（Richard Sclove, 1995），特别是第 4 章："芝士汉堡，除臭剂和社会结构。"

207 见丹尼尔·科恩，1999。

208 丹尼斯·加布（1972）提出了一个"成熟社会"来接替消费社会。

209 在罗伯尔·埃斯卡皮特（1976）中，可以找到关于信息和通信的完整课程，以及信息理论纳入交流理论，在亚伯拉罕·A. 莫尔斯（1988），第二章。在这一领域，经典和预言性的文本是诺伯特·维纳（1952）。菲利普·布雷顿（1997）提出了一种批判性的分析，将信息和沟通去神话化。阿尔伯特·鲍尔格曼（1999）将信息的阐释融入了现代批判哲学。热内·罗克林（1997）对计算机化活动的反常影响进行了非常有趣的研究；自 1997 年这本书出版以来，情况发生了变化，但它的基本思想是：通过计算机技术的掌控是"一种"掌控形式，它的获得可能会以其他掌控形式的消失为"代价"。贝里（2011年和2012年）提出了一种特别相关的代码作为调解方法。

210　见曼纽尔·卡斯特尔（1996）。

211　阿尔弗雷德·埃斯皮纳斯（1897）说，诡辩已经是一种话语技巧（第182页），是人类对人类的技术控制。逻辑与科学正来源于此。

212　参见丹尼尔·C.丹尼特（1996）和克拉克（Clark，2003）。

213　见雅各布·尼尔森（Jakob Nielsen，1995）。

214　曼纽尔·卡斯特尔（1998），第424页。类似分析以及发现见查尔斯·高尔德芬格（Charles Goldfinger，1994）和皮埃尔·列维（Pierre Lévy，1990）。

215　这一分析将查尔斯·高尔德芬格1994年提出的"非物质经济"应用于信息价值中。

216　据谢尔·诺德斯壮，尤纳斯·瑞德斯卓（1999）估计，汽车价值的70%是"无形"元素的价值。

217　参见劳伦斯·莱斯格（2001），他担心，以"版权"的名义，商业重担会扼杀去物质化的、合作经济的潜力。

218　劳伦斯·福斯，肯尼斯·罗森伯格（1987）。对于这些作者来说，信息医学是一门"后现代"的应用科学，它将生物医学"工程"范式转变为控制论。

219　保罗·霍肯（1983）以一种完全美国式的坦率说道：我们这些企业和商人，是最强大的参与者，从远处看，在现实世界

中，我们要对这片小星球的未来负责。对于知识分子来说是一种
羞辱，但他们没有值得之处吗？

220　谢尔·诺德斯壮，尤纳斯·瑞德斯卓（1999），第 18 页。

221　例如，www.cluetrain.com，它建议将商业世界视为一种
参与者之间的"对话"，这些参与者不必优先操心企业及其等级
制度。

222　让 – 保罗·斯梅茨 – 索莱纳（Jean-Paul Smets-Solanes），
博努瓦·福肯（Benoît Faucon，1999）以非常易懂的方式展示了
自由软件的现象。

223　Unix 是一种独立于其运行的物理计算机的操作系统。它
出现在 20 世纪 60 年代后期，参与了 20 世纪 70 年代大学和企业
的信息爆炸。

224　发音为"ghniou"，理解为：革奴系统（GNU）不是尤尼
克斯（Unix）！

225　理查德·斯托曼（Richard M. Stallman，2002）。本书是
自由软件运动的核心参考书目，它重温了其主要宣言。自由软件
基金会的网站 www.fsf.org 每日维护该运动的文献资料。

226　理查德·斯托曼（2002）强调了这一点，并且反对新闻、
广告以及商业话语（秘密地），这些话语喜爱免费软件，据称是免
费的（可执行的）软件，而自由软件必须指定对源代码的访问权
限，这是人们可以"自由"调整的，而根据他的说法，它不能指
定无法修改的可执行程序的交付，无论它是否免费。

227　在信息技术中，源代码是程序员用编程语言编写的，因

此可以由另一个程序员读取和修改。为了机器能够执行，它被进行"编译"，也就是说自动翻译成机器直接理解的语言，但实际上对于人来说是不可分解的。销售的软件采用编译形式，也称为"可执行的"。

228　可以在互联网上找到有关 Linux 操作系统及其创建者的所有信息，特别是法语版，在 www. aful. org（法语地区 Linux 及自由软件用户协会）和 www.linux-france.org 网站上。

229　埃里克・S．雷蒙（2000），文本显然可以在互联网上找到。

230　西奥多・罗斯扎克（1986），引言，第 ix 页。在这个故事里，这种只有道德高尚的人才能看到的布料实际上是不存在的，皇帝赤裸着身体，但没有任何人敢承认这一事实。

231　同上，第 2 章，《数据商》（*The data merchants*），第 21—22 页。罗斯扎克很好地理解了自我推销、广告和政客微话语的运作，这些微话语支持面向所有人的信息技术生意。

232　参见菲利普・布雷顿（2000）对于互联网的崇拜，融合了信息崇拜以及交流崇拜，产生了众所周知的投机泡沫。关于信息和通信的神话，参见兰登・温纳（1986），第 6 章和菲利普・布雷顿（1997）。

233　亨利・戴维・梭罗（1947），第 307 页，在《瓦尔登湖》（1854）的"经济"一章中。

234　丹尼斯・德・鲁格蒙特（Denis de Rougemont）的评论，"信息不是知识"，见阿兰・格拉斯，索菲・L．波罗・德尔贝什

（Sophie L. Poirot-Delpech，1989）。关于这一主题，见丹尼尔·布纽（Daniel Bougnoux，1995），第 7—8 页。

235　参见塞尔日·阿里米（Serge Halimi，1997）关于媒体等级的不可靠，以及伊格纳乔·拉莫内（Ignacio Ramonet，1999）关于情感模仿和操控的机制，这是新闻传播模式的特征。根据克里斯托弗·拉什（1981）的观点，大众文化的"潜在"资源——大众传媒——并没有实现这一潜力，不是因为他们被资产阶级意识形态所操控，而是因为他们是愚蠢的（第 55 页）。参见莱汉姆（Lanham，2006）关于吸引并留住人们注意力的肤浅手段，是如何逐渐使媒体被清除，并失去了内容的。

236　参见阿尔文·托夫勒（1990），第 390 页，关于 CNN 的创建，一个连续播放的电视新闻频道，最初是所有人的笑柄，后来成为一个模型。法国（广播）电台"法国信息"也是最受关注和模仿的电台之一。

237　让·路易斯·米西卡（Jean-Louis Missika）和多米尼克·沃尔顿（Dominique Wolton）（1983）将电视世界描述为一个封闭的"广口瓶"，而它应该是一个向世界开放的窗口（第 1 部分，第 2 章）。

238　彼得·斯特劳戴克（1983），第 382 页，从愤世嫉俗的角度出发，反对媒体的"附加风格"，它们把所有的东西都放在同一个平面上，赋予同样的意义，并剥夺每件事的意义。我们想到了新闻广播可恶的"没有过渡……"。米歇尔·塞雷斯（2001）也不喜欢新闻寄生现象，这是一种新的诡辩，它剥夺了沟通的力量，并利用它来篡夺所有其他权力，无论是口头上还是自恋的，而没有任何责任或合法性。

239　在《瓦尔登湖》的"读"一章中，亨利·戴维·梭罗（1947），第 355 页。

240　尼古拉斯·尼葛洛庞帝（1995）强调了与电视相比，录像机的这种占有力量的重要性，并设想了它在电子网络上视听发行的发展［第 14 章："Prime time is my time"（黄金时间是我的时间）］。

241　见丹尼尔·布纽（1995）和君特·罗泊尔（Günter Ropohl，1986）。

242　见塞尔日·蒂斯隆（Serge Tisseron，1998）。

243　参见皮埃尔·列维 Pierre Lévy（1990），第 2 部分："精神的三个阶段：初期口语、书写和信息技术。"艾尔伯特·鲍尔格曼（1999）通过关注"现实"的地位，描述了人类与符号技术之间联系的复杂性。

244　见沃尔特·J. 翁（1982）。

245　米歇尔·塞雷斯（2001），第 13 页。

246　我们知道，蒙古人不是一个独特的案例。例如，阿尔文·托夫勒（1978）回顾了 1898 年尼罗河上的恩图曼战役，英国人和"马赫迪军队"（伊斯兰激进主义者）进行了斗争。拥有六挺机枪的英国人只有 28 人在战争中遇难，而马赫迪军队阵亡 1.1 万人。我们应该责备机枪吗，还是西方技术？这里有一个地方的、具体的问题，即由可识别的、个体的人在战争中做出的非人行为。

247　艾尔伯特·鲍尔格曼（1999），第217—218页。同上，第213页："事物的生态曾经被用来维持符号经济。但信息技术释放出了大量的符号，人们越来越担心信息的泛滥威胁着文化的毁灭，而不是滋养了文化。[...] 信息正在大量涌入，并扼杀了真实。"

248　为了从哲学上探索虚拟，参见吉尔－加斯顿·格兰杰（Gilles-Gaston Granger，1995），安妮特·N．马卡姆（Annette N. Markham，1998），皮埃尔·列维（1998）。

249　亚当·乔伊森（Adam N. Joinson，2003），第1章。

250　艾蒂安·巴哈拉（Étienne Barral，1999）已经研究过他们。在这本书中提到的"虚拟人"在我看来似乎是一个简单的"游戏的人"，一个玩电子游戏的人。对这种虚拟性的分析比较缺乏。

251　由皮埃尔·列维（1998）提出的想法，"创造了人类的三个虚拟化：语言、技术和契约"（第69页）。

252　见雪莉·特尔克（1984），他谈到了"第二个自我"。

253　同上，第8页。

254　同上，第274页，以及雪莉·特尔克（1995）。

255　关于"网络"这一概念的更多技术和历史定义，最初它是工程概念，但今天是普遍哲学概念，见艾尔伯特·布雷桑（Albert Bressand），卡特琳娜·迪斯勒（Catherine Distler，1995），曼纽尔·卡斯特尔（Manuel Castells，1996）和（2001），皮埃尔·穆索（Pierre Musso，1997）。

256　帕特利斯·弗利希（Patrice Flichy，2001），第1章；简·阿巴特（Jane Abbate，1999），第1页；马克·斯蒂菲克（Mark

Stefik，1999）；休伯特·L.德雷弗斯（Hubert L.Dreyfus，2001）。

257 最官方的版本是在互联网协会的网站上，www.isoc.org；参考版本在我看来是简·阿巴特（Jane Abbate，1999）。另见克里斯蒂安·胡伊特马（Christian Huitema，1995），尼古拉斯·尼葛洛庞帝（Nicholas Negroponte，1995），克里斯托斯·莫斯肖维蒂斯（Christos Moschovitis 等，1999），曼纽尔·卡斯特尔（Manuel Castells，2001），阿芒·马特拉（Armand Mattelard，2001）。更具哲学的分析休伯特·德雷弗斯（Hubert L. Dreyfus，2001）："互联网不仅是一项新的技术革新；它是一种新的技术革新形式，甚至是一种表达技术本质的新形式。[...] 如果技术的本质是使一切都可以访问和优化，那么互联网就是完美的技术手段。关于互联网所代表的质变的独特潜力，以及如何不错过这一机会，应该阅读齐特林（Zittrain，2009）。

258 曼纽尔·卡斯特尔（1996），第 24 页。

259 简·加肯巴赫（Jane Gackenbach, éd.）（1998）收集了心理学家和计算机专家对互联网的研究，扩展了雪莉·特尔克（1984）和（1995）的研究。参见戴维·波特编（David Porter, éd. 1996）和亚当·N.乔伊森（2003），文章精神相同，但更具社会学特点。特尔克（Turkle）的书《群体性孤独》（*Seuls ensemble*，2011）通过转向"孤独"的一面来处理这种连接的自我的模糊性，这在我看来是值得质疑的——见布艾希（2016），第4章。

260 布鲁诺·拉图尔（1991），第 161 页。

261　在简·加肯巴赫主编的文集（1998）中，雷蒙德·J．努南（Raymond J. Noonan）的《性心理学：互联网上的一面镜子》（*The Psychology of Sex: a Mirror from The Internet*）一文指出，所有人类媒体都描绘了性，从史前绘画直到印刷术，然后是电影。

262　杰·罗森（Jay Rosen），"赌注"（iEnjeux），法国《回声报》（*Les Échos*）的报道，2008 期，2004 年 12 月，第 111 页。

263　此处的"自然语言"，我指的是伊里奇所说的"本土"语言，是在家里自然习得的，而不是在学校的约束下。参见《伊凡·伊里奇》（2005）和《幽灵工作》（*Le Travail fantôme*）第 3 章："对本土领域的压制"（第 151 页和第 152 页）。国际英语现在是全球的本土语言，就像所有的本土语言一样，它被服从知识的机构和持有者所蔑视。

264　戴天·克拉克（Dave Clark），互联网结构委员会（Internet Architecture Board）的第一任主席，引自克里斯蒂安·胡伊特马（1995），第 80 页。

265　参见维基百科上的约翰·佩里·巴洛（John Perry Barlow）或《网络空间独立宣言》，以在线访问《宣言》文本及其译本。

266　曼纽尔·卡斯特尔（1996），第 3 章。"从动态的、进化的角度来看，两种组织类型之间存在着根本性的差异：一种是手段系统的再生产成为主要的组织目标，另一种是目标和目标的变化不断地塑造和重塑手段结构。"我将第一种称为官僚机构，第二种称为企业。（同上，第 207 页）

267 克里斯蒂安·胡伊特马（1995），第 15 页。

268 简·阿巴特（1999），第三章。

269 www.budapestopenaccessinitiative.org/."古老的传统和新技术已经融合在一起，使前所未有的公共福利成为可能。古老的传统是指科学家和学者出于对研究和知识的热爱，愿意在学术期刊上无偿发表研究成果。新技术是指互联网。他们所能提供的公共福利是在世界范围内，以电子方式传播阅读委员会期刊的文献，而且访问完全免费，不受限制地对所有科学家、学者、教师、学生及其他感兴趣的人开放。"从 http://openaccess.inist.fr/spip.php?rubrique3 我们可以找到自由获取科学知识运动的参考和奠基性文本。

270 "互联网百科全书"，《自然》438，第 900—901 页，2005："维基百科现在在其科学条目的准确性上接近《大英百科全书》。"当破坏者自愿在维基百科上发布虚假信息以破坏其可信度时，这个话题变得非常有争议。这些人是"开放获取"的反对者——我们不应指望文化革命不会引起任何反对。大多数破坏者都属于具有技术恐惧症反应的三大家族之一：宗教 / 政治意识形态 / "文化"名人。

271 例如，参见非法的文献下载网站．Sci-Hub（http://scihub.bz/），以及开放出版运动的新闻，见 https://en.wikipedia.org/wiki/Open_access.

272 爱默生的想法源于 1889 年莎拉·S．B．尤尔（Sarah S. B. Yule）和玛丽·S．基恩（Mary S. Keene）的专著。

273　该网站表明："独立媒体中心是一个集体管理的媒体网络，以激进、准确和热情的方式讲述真相。"尽管机构媒体歪曲了，并对成为自由之人的努力保持沉默，对于那些继续为更美好世界而努力的人们，我们所欠的爱和灵感仍然推动着我们。（www.indymedia.org/fr/static/about.shtml）

274　根据 20 世纪 80 年代出现的这一预防原则，请参阅奥利维尔·戈达尔编（Olivier Godard, éd. 1997）；菲利普·高利斯基（Philippe Kourilsky），热娜维耶夫·威内（Geneviève Viney, 2000）；多米尼克·布尔格，让-路易·施莱格尔（Jean-Louis Schlegel, 2001）；奥利维尔·戈达尔等人（2002），第一部分；以及相关批评，见保罗·霍肯（Paul Hawken, 1993）。主要的定义可以在菲利普·高利斯基，热娜维耶夫·威内（2000）中找到，以及将预防原则与赋予其重要性的危机（转基因生物、疯牛病、血液污染）联系起来的案例研究。关于技术带来的恐惧，所涉及的理性和非理性，一个存在大量虚假真相的充满争议的领域，见丹尼尔·波伊（Daniel Boy, 2007）。

275　据他说，现代性被五个方面的全球性所取代：人类活动的全球生态后果、全球性毁灭的武器威胁、通信系统的全球化、经济的全球化和思考的全球化，个人和集体的思考从今以后都将基于整个地球的背景。

276　政府间气候变化专门委员会（IPCC，法语为 GIEC，2007 年诺贝尔和平奖）于 1988 年由联合国成立。它是关于气候变化的科学参考机构。

277　尼古拉斯·尼葛洛庞帝（1995），第236页。

278　乌尔里希·贝克（1986），第26页和第1章。

279　同上（1991）。

280　同上（1991），第2页。见奥利维尔·戈达尔等人（2002年）的第2部分，由帕特里克·拉加代克（Patrick Lagadec）撰写，关于危机概念和案例研究。

281　乌尔里希·贝克（2002），第7章。在我看来，安德鲁·费伯格（Andrew Feenberg）也是如此，他在马克思主义"法兰克福学派"革新时提出了政治"复兴"——见安德鲁·费伯格（1995a），（1995b），（1999），（2002）：政治危机呼吁政治"复兴"……但仅此而已，没有什么更激进的东西了。

282　《新风险条约》（奥利维尔，戈达尔等，2002）代表了机构对风险的观点：一本精确而富于知识的书，它完全是从技术专家的角度，从领导者、决定者以及沟通者的角度撰写的。风险由技术专家管理毋庸置疑，我们将思考最佳的技术专家风险管理。

283　我从一篇文章中借鉴了这一分析的基础：迈克尔·鲁斯，戴维·卡索编（2002）：D.马格努斯，A.坎普兰《思想的食物：转基因生物辩论中道德的首要地位》。关于转基因生物媒体处理的不可靠性，另见苏珊娜·德·舍维湿等人（2002）。

284　乌尔里希·贝克（1991），尤其是第6章。

285　兰登·温纳（1986），第8章。另见尼古拉斯·雷舍尔（Nicholas Rescher, 1983）：政治家们越来越多地试图避免的是责任，即他们自己的职能。

286 丹尼斯·杜克洛斯（Denis Duclos, 1991）提出礼仪（civilité）的概念，以定义在风险的背景下，在技术世界中恢复民主所需要的个人技能：一种不成体系但至关重要的社会关系，能够超出参与者的直接利益。公民–驾驶者的道路行为将是一个很好的例子，丹尼斯·杜克洛斯（1989），第 272—273 页。

287 2001 年的一项分析指向消费社会的复兴："消费社会同时实现了三大成功，并继续使它们成为可能。"第一个成功：它比迄今为止所经历的任何其他形式的社会结构，都更好地确保了越来越多的人生活和舒适水平的不断提高。第二个成功：它通过货币的广泛使用，使得人们更加看重个人的自由选择 […]。只要有足够的经济能力，没有人需要交代他们选择购买的东西。城市集中度以及使大多数交易无名化的广泛配给，进一步扩大了这一因素。[...] 最后一个特征，很少被强调，尽管它可能是三者中最重要的一个：消费社会是完全实用主义的。它可以从针对它的批评中跳出来，并将其作为发展的支撑点。[罗伯特·罗斯弗特（Robert Rochefort, 2001），第 10—11 页]

288 让–皮埃尔·古伯特编（1988），第 22 页。

289 奥利维尔·勒高夫（1994），第 101 页。

290 同上，第 106 页。另见克劳岱特·塞兹（Claudette Sèze, éd, 1994）。

291 丹尼斯·加博尔（Dennis Gabor）把这一问题戏剧化了："我们的文明面临着三大危险。第一，被核战争摧毁；第二，由于过度拥挤而瘫痪；第三，不能适应'休闲时代'。"（丹尼斯·加博尔，1964，第 9 页）"第三个危险是我们最没有准备应对的，"他说。

292　尼古拉斯·尼葛洛庞帝（1995），第 16 章。

293　我在关于普通技术伦理的书中阐述了时间之战的概念——布艾希（2016），第 6.3 节，"自治：发动无形的道德战争"（Autonomy: waging invisible moral wars）。时间之争的概念是一项社会学研究的标题（让·卢日金内，让-吕克·马雷特拉斯，2002），遗憾的是，他对这个问题的理解已经过时了：社会学方法和工会意识形态相结合以"抵制"技术，因为雇主们用这种方法来解雇工人，并在他们工作耗时最多的地方聘用工程师。如果当代世界就像这种木材语言一样简单，有好的，也有坏的，我们就不会有那么多麻烦了。

294　塞内克从这一点开始对卢西鲁斯进行哲学教导：对每个人来说，没有什么比自己的时间和使用自己的时间更重要了，所以我们必须让其停止被剥夺：开始解放你自己。到目前为止，人们剥夺了你的时间，或者偷走了你的时间，又或是，你让你的时间迷失了。收好这一资本，别再让它丢了。[...] 卢西鲁斯，没有什么是属于我们的；只有时间。《给卢西鲁斯的信》I，1，选自塞内克集，（1993）第 603 页（*Lettres à Lucilius*, I, 1 *in* Sénèque, 1993, p. 603.）

295　关于时间预算管理的问题，在交流方面存在问题，参见亚伯拉罕·A．莫尔斯（Abraham A. Moles, 1988），从更广泛的角度来看，见让-克劳德·伯恩（Jean-Claude Beaune, 1998），他在第 240 页回忆说："1810 年，工作时间（少数案例除外）占普通工人生活的 75%；1995 年，只占工人生活的 12%~15%——有时，是过度活跃的背景承担了'失去的劳工'。"让－皮埃尔·杜佩（Jean-Pierre Dupuy）和让·罗伯特（Jean Robert，1976）更接近于我的分析，他们重新回顾了伊凡·伊里奇关于社会机构反生产力的论点，将其与热内·吉拉尔（René Girard）象征性对抗的观点和一种谨慎的马克思主义相结合，以谈论时空的"扭曲"——特别是时间——在他们对富足的"背叛"和"误解"的分析框架下。

296 《新思维》（*New Thinking*）通讯，2001 年 7 月 2 日，《内容：节省的时间与花费的时间之权衡》

297 见斯戴芬·B．林德（1970）以及丹尼尔·科恩（1999）。

298 在其他地方，我提出了一种详细的（非暴力）抵抗时间和信息攻击的伦理，这是科技智人所需要的真正"生存技巧"的一部分——布艾希（2016）第 6.4 节。

299 1970 年，伊凡·伊里奇将他最重要的书之一命名为：Deschooling Society，译为"非学校化社会"（伊凡·伊里奇，2005a）。

300 恩斯特·弗里德里希·舒马赫（1973），第 84 页。

301 我们将在互联网上找到伊凡·伊里奇的主要文本，维基百科也可以为我们提供关于伊里奇的信息。

302 伊里奇将他 1971 年出版的文集命名为 *Celebration of Awareness*，翻译为"解放未来"，载于伊里奇全集第 1 卷，（2005a）。关于当代智慧伦理的普通意识（awareness），见布艾希（2016）第

170—174 页:《意识: 所有智慧之始》"。

303 伊凡·伊里奇 (2005a),第 301 页和第 302 页。

304 同上,第 370 页:"与当前趋势相反,这种技术的使用是教育问题的真正替代方案。"第 377 页:"现代电子产品、胶印机、电脑和电话可以成为一种能够赋予这些 [言论、新闻、会议] 自由以全新意义的设备。不幸的是,所有这些技术成就都被用来增加掌握知识的人的力量,而不是用来编织真正的网络,从而提供与大多数人相遇的平等机会。社会和文化结构的去学校化需要技术的使用来实现参与政策。"

305 在阿诺德·佩西的图表中,医学正处于"技术实践"的三个维度的中心: 文化、组织和技术维度: 阿诺德·佩西 (1983),第 6 页,图 1。见上文第 2.1 节关于佩西意义上的技术实践。

306 希波克拉底条约法语为 "De l'art"(医学),被称为 "Peri technês",是在人类背景下对技术的一种耐人寻味的反思。

307 见多米尼克·福斯希德(Dominique Folscheid)等人(1997)和伊莎贝拉·巴桑日尔(Isabelle Baszanger 等人,2002)。

308 参见让 – 雅克·库皮埃克(Jean-Jacques Kupiec),皮埃尔·索尼戈(Pierre Sonigo,2000)和热拉尔·尼西姆·阿姆扎拉格(Gérard Nissim Amzallag,2002)独创的"非上帝非基因(Ni Dieu ni gene)"。

309 除让 – 雅克·库皮埃克,皮埃尔·索尼戈(2000),参见多萝西·内尔金(Dorothy Nelkin),苏珊·林迪(Susan Lindee,1995)。可在互联网上(www.unesco.org)阅读 1997 年的《世界人

类基因组与人权宣言》，这一宣言直接将 DNA 与人类的内在价值联系起来，特别是在标题 A 中："人的尊严和人类基因组。"

310　安德鲁·费伯格（1995a），第 102 页和第 103 页。见伊凡·伊里奇在《打破生物伦理学的呼吁》中的愤怒："我们认为生物伦理学与生命没有任何关系，多亏了生命，我们愿意面对痛苦和焦虑，放弃与死亡。"（伊凡·伊里奇，2005b，第 952 页）

311　即使是现代天主教哲学家让·拉德里埃尔（Jean Ladrière）也注意到了这一点："在某种程度上，局势本身就体现了自身道德规范的原则。价值的设立更多地体现在发现和认识在客观的具体情境中体现出来的道德要求，而不是把已经形成的判断投射到具体情境中。"（让·拉德里埃尔，1977，第 156 页）

312　见 www.ccne-ethique.fr. 多米尼克·梅米（Dominique Memmi，1996）对 CCNE、其成员、演讲以及合法性进行了一次批判性的社会学调查。人们读完之后感到筋疲力尽，而且进一步加深了这种想法：没有什么比道德更不道德的了！

313　参见帕特里斯·科诺（Patrice Queneau），热拉尔·奥斯特曼（Gérard Ostermann，1998），爱德华·扎里芬（Édouard Zarifian，2001），雅克莉娜·拉格雷（Jacqueline Lagrée，2002），让－保罗·雷斯韦伯编（Jean-Paul Resweber，éd. 2003）。给我造成主要影响的是哈里·法兰克福（1988）和（2004），以及他局限于"自我护理"的"护理"理论。

314　见乔治·冈圭朗（Georges Canguilhem，1966）。

315　见吕西安·斯费兹（Lucien Sfez，1995）。

316　见 J.‑C. 米诺（J.C. Mino）的文章，罗伯特·齐顿（Robert Zittoun），贝尔纳－玛丽·杜邦编（Bernard-Marie Dupont, 2002）:《D'un système de maladie à un système de santé: les enjeux contemporains des transformations de la médecine》（《从疾病系统到卫生系统：医学转型的当代挑战》）。

317　见阿兰·艾伦伯格编（Alain Ehrenberg, 1991）和（1998），爱德华·扎里芬（1994）和（1996），帕特里克·勒莫瓦纳（Patrick Lemoine, 1999）。

318　见托马斯·萨斯（Thomas Szasz, 1960）。

319　见爱德华·扎里芬（1994）和（1996），克里斯蒂安·巴赫曼（Christian Bachmann），安妮·科佩尔（Anne Coppel, 1999）。

320　乌尔里希·贝克（1986），第 8 章和乌尔里希·贝克（1994）。

321　卡尔·雅斯贝斯（Karl Jaspers, 1958），尤其是第 55—56 页。

322　"公民不服从"，亨利·戴维·梭罗（1947），第 121 页。

323　爱默生在《自然》杂志中写道："智者通过做一件事，能够完成所有的事；或者更确切地说，在他所做的正确之事中，他看到了与正确做的每一件事情的对应"；以及在《超验主义者》中："如果行动不是必要的，如果不够恰当，我就不想去做。[...]重要的是时间的质量，而不是天数、事件或参与者的数量。"（拉尔夫·沃尔多·爱默生，1946，第 31 页和第 104 页。）

324　亨利·戴维·梭罗（1947），第 122 页。

325　莫罕达斯·K.甘地（Mohandas K. Gandhi, 1969），第94页；苏珊娜·拉西耶（Suzanne Lassier, 1970），第43页。

326　莫罕达斯·K.甘地（1969），第247页。

327　甘地，引自让-玛丽·穆勒（Jean-Marie Muller, 1997），第206页。

328　莫罕达斯·K.甘地（1969），第247页。

329　甘地，引自卡特琳娜·克莱蒙（Catherine Clément, 1989），第130—131页。

330　兰登·温纳（1977），第234页。见约瑟夫·C.皮特（2000），他非常反对温纳关于技术的政治性质的论点。

331　玛丽-安热·埃尔米特（1996）。

332　保罗·波德（1984）。

333　马尔里希·贝克（1991），第11页，建议将柔道应用于当代问题。在我关于普通技术伦理的书中，我系统地阐述了一种源于武术原理的哲学自卫实践，也就是说来自明确的亚洲哲学来源——布艾希（2016），第6章："技术领域的普通智慧"（Ordinary Wisdom in the Technosphere）。

334　艾伦·E.布坎南（Allen E. Buchanan），丹·W.布洛克（Dan W. Brock, 1989）。

335　马丁·海德格尔（1929），第1部分，第2章，第2节："真正的力量和决断"。

336　马丁·海德格尔（1935），第16页：«Ent- schlossenheit ist kein bloßer Beschluß zu handeln, sondern der entscheidende,

durch alles Handeln vor-und hindurchgreifende Anfang des Handelns.»
（“决断不是简单的行动决定，但它是行动的决定性开端，预料且
贯穿了整个行动。”）关于海德格尔的行动哲学，参见雷纳·舒尔
曼（Reiner Schürmann，1982），其中强调了一个事实，即行动的
激进性可能是海德格尔提出的“超越形而上学”的结果。

337　《给卢西鲁斯的信》，I，2，1，选自塞内克集（1993），
第604页。Lettres à Lucilius，I，2，1 in Sénèque（1993），p. 604.

338　拉尔夫·沃尔多·爱默生（1946），第141页。

339　同上，第142页。

340　同上，第143页。

341　同上，第147页。

342　同上，第149页。

343　同上，第153页："它不是自信力，而是作用力。"«there
will be power not confident but agent».

344　同上，第154页。

345　莫罕达斯·K．甘地（1969），第247页。

346　同上，第254页。彼得·斯特劳戴克（1983，1989和
1993）可以被认为是这种自我可靠性思想传统的重温，并有所变
更：在尼采的快乐的知识模式中，通过实践和（自我）练习来重
新获得健康。这将是一种新的健康，一种傲慢的健康。在当代世
界，"拥有傲慢健康的自我"，在我看来也是一种新智慧的方案，
或者是重温对智慧的研究方案。

347　在1784年的一篇题为"从世界主义的角度来看普遍历

史的观念"（Idée d'une histoire universelle d'un point de vue cosmopolitique）的文本中。

348　根据哈里·法兰克福（1988），"护理"理论是一种自我建构理论，给予我们所担忧和和关心的事物赋予了"重要性"。对这种重要性的自我负责（关心你所关心的事物）是自我的组成部分，作为代理自我和意识的自我（第83页），能够保持完整性和个人的可靠性（第91页）。

349　在"自我的文化"米歇尔·福柯（Michel Foucault，1984）和"自我的技巧"米歇尔·福柯（1994，第1602和1603页）一章中，米歇尔·福柯谈到了自我的关怀（希腊语为 epimeleia heautou，拉丁语为 cura sui），将其视为在古代实践的存在主义"技术"（technê tou biou），"一种艺术——被理解为关注自身及其存在的生活艺术"（同上，第1136页）。

350　见梭罗（1947）。与爱默生和梭罗所有重要的文本一样，《瓦尔登湖》也可从 www.transcendentalists.com 在线获取。

351　丹尼斯·加博尔（1972），第11页。

352　同上，第7页。

353　引文为我自己试译："The true reform can be undertaken any morning before unbarring our doors. It calls no convention. I can do two thirds the reform of the world myself."（亨利·戴维·梭罗，《梭罗日记》，引自罗伯特·D．理查德森，1986，第106页。）（Henry David Thoreau, *Journal*, cité par Robert D. Richardson, 1986, p. 106.）"国家的命运并不取决于你在选举中的投票——在这场游戏

中，最差的人和最好的人一样强大；它不依赖于你每年一次放入投票箱的那种纸条，而是取决于你每天早上出门时带到街上的那种人。"（亨利·戴维·梭罗，2004a，第104页。）

354 在关于后现性主义文化悲剧的书中，艾尔伯特·鲍尔格曼反对预测和预料我们社会未来的方法：在我们对未来的分析和场景中，一切就好像我们系统地忘记了……我们自己、人类代理人、积极的和决策的自我（艾尔伯特·鲍尔格曼，1992，第2页）。一切都好像我们理所当然地认同这一原则：没有什么取决于我们的决定。

355 见 http://www.positiveplanet.ngo.

356 见 www.adie.org.

357 参见 http://selidaire.org，它提供了法国 SEL 系统的目录，并阐述了运动的哲学。

358 互联网上有各种消费者运动的信赖职业，或多或少是制度化的，但他们的力量总是归功于无名者的经济微行动。

359 从英语到法语，"消费主义"一词已经失去了其促进消费的意识形态含义。在英语中，"消费主义"是"消费社会"的同义词，而在我们的语言中只保留"保护消费者"的意义，英语中也有同样的意思，但可能有很大的模糊性。

360 见 www.nader.org.

361 见米戈尔·本尼赛戈（Miguel Benasayag），迭戈·兹图尔沃克（Diego Sztulwark，2000）。

362 "公地悲剧"这一说法是由加勒特·哈丁（Garrett

Hardin）在 1968 年发表的一篇相同标题的文章传播的。

363 伊凡·伊里奇（2005b），第 707 页及第 366—367 页。

364 同上，第 760 页："只有当政治生态学认识到，社区转变为经济资源而造成的破坏，是使生活艺术陷入瘫痪的环境因素时，才会变得激进并且有效。"

365 可以在民主和技术中心的网站上阅读这些原则并参与讨论：https://cdt.org/。参见劳伦斯·莱斯格（Lawrence Lessig, 2001）关于电子通信中的"公地"问题。

366 见多米尼克·布尔格，丹尼尔·波伊（2005 年）关于技术选择审议恳求的实施，并得出结论："涉及公民审议的方法明确地处于协商记录中，而不是决策记录。"（第 99 页）；另见丹尼尔·波伊（1999），第 241—253 页，关于在法国建立共识会议；多米尼克·布尔格，让-路易·施莱格尔（2001）；米歇尔·卡龙（Michel Callon 等，2001）；理查德·斯克罗夫（1995），其附录提供了公民倡议（患者协会，生态警戒等）的相关实例。

367 法国有一个国家公共辩论委员会（www.debatpublic.fr）。

368 关于科学，参见卡尔·波普尔（1959），以及关于政治，见卡尔·波普尔（1945）。我们应当感谢波普尔，因为他将科学理性与民主直接联系了起来。

369 关于技术参与决策的研究唤起了监督型程序。米歇尔·卡龙等人（2001）思考了"不果断决定"（第 137 页）的可能性，通过将传统决策（独一无二的时刻、不可逆转的行为、合法的行为者、机构的有效认证）与"一系列约会"进行对比，后者允许在不确定背景下做出决定，通过第二级的、各种来源的参与者介入的一系列决定，开放地面对新的信息，重新制定问题，以及对所作出的决定进行反馈。

370　亨利·戴维·梭罗（1947），第421—422页。在《改革与改革者》中，梭罗要求每一个理想主义的改革者总是带着他所提议的样本：自己（亨利·戴维·梭罗，2004a，第184页）。孔子的文本出自《论语·颜渊》，XII–19[275]。

371　亨利·戴维·梭罗（1947），第544和545页。

372　罗伯特·M．波西格（Robert M. Pirsig, 1974），第26页。

373　《给卢西鲁斯的信》，I，5，6，选自塞内克集（1993），第610页。[《Lettres à Lucilius》，I，5，6，in Sénèque（1993），p. 610.]

374　甘地（1969），第189页。

375　威廉·莱斯（1976）。这项研究的出发点是，需求和满足都不是简单的概念，正如经济分析经常假设的那样。

376　恩斯特·弗里德里希·舒马赫（1973），第25页。"满足感"的概念对我们来说似乎很陌生，因为很难想象我们能够拥有足够的东西。在一篇尖锐的反对平等主义的文章中，哈里·法兰克福认为，"充足"理论可能会彻底革新政治经济，从而革新政治。对他而言，我们尊重平等，因为很容易衡量每个人都有相同的数量（例如金钱）；我们回到这样的想法，即我们应该确定每个人是否拥有"足够"，我们应该从"足够"，饱足和"充足"的概念出发（哈里·法兰克福，1988，第113页和第114页。）

377 《瓦尔登湖》，亨利·戴维·梭罗（1947），第344—346页。梭罗发明了一种衡量每一种物质价值的方法，通过人类必要的生命时间，也是通过放弃这一设定而获得的人类生命时间。节俭可以节省时间（同上，第307-308页）。

378 同上，第295页："文明的人是一个有更多经验和智慧的野蛮人。"

379 参见彼得·斯特劳戴克（1999）关于人类"驯化"的理论，并在米歇尔·福柯最后的著作中阅读真正的服从理论，由基督教要求为个人存在的一种模式——自我必须通过服从而构成，在基督教文明的建立中构成（米歇尔·福柯，1994，第1051，1549和1550，1560，1628页）。

380 《没有原则的生活》，选自亨利·戴维·梭罗（1947），第654页。（《Life Without Principle》，于 Henry David Thoreau（1947），p. 654.）

381 马丁·海德格尔（1959），在文集《问题 III》中（马丁·海德格尔，1966a）译为"泰然"（Sérénité）。

382 见米歇尔·福柯（1971）。

383 弗朗索瓦·朱利安（1997），第28页。布艾希（2016）建立在这种集中使用非西方思想（主要是中国和佛教思想）来理解和改变现代性的观念之上。我反思的主要灵感来自 P·D·赫肖克（P. D. Hershock）的作品，特别是他关于"信息时代的佛教回应"（1999）的著作。

384 艾尔伯特·鲍尔格曼（1992），第123页和第124页；

他用了"patient vigor"这一说法。

385　同上，第124页："耐心表现出比力量更强大的力量。当力量以其典型的现代形式占上风时，它就会在相反情况的基础中建立秩序，并压制不合作的人。不顾一切的力量 [regardless] 依赖于毁灭，同时受到毁灭的困扰。耐心有时间和力量去考虑复杂的情况和复杂的人，并与他们进行合作和对话。力量会引起嫉妒和恐惧，而耐心则会引起钦佩和喜爱。

386　汉斯·约纳斯（Hans Jonas，1979）。

387　马丁·海德格尔（1959），第22—23页。

388　弗朗索瓦·朱利安（1998），第73和74页。

389　海德格尔通过迫切性（Inständigkeit）的概念总结了对泰然（Gelassenheit）的评论，它在很多方面都与这里定义的"可靠性"概念相对应，特别是因为它与"Entschlossenheit"（决断）有所关联（马丁·海德格尔，1959，第60页）。

参考文献

ABBATE Jane (1999), *Inventing the Internet*, Cambridge, Mass., MIT Press.

ACADÉMIE INTERNATIONALE DE PHILOSOPHIE DES SCIENCES, *Civilisation technique et humanisme* (1968), Paris, Beauchesne.

ADORNO Theodor W., HORKHEIMER Max (1944), *Dialectique de la raison (Dialektik der Aufklärung*, New York, Social Studies Association, 1944), trad. E. Kaufholz, Paris, Gallimard, 1974.

AGAR Jon (2003), *Constant Touch. A Global History of the Mobile Telephone,* Cambridge, UK, Icon Books.

AKOUN André (1997), *Sociologie des communic ations de masse*, Paris, Hachette, coll. «Les Fondamentaux».

ALBROW Martin (1996), *The Global Age*, Cambridge, Mass., Polity Press.

ALEXANDER *Jennifer Karns (2008), The Mantra of Efficiency:*

From Waterwheel to Social Control, Baltimore, Md.; London, Johns Hopkins University Press.

ALLENBY Braden R. et Daniel R. SAREWITZ (2011), *The Techno-Human Condition*, Cambridge, Mass., MIT Press.

AMZALLAG Gérard Nissim (2002), *La Raison malmenée. De l'origine des idées reçues en biologie moderne*, Paris, CNRS Éditions.

ANGLES D'AURIAC Henri, VERHOYE Paul (1984), *L'Homme et ses machines*, Paris, Masson/Institut de l'Entreprise.

ARISTOTE (1999), *Physique*, trad. P. Pellegrin, Paris, Flammarion, coll. «GF».

ARON Raymond (1972), *Les Désillusions du progrès. Essai sur la dialectique de la modernité*, Paris, Calmann-Lévy.

AUBENQUE Pierre (1963), *La Prudence chez Aristote*, Paris, PUF.

AUBERT Nicole (2003), *Le Culte de l'urgence. La société malade du temps*, Paris, Flammarion.

BACHMANN Christian, COPPEL Anne (1989), *Le Dragon domestique. Deux siècles de relations étranges entre l'Occident et la drogue*, Paris, Albin Michel.

BARBER Benjamin R. (1984), *Strong Democracy. Participatory Politics for a New Age*, Berkeley, University of California Press.

BARBER Benjamin R. (1995), *Djihad versus McWorld.*

Mondialisation et intégrisme contre la démocratie (*Jihad vs McWorld*, New York, Times Book, 1995), trad. M. Valois, Paris, Desclée de Brouwer, 1996, repr. Hachette, 2001.

BARRAL Étienne (1999), *Otaku. Les enfants du virtuel*, Paris, Denoël, coll. «J'ai Lu».

BARTHÉLÉMY Jean-Hugues (2014), *Simondon*, Paris, Les Belles Lettres.

BARTHES Roland (1957), *Mythologies*, Paris, Seuil.

BASALLA George (1998), *The Evolution of technology*, Cambridge University Press.

BASZANGER Isabelle, BUNGENER M., PAILLET A., dir. (2002), *Quelle médecine voulonsnous?*, Paris, La Dispute.

BAUDRILLARD Jean (1968), *La Société de consommation. Ses mythes, ses structures*, Paris, Denoël, 1979, repr. Gallimard, coll. «Folio Essais».

BAUDRILLARD Jean (1972), *Pour une critique de l'économie politique du signe*, Paris, Gallimard, coll. «Tel».

BEAUCHAMP Tom L., CHILDRESS James F. (1979), *Principles of Biomedical Ethics,* Oxford University Press, 1979, 3e éd. 1989.

BEAUD Michel (1997), *Le Basculement du monde. De la Terre, des hommes et du capitalisme*, Paris, La Découverte.

BEAUD Paul (1984), *La Société de connivence. Media,*

médiations et classes sociales, Paris, Aubier.

BEAUNE Jean-Claude (1980a), *L'Automate et ses mobiles*, Paris, Flammarion.

BEAUNE Jean-Claude (1980b), *La Technologie introuvable. Recherche sur la définition et l'unité de la Technologie à partir de quelques modèles du xviiie et xixe siècles*, Paris, Vrin.

BEAUNE Jean-Claude (1998), *Philosophie des milieux techniques. La matière, l'instrument, l'automate*, Seyssel, Champ Vallon.

BECK Ulrich (1986), *La Société du risque. Sur la voie d'une autre modernité* (*Risikogesellschaft*, Frankfurt a.M., Suhrkamp, 1986), trad. L. Bernardi, Paris, Aubier, 2001.

BECK Ulrich (1991), *Ecological Enlightenment. Essays on the Politics of the Risk Society* (*Politik in der Risikogesellschaft*, Frankfurt a.M., Suhrkamp, 1991), trad. M. A. Ritter, New Jersey, Humanities Press, 1995.

BECK Ulrich (1994), «The reinvention of politics: towards a theory of reflexive modernization», *in* BECK Ulrich, GIDDENS Anthony, LASH Scott (1994), pp. 1-55.

BECK Ulrich (1997), *The Reinvention of Politics. Rethinking Modernity in the Global Social Order*, London, Polity Press.

BECK Ulrich (2002), *Pouvoir et contre-pouvoir à l'ère de la mondialisation* (*Macht und Gegenmacht im globalen Zeitalter.*

Neue weltpolitische Ökonomie, Frankfurt, Suhrkamp, 2002), trad. A. Duthoo, Paris, Aubier, 2003.

BECK Ulrich, GIDDENS Anthony, LASH Scott (1994), *Reflexive Modernization. Politics, Tradition and Aesthetics in the Modern Social Order*, Cambridge, UK, Polity Press.

BELL Daniel (1973), *Vers la société post-industrielle* (*The Coming of Post-Industrial Society. A venture in Social Forecasting*, New York, Basic Books, 1973, 2e éd. 1976), trad. P. Andler, Paris, Laffont, 1976.

BELL Robert (1998), *Les Péchés capitaux de la haute technologie*, trad. C. Jeanmougin, Paris, Le Seuil.

BELTRAN Alain, GRISET Pascal (1990), *Histoire des techniques aux xixe et xxe siècles*, Paris, Armand Colin.

BENASAYAG Miguel, SZTULWARK Diego (2000), *Du contre-pouvoir*, trad. A. Weinfeld, Paris, La Découverte, 2000, repr. coll. «La Découverte Poche», 2002.

BENHAMOU Françoise (2002), *L'Économie du star system*, Paris, Odile Jacob.

BENKLER Yochai (2006), *The Wealth of Networks. How Social Production Transforms Markets and Freedom* (*La Richesse des réseaux*, Presses Universitaires de Lyon, 2009), Yale University Press. *http://www.benkler.org/ Benkler_Wealth_of_Networks.pdf*.

BENKLER Yochai (2011), *The Penguin and the Leviathan:*

The Triumph of Cooperation Over SelfInterest, New York, Crown Business.

BENSAUDE-VINCENT Bernadette (1998), *Éloge du mixte. Matériaux nouveaux et philosophie ancienne*, Paris, Hachette.

BENSE Max (1949), «Technische Existenz», *in Technische Existenz, Essays,* Stuttgart, Deutsche VerlagsAnstalt.

BERRY David M. (2011), *The Philosophy of Software: Code and Mediation in the Digital Age*, Basingstoke, Hampshire ; New York, Palgrave Macmillan.

BERRY David M. (2012), *Life in Code and Software: Mediated Life in a Complex Computational Ecology*, Open Humanities Press.

BESNIER Jean-Michel, BOURG Dominique, éd. (2000), *Peut-on encore croire au progrès?*, Paris, PUF.

BIRNBAUM Pierre (1975), *La Fin du politique*, Paris, Le Seuil.

BLONDEAU Olivier, LATRIVE Florent, éd. (2000), *Libres Enfants du savoir numérique*, Perreux, Éditions de l'Éclat.

BOOKCHIN Murray (1976), *Pour une société écologique*, trad. H. Arnold, D. Blanchard, Paris, C. Bourgois.

BORGMANN Albert (1984), *Technology and the Character of Contemporary Life. A Philosophical Inquiry*, Chicago University Press.

BORGMANN Albert (1988), "Symposium on A. Borgmann", *Reply, in* DURBIN Paul, éd. (1988), pp. 29-43.

BORGMANN Albert, (1992), *Crossing the Postmodern Divide*,

Chicago University Press.

BORGMANN Albert (1995), «The moral significance of the material culture», *in* FEENBERG Andrew, HANNAY Alastair, éd. (1995), pp. 85-93.

BORGMANN Albert (1999), *Holding on to Reality. The Nature of Infor mation at the Turn of the Millennium*, Chicago University Press.

BOUGNOUX Daniel (1995), *La Communication contre l'information*, Paris, Hachette.

BOURG Dominique (1996), *L'Homme artifice. Le sens de la technique*, Paris, Gallimard.

BOURG Dominique (1997), *Nature et technique. Essai sur l'idée de progrès*, Paris, Hatier, coll. «Optiques Philosophie».

BOURG Dominique (2003), *Le Nouvel Âge de l'écologie*, Paris, Descartes & Cie.

BOURG Dominique, éd. (1993), *La Nature en politique ou l'Enjeu philosophique de l'écologie*, Paris, L'Harmattan.

BOURG Dominique, BOY Daniel (2005), *Conférences de citoyens, mode d'emploi. Les enjeux de la démocratie participative*, Paris, Descartes & Cie.

BOURG Dominique, SCHLEGEL Jean-Louis (2001), *Parer aux risques de demain. Le principe de précaution*, Paris, Le Seuil.

BOY Daniel (2007), *Pourquoi avons-nous peur de la technologie?*, Paris, Presses de Sciences-po.

BOY Daniel (1999), *Le Progrès en procès*, Paris, Presses de la Renaissance.

BOYD Danah (2008), *Taken Out of Context: American Teen Sociality in Networked Publics*, PhD, University of California, Berkeley. *http://www.danah. org/papers/TakenOutOfContext.pdf*

BOYD Danah (2015), *It's Complicated: The Social Lives of Networked Teens*, Yale University Press. *http:// www.danah.org/ books/ItsComplicated.pdf*.

BRAUDEL Fernand (1979), *Civilisation matérielle, économie et capitalisme, xve-xviiie siècles*. Tome 1: *Les structures du quotidien*, Paris, A. Colin.

BRESSAND Albert, DISTLER Catherine (1995), *La Planète relationnelle*, Paris, Flammarion.

BRETON Philippe (1987), *Une histoire de l'informatique*, Paris, La Découverte, 1987, repr. Le Seuil, coll. «Points Sciences», 1990.

BRETON Philippe (1990), *La Tribu informatique. Enquête sur une passion moderne*, Paris, Métailié.

BRETON Philippe (1997), *L'Utopie de la communication. Le mythe du village planétaire* (1re éd.: *L'Utopie de la communication. L'émergence de l'homme sans intérieur*, 1992), Paris, La Découverte, coll. «La Découverte Poche.

BRETON Philippe (2000), *Le Culte de l'Internet. Une menace pour le lien social?*, Paris, La Découverte.

BRETON Philippe, RIEU Alain-Marc, TINLAND Franck (1990), *La Techno-science en question. Éléments pour une archéologie du xxe siècle*, Seyssel, Champ Vallon.

BRIN David (1999), *The Transparent Society: Will Technology Force Us to Choose Between Privacy and Freedom?*, New York, Basic Books/Perseus Books.

BRUNIER Serge (2006), *Impasse de l'espace. À quoi servent les astronautes?*, Paris, Le Seuil.

BUCHANAN Allen E., BROCK Dan W. (1989), *Deciding for Others. The Ethics of Surrogate Decision Making*, Cambridge University Press, 1989.

BUNGE Mario (1966), «Towards a philosophy of technology», *in* ACADÉMIE INTERNATIONALE DE PHILOSOPHIE DES SCIENCES, *Civilisation technique et humanisme* (1968), pp. 189-210, 1re publication *in Technology and Culture*, n° 3, 1966.

BUNGE Mario, (1989), «Develop ment and the environment», *in* BYRNE Edmund F., PITT Joseph C., éd. (1989), pp. 285-304.

BUTLER Samuel (1872), *Erewhon, and Erewhon Revisited*, introduction by Lewis Mumford, New York, Random House, rééd. 1927 (*Erewhon*, trad. Valéry Larbaud, Paris, Gallimard, coll. «L'Imaginaire», 1981).

BYRNE Edmund F. (1989), «Globalization and community: in search of transnational justice», *in* BYRNE Edmund F., PITT Joseph

C., éd. (1989), pp. 141-161.

BYRNE Edmund F., PITT Joseph C., éd. (1989), *Technological Transformation. Contextual and Conceptual Implications*, Dordrecht, Kluwer (*Philosophy and Technology*, vol. 5).

CAILLÉ Alain (1994), *La Démission des clercs. La crise des sciences sociales et l'oubli du politique*, Paris, La Découverte.

CALLON Michel, LASCOUMES Pierre, BARTHES Yannick (2001), *Agir dans un monde incertain. Essai sur la démocratie technique*, Paris, Le Seuil.

CANGUILHEM Georges (1966), *Le Normal et le Pathologique*, Paris, PUF, 1966, 4e éd. coll. «Quadrige», 1993.

CARSON Rachel (1962), *Silent Spring,* Boston, Houghton Mifflin Co ; Cambridge, Riverside Press.

CASTELLS Manuel (1996), *La Société en réseau - L'ère de l'information,* tome 1 (*The Rise of the Network Society*, Oxford, Blackwell, 1996), trad. P. Delamare, Paris, Fayard, 1998.

CASTELLS Manuel (1997), *Le Pouvoir de l'identité - L'ère de l'information*, tome 2 (*The Power of Identity*, Oxford, Blackwell, 1997), trad. P. Chemla, Paris, Fayard, 1999.

CASTELLS Manuel (1998), *Fin de millénaire - L'ère de l'information*, tome 3 (*End of Millennium*, Oxford, Blackwell, 1998), trad. J.-P. Bardos, Paris, Fayard, 1999.

CASTELLS Manuel (2001), *La Galaxie Internet (The Internet*

Galaxy, Oxford University Press, 2001), trad. P. Chemla, Paris, Fayard, 2002.

CASTELLS Manuel (2012), *Networks of Outrage and Hope: Social Movements in the Internet Age*, Cambridge, Polity.

CASTORIADIS Cornelius (1977), «Réflexions sur le "développement" et la "rationalité"», *in* MENDES Candido éd., *Le Mythe du développement*, Paris, Le Seuil, 1977, pp. 205-240, repr. CASTORIADIS Cornelius (1986), pp. 131-154.

CASTORIADIS Cornelius (1986), *Domaines de l'homme (Les carrefours du labyrinthe* II), Paris, Le Seuil.

CASTORIADIS Cornelius (1990), *Le Monde morcelé (Les carrefours du labyrinthe* III), Paris, Le Seuil.

CASTORIADIS Cornelius (1995), «Technique», *Encyclopaedia universalis*.

CASTORIADIS Cornelius (1996), «La montée de l'insignifiance», *in Les Carrefours du labyrinthe* IV, Paris, Le Seuil, 1996, pp. 82-102.

CASTORIADIS Cornelius (1998), *Post-scriptum sur l'insignifiance. Entretiens avec Daniel Mermet*, La Tour d'Aigues, L'Aube.

CÉRÉZUELLE Daniel (1988), «Reflections on the autonomy of technology: biotechnology, bioethics and beyond», *in* DURBIN Paul, éd., (1988), pp. 129-144.

CHATELET Gilles (1998), *Vivre et penser comme des porcs. De l'incitation à l'envie et à l'ennui dans les démocraties-marchés,*

Paris, Gallimard, coll. «Folio».

CHEVEIGNÉ Suzanne de, BOY Daniel, GALLOUX Jean-Christophe (2002), *Les Biotechnologies en débat. Pour une démocratie scientifique*, Paris, Balland.

CHOMSKY Noam, HERMAN Edward S. (1988), *Manufacturing Consent. The Political Economy of the Mass Media*, New York, Pantheon Books.

CLAESSENS Michel (2003), *Le Progrès au xxe siècle*, Paris, L'Harmattan.

CLARK Andy (2003), *Natural-Born Cyborgs: Minds, Technologies, and the Future of Human Intelligence*, Oxford ; New York, Oxford University Press.

CLÉMENT Catherine (1989), *Gandhi, athlète de la liberté*, Paris, Gallimard, coll. «Découvertes».

COCHOY Franck (1999), *Une histoire du marketing. Discipliner l'économie de marché*, Paris, La Découverte.

COECKELBERGH Mark (2013), *Human Being @ Risk: Enhancement, Technology, and the Evaluation of Vulnerability Transformations*, New York, Springer.

COHEN Daniel (1999), *Nos temps modernes*, Paris, Flammarion.

COMMONER Barry (1971), *L'Encerclement. Problèmes de survie en milieu terrestre* (*The Closing Circle: Nature, Man and Technology*, New York, Alfred A. Knopf, 1971), trad. G. Durand,

Paris, Le Seuil, 1972.

CONDORCET Jean-Antoine-Nicolas Caritat, marquis de (1794), *Esquisse d'un tableau historique des progrès de l'esprit humain. Fragment sur l'Atlantide* (PONS Alain, éd.), Paris, Flammarion, coll. «GF».

COPPENS Yves, PICQ Pascal, éd. (2001), *Aux origines de l'humanité*, volume 1: *De l'apparition de la vie à l'homme moderne* ; volume 2: *Le propre de l'homme*, Paris, Fayard.

CROZIER Michel (1963), *Le Phénomène bureaucratique. Essai sur les tendances bureaucratiques des systèmes d'organisation modernes et sur leurs relations en France avec le système social et culturel*, Paris, Le Seuil.

CUNNINGHAM Michael (2001), *eB2B,* Paris, Éducation/ Village mondial.

DAUMAS Maurice (1962), *Histoire générale des techniques* (cinq volumes), Paris, PUF, 1962-1979.

DAVID Gérard (2001), *L'Enjeu démocratique des NTIC*, Paris, Inventaire Inventions.

DAWKINS Richard (1993), «Viruses of the mind», *in* DAHLBOM Bo, *Dennett and His Critics*, Cambridge, Mass., Blackwell, 1993, pp. 13-27.

DE VRIES Marc J., TAMIR Arley, éd. (1997), *Shaping Concepts of Technology. From Philosophical Perspective to Mental Images,*

Dordrecht, Kluwer.

DE WAAL Frans (2001), *Quand les singes prennent le thé. De la culture animale*, Paris, Fayard.

DEFORGE Yves (1985), *Technologie et génétique de l'objet industriel*, Maloine/Université de Compiègne.

DELÉAGE Jean-Paul (1992), *Histoire de l'écologie. Une science de l'homme et de la nature*, Paris, La Découverte.

DELVAILLE Jules (1910), *Essai sur l'histoire de l'idée de progrès jusqu'à la fin du xviiie siècle*, Paris, Félix Alcan, 1910, repr. Hildesheim, New York, G. Olms, 1977.

DENNETT Daniel C. (1991), *Consciousness Explained*, Boston, Little Brown.

DENNETT Daniel C. (1996), *Kinds of Minds. Toward an Understanding of Consciousness*, New York, Basic Books.

DERTOUZOS Michael (1999), *Demain. Comment les nouvelles technologies vont changer notre vie (What will be*, HarperCollins, 1997), trad. Paris, CalmannLévy, 1999.

DESCARTES René (1637), *Discours de la méthode*, Paris, Gallimard, coll. «Folio».

DESSAUER Friedrich (1956), *Streit um die Technik,* Frankfurt a.M., J. Knecht, Carolusdruckerei, 1956, 2e éd. 1958.

DEWEY John (1930), *Individualism, Old and New, in the Later Works*, Southern Illinois University Press, volume 5, 1984, pp. 41-

123.

DI COSMO Roberto, NORA Dominique (1998), *Le Hold-up planétaire. La face cachée de Microsoft*, Paris, Calmann-Lévy.

DIDIER Christelle (2008), *Penser l'éthique des ingénieurs*, Paris, PUF.

DONOVAN John J. (1997), *The Second Industrial Revolution: Reinventing Your Business on the Web*, Upper saddle River, NJ, Prentice Hall.

DREYFUS Hubert L. (1972), *What Computers Can't Do. A Critique of Artificial Reason*, New York, Harper & Row.

DREYFUS Hubert L. (1983), «De la *technè* à la technique: le statut ambigu de l'ustensilité dans *Être et Temps*», *in Heidegger* (1983), pp. 285-303.

DREYFUS Hubert L. (1992), *What Computers Still Can't Do: A Critique of Artificial Reason*, Cambridge, Mass., MIT Press.

DREYFUS, Hubert L. (2001), *On the Internet*, London, New York, Routledge.

DREYFUS Hubert L., SPINOSA Charles (1997), «Highway bridges and feasts: Heidegger and Borgmann on how to affirm technology», *Man and World,* 30, 1997, pp. 159-177, repr. *in*

DEYFUS Hubert, WRATHALL Mark A., éd., *Heidegger reexamined*, volume 3, New York, Routledge, 2002, pp. 175-177.

DREYFUS Jacques (1990), *La Société du confort. Quel enjeu, quelles illusions?*, Paris, L'Harmattan.

DUBET François (2002), *Le Déclin de l'institution,* Paris, Le Seuil.

DUBEY Gérard (2001), *Le Lien social à l'ère du virtuel*, Paris, PUF.

DUCASSÉ Pierre (1958), *Les Techniques et le Philosophe*, Paris, PUF.

DUCLOS Denis (1989), *La Peur et le Savoir. La société face à la science, la technique et leurs dangers*, Paris, La Découverte.

DUCLOS Denis (1991), *L'Homme face au risque technique*, Paris, L'Harmattan.

DUCOS Chantal, JOLY Pierre-Benoît (1988), *Les Biotechnologies*, Paris, La Découverte.

DUPUY Jean-Pierre (2002), *Pour un catastrophisme éclairé. Quand l'impossible est certain*, Paris, Le Seuil, coll. «Points».

DUPUY Jean-Pierre, ROBERT Jean (1976), *La Trahison de l'opulence*, Paris, PUF.

DURBIN Paul T. (1988), «Ethic as social problem solving: a Mead-Dewey approach to technosocial problems», *in* HOTTOIS Gilbert, éd. (1988), pp. 161-173.

DURBIN Paul T. (1989), «Research and development from the viewpoint of social philosophy», *in* BYRNE Edmund F., PITT Joseph C., éd. (1989), pp. 33-45.

DURBIN Paul T. (1992), *Social Responsibility in Science, Technology and Medicine*, Bethlehem, PA, Lehigh University Press ; Londres, Associated University Press.

DURBIN Paul T., éd. (1987), *Technology and Responsibility*, Dordrecht, Reidel, 1987 (*Philosophy and Technology*, volume 3).

DURBIN Paul T., éd. (1988), *Technology and Contemporary Life*, Dordrecht, Reidel (*Philosophy and technology*, volume 4).

DURBIN Paul T., éd. (1989), *Philosophy of Technology. Practical, Historical, and Other Dimensions*, Dordrecht, Kluwer (*Philosophy and Technology*, volume 6).

DURBIN Paul T., éd. (1990), *Philosophy of Technology II: Broad and Narrow Interpretations*, Dordrecht, Kluwer (*Philosophy and Technology*, volume 7).

DURBIN Paul T., RAPP Friedrich (1983), *Philosophy and Technology*, Dordrecht, Reidel (*Philosophy and Technology*, volume 1).

EHRENBERG Alain, éd. (1991), *Individus sous influence. Drogues, alcools, médicaments psychotropes*, Paris, Esprit.

EHRENBERG Alain, éd. (1998), *Drogues et médicaments psychotropes. Le trouble des frontières*, Paris, Esprit.

ELLUL Jacques (1954), *La Technique, ou l'Enjeu du siècle*, Paris, A. Colin, repr. Paris, Économica, 1990.

ELLUL Jacques (1972), *Le Système technicien*, Paris, Calmann-

Lévy, rééd. 1977.

ELLUL Jacques (1982), *Changer de révolution. L'inéluctable prolétariat*, Paris, Le Seuil.

ELLUL Jacques (1987), «Peut-il exister une "culture technicienne"?», *Revue internationale de philosophie*, 1987, pp. 216-233.

ELLUL Jacques (1988), *Le Bluff technologique*, Paris, Hachette, coll. «Pluriel».

ELSTER Jon (1983), *Explaining Technical Change. A Case Study in the Philosophy of Science*, Cambridge University Press.

EMERSON Ralph Waldo (1946), *The Portable Emerson,* New York, Vicking Penguin, rééd. 1981.

ENGELHARD Philippe (1996), *L'Homme mondial. Les sociétés humaines peuvent-elles survivre?*, Paris, Arléa, 1996.

ENGELHARDT H. Tristram Jr (1986), *The Foundations of Bioethics*, Oxford University Press, 2ᵉ éd. 1996.

ESCARPIT Robert (1976), *L'Information et la Communication. Théorie générale*, Paris, Hachette, rééd. 1991.

ESPINAS Alfred (1897), *Les Origines de la technologie*, Paris, Alcan (*http://gallica.bnf.fr*).

ESS Charles (2010), *Digital Media Ethics*, Cambridge, Polity.

EWEN Stuart (1977), *Consciences sous influence. Publicité et genèse de la société de consommation (Captains of Consciousness:*

Advertising and the Social Roots of the Consumer Culture, New York, McGraw-Hill, 1977), trad. G. Lagneau, Paris, Aubier-Montaigne, 1983.

FAGOT-LARGEAULT Anne (1985), *L'Homme bioéthique. Pour une déontologie de la recherche sur le vivant*, Paris, Maloine.

FEENBERG Andrew (1995a), *Alternative Modernity. The Technical Turn in Philosophy and Social Theory*, Los Angeles, University of California Press.

FEENBERG Andrew (1995b), «Subversive Rationalization. Technology, Power, and Democracy», *in* FEENBERG Andrew, HANNAY Alastair, éd. (1995).

FEENBERG Andrew (1999), *(Re)penser la technique* (*Questioning Technology*, London, Routledge, 1999), trad. partielle A.-M. Dibon, Paris, La Découverte, 2004.

FEENBERG Andrew (2002), *Transforming Technology. A Critical Theory Revisited*, Oxford University Press, 1991, éd. révisée 2002.

FEENBERG Andrew, HANNAY Alastair, éd. (1995), *Technology and the Politics of Knowledge*, Bloomington, Indiana University Press.

FERKISS Victor C. (1969), *Technological Man: the Myth and the Reality*, New York, George Braziller.

FERKISS Victor C. (1974), *The Future of Technological*

Civilization, New York, George Braziller.

FERRÉ Frederick (1988), *Philosophy of Technology*, Athens, GA, Georgia University Press, 1988, 2ᵉ éd. 1995.

FISCHER Frank (1990), *Technocracy and the Politics of Expertise*, Newbury Park, Sage.

FISCHER Frank, SIRIANNI Carmen, éd. (1994), *Critical Studies in Organization and Bureaucracy*, éd. revue et complétée, Philadelphia, Temple University Press.

FLICHY Patrice (1991a), *Une histoire de la communication moderne ; espace public et vie privée*, Paris, La Découverte, 1991, rééd. 1997.

FLICHY Patrice (1991b), *Les Industries de l'imaginaire: pour une analyse économique des médias*, Presses universitaires de Grenoble, 1980, 2ᵉ éd. 1991.

FLICHY Patrice (1995), *L'Innovation technique. Récents développements en sciences sociales. Vers une nouvelle théorie de l'innovation*, Paris, La Découverte.

FLICHY Patrice (2001), *L'Imaginaire d'Internet*, Paris, La Découverte.

FOLSCHEID Dominique, FEUILLET-LE MINTIER Brigitte, MATTEI Jean-François (1997), *Philosophie, éthique et droit de la médecine*, Paris, PUF.

FOLTZ Bruce V. (1995), *Inhabiting the Earth. Heidegger,*

Environmental Ethics, and the Metaphysics of Nature, Atlantic Highlands, New Jersey, Humanities Press.

FORRESTER Viviane (1996), *L'Horreur économique*, Paris, Fayard.

FOSS Laurence, ROTHENBERG Kenneth (1987), *The Second Medical Revolution. From Biomedicine to Infomedicine*, Boston, New Science Library, Shambhala.

FOUCAULT Michel (1971), *L'Ordre du discours*, Paris, Gallimard.

FOUCAULT Michel (1984), *Histoire de la sexualité*, volume 3. *Le souci de soi*, Paris, Gallimard, coll. «Tel».

FOUCAULT Michel (1994), *Dits et écrits II, 19761988*, Paris, Gallimard, 1994, repr. coll. «Quarto», 2001.

FRANKFURT Harry (1988), *The Importance of What We Care About*, Cambridge University Press.

FRANKFURT Harry (2004*), The Reasons of Love*, Princeton University Press (*Les Raisons de l'amour*, trad. D. Dubroca et A. Pavia, Paris, Circé, 2006).

FRIEDMANN Georges (1956), *Le Travail en miettes. Spécialisation et loisirs*, Paris, Gallimard, 1956, rééd. 1964.

FRIEDMANN Georges (1966), *Sept Études sur l'homme et la technique*, Paris, Gonthier.

FRIEDMANN Georges (1970), *La Puissance et la Sagesse*,

Paris, Gallimard, coll. «Tel».

GABOR Dennis (1964), *Inventons le futur* (*Inventing the Future*, Penguin, 1964), trad. J. Métadier, Paris, Plon.

GABOR Dennis (1972), *La Société de maturité* (*The mature society*, London, Secker and Warburg, 1972), trad. J. J., Paris, France-Empire, 1973.

GACKENBACH Jayne, éd. (1998), *Psychology and the Internet. Intrapersonal, Interpersonal and Transpersonal Implications*, San Diego, Cal., Academic Press.

GALBRAITH John Kenneth (1958), *L'Ère de l'opulence* (*The Affluent Society*, 1958, rééd. 1984), trad. A. P. Picard et J. Bloch-Michel, Paris, Calmann-Lévy, 1986.

GALBRAITH John Kenneth (1978), *Le Nouvel État industriel. Essai sur le système économique américain* (*The New Industrial State*, Boston, Houghton Mifflin, 3ᵉ éd., 1978), trad. J.-L. Crémieux-Brilhac, M. Le Nan, Paris, Gallimard, 1979.

GALBRAITH John Kenneth (2004), *Les Mensonges de l'économie. Vérité pour notre temps* (*The Economics of Innocent Fraud. Truth for Our Time*, Boston, Houghton Mifflin, 2004), trad. P. Chemla, Paris, Grasset.

GANDHI Mohandas K. (1925), *Autobiographie ou mes expériences de vérité*, trad. G. Belmont, Paris, PUF, coll. «Quadrige», 1982.

GANDHI Mohandas K. (1930), *Lettres à l'ashram*, trad. J.

Herbert, Paris, Albin Michel, 1937, rééd. 1960.

GANDHI Mohandas K. (1969), *Tous les hommes sont frères. Vie et pensées du Mahatma Gandhi d'après ses œuvres (textes choisis)*, Paris, Gallimard, coll. «Idées».

GARAUDY Roger (1979), *Appel aux vivants*, Paris, Le Seuil.

GARDINER Stephen (2011), *A Perfect Moral Storm: The Ethical Tragedy of Climate Change*, New York, Oxford University Press.

GEHLEN Arnold (1957), *Man in the age of technology (Die Seele im technischen Zeitalter*, Hamburg, Rowohlt, 1957), trad. P. Liscomb, New York, Columbia University Press, 1980.

GEORGESCU-ROEGEN Nicholas (1995), *La Décroissance. Entropie, écologie, économie* , trad. et présentation J. Grinevald et I. Rens, Lausanne, PierreMarcel Favre, 1979, repr. Paris, Ellébore-Sang de la Terre, 3ᵉ édition revue et augmentée, 2006.

GIDDENS Anthony (1990), *Les Conséquences de la modernité (The Consequences of Modernity*, Cambridge, Polity Press, 1990), trad. O. Meyer, Paris, L'Harmattan, 1994. *Gilbert Simondon. Une pensée de l'individuation et de la technique* [colloque, avril 1992] (1994), Paris, Albin Michel, coll. «Bibliothèque du Collège international de philosophie».

GILLE Bertrand (1964), *Les Ingénieurs de la Renaissance*, Paris, Hermann, repr. Paris, Le Seuil, coll. «Points Science», 1978.

GILLE Bertrand (1980), *Les Mécaniciens grecs. La naissance de la technologie*, Paris, Le Seuil.

GILLE Bertrand, éd. (1978), *Histoire des techniques*, Paris, Gallimard, coll. «La Pléiade».

GILLIGAN Carol (1982), *Une si grande différence* (*In a Different Voice: Psychological Theory and Women's Development*, Cambridge, Mass., Harvard University Press, 1982), trad. A. Kwiatek, Paris, Flammarion, 1986.

GODARD Olivier, éd. (1997), *Le Principe de précaution dans la conduite des affaires humaines*, Paris, INRA et MSH. GODARD Olivier, HENRY Claude, LAGADEC Patrick, MICHEL-KERJAN Erwann (2002), *Traité des nouveaux risques. Précaution, crise, assurance*, Paris, Gallimard, coll. «Folio».

GOEMINNE Gert, éd. (2014), «Book symposium on [Michel Puech's] Homo sapiens technologicus: Philosophie de la Technologie Contemporaine, Philosophie de la Sagesse Contemporaine», *Philosophy & Technology*, 2014, vol. 27, n°4, p. 581.

GOGGIN Gerard (2006), *Cell Phone Culture: Mobile Technology in Everyday Life*, Routledge, 2006.

GOLDFINGER Charles (1994), *L'utile et le futile. L'économie de l'immatériel*, Paris, Odile Jacob.

GORZ André (2003), *L'Immatériel. Connaissance, valeur et capital*, Paris, Galilée.

GOUBERT Jean-Pierre, éd. (1988), *Du luxe au confort*, Paris,

Belin.

GRAEBER David (2015), *The Utopia of Rules: On Technology, Stupidity and the Secret Joys of Bureaucracy* (*Bureaucratie*, traduit par F. Chemla, Paris, Les Liens qui libèrent, 2015), New York, Melville House

GRANGER Gilles-Gaston (1995), *Le Probable, le Possible et le Virtuel. Essai sur le rôle du non-actuel dans la pensée objective*, Paris, Odile Jacob.

GRANOVETTER Mark (1973), «The strength of weak ties», *American Journal of Sociology*, vol. 78, Issue 6, May 1360-1380. *http://www.jstor.org/pss/2776392*.

GRAS Alain, POIROT-DELPECH Sophie L., éd. (1989), *L'Imaginaire des techniques de pointe: au doigt et à l'œil*, Paris, L'Harmattan.

GREGG Richard Bartlett (1936), *The Value of Voluntary Simplicity*, Waiheke Island, Floating Press, 2009, 1st edn 1936. *http://www.soilandhealth. org/03sov/0304spiritpsych/030409simplicity/SimplicityFrame.html*.

GRISET Pascal (1991), *Les Révolutions de la communication, xixe-xxe siècles*, Paris, Hachette.

GUCHET Xavier (2005), *Les Sens de l'évolution technique*, Paris, Léo Scheer.

GUILLAUME Marc (1999), *L'Empire des réseaux*, Paris,

Descartes & Cie.

GUILLEBAUD Jean-Claude (1999), *La Refondation du monde*, Paris, Le Seuil.

HAAR Michel (1983), «Le tournant de la détresse, ou: comment l'époque de la technique peut-elle finir?», *in Heidegger* (1983), pp. 331-358.

HABERMAS Jürgen (1968), *La Technique et la Science comme «idéologies»*, trad. J.-R. Ladmiral, Paris, Denoël-Gonthier, 1973.

HALIMI Serge (1997), *Les Nouveaux Chiens de garde*, Paris, Liber-Raisons d'agir.

HARDIN Garrett (1968), «The tragedy of the commons», *Science*, 162, 1968, pp. 1243-1248.

HARRISON Andrew (1978), *Making and Thinking: A Study of Intelligent Activities,* Hassocks, Sussex, UK, Harvester Press.

HAUGELAND John (1985), *L'Esprit dans la machine (Artificial Intelligence: the Very Idea*, Cambridge, Mass., MIT Press, 1985), trad. J. Henry, Paris, Odile Jacob, 1989.

HAWKEN Paul (1993), *L'Écologie de marché ou l'Économie quand tout le monde gagne ! Enquêtes et propositions (The ecology of commerce*, New York, HarperCollins, 1993), trad. P. Crève, Barret-le-Bas, Le Souffle d'or, 1995.

HÉBER-SUFFRIN Claire (1988), *Les Savoirs, la Réciprocité et le Citoyen*, Paris, Desclée de Brouwer. *Heidegger* (1983), Paris,

Cahier de l'Herne, repr. LGF, coll. «Le Livre de Poche», 1986.

HEIDEGGER Martin (1927), *Sein und Zeit*, 13. Auflage, Tübingen, Niemeyer, 1976 – *Être et temps*, traduction hors commerce par E. Martineau, téléchargeable sur Internet.

HEIDEGGER Martin (1935), *Einführung in die Metaphysik (cours 1935)*, 4te, unveränderte Aufl., Tübingen, Niemeyer.

HEIDEGGER Martin (1954), *Essais et conférences (Vorträge unf Aufsätze,* Pfullingen, Neske, 1954), trad. A. Préau, Paris, Gallimard, 1958.

HEIDEGGER Martin (1959), *Gelassenheit (Sérénité,* trad. A. Préau, *in Questions III*, Paris, Gallimard, 1966), Pfullingen, Neske.

HEIDEGGER Martin (1966a), *Questions III*, Paris, Gallimard.

HEIDEGGER Martin (1966b), Interview (septembre 1966), *Spiegel*, 31 mai 1976, trad. J. Launay *in Réponses et questions sur l'histoire et la politique*, Paris, Mercure de France, 1977.

HEIDEGGER Martin (1968), *Questions II*, Paris, Gallimard.

HEIM Michael (1993), *The Metaphysics of Virtual Reality*, Oxford University Press.

HENRY Michel (1987), *La Barbarie,* Paris, Grasset, repr. LGF, coll. «Le Livre de Poche. Biblio essais», 2001.

HERMITTE Marie-Angèle (1996), *Le Sang et le Droit. Essai sur la transfusion sanguine*, Paris, Le Seuil.

HERSHOCK Peter D. (1999), *Reinventing the Wheel: A*

Buddhist Response to the Information Age, Albany, N.Y., State University of New York Press.

HICKMAN Larry A. (1990), *John Dewey's Pragmatic Technology*, Bloomington, Indiana University Press.

HICKMAN Larry A. (2001), *Philosophical Tools for Technological Culture. Putting Pragmatism to Work*, Bloomington, Indiana University Press.

HIGGS Eric, LIGHT Andrew, STRONG David, éd. (2000), *Technology and the Good Life?*, Chicago University Press.

HIRSCHMAN Albert (1986), *Vers une économie politique élargie*, Paris, Éditions de Minuit.

HOTTOIS Gilbert (1984a), *Le Signe et la Technique. La philosophie à l'épreuve de la technique*, Paris, Aubier.

HOTTOIS Gilbert (1984b), *Pour une éthique dans un univers technicien*, Éditions de l'Université de Bruxelles.

HOTTOIS Gilbert, (1988), «Liberté, humanisme, évolution», *in* HOTTOIS Gilbert éd. (1988), pp. 85-116.

HOTTOIS Gilbert (1990), *Le Paradigme bioéthique. Une éthique pour la technoscience*, Bruxelles, De Boeck Université.

HOTTOIS Gilbert (1993), *G. Simondon et la philosophie de la «culture technique»*, Bruxelles, De Boeck.

HOTTOIS Gilbert (1996), *Entre symboles et technosciences*, Seyssel, Champ Vallon.

HOTTOIS Gilbert (2002), *Technoscience et sagesse?*, Paris, Pleins Feux.

HOTTOIS Gilbert, éd. (1988), *Évaluer la technique*, Paris, Vrin.

HOTTOIS Gilbert, éd. (1993), *Aux fondements d'une éthique contemporaine. H. Jonas et H.T. Engelhardt en perspective*, Paris, Vrin.

HUITEMA Christian (1995), *Et Dieu créa l'Internet...*, Paris, Eyrolles.

IHDE Don (1979), *Technics and Praxis*, Dordrecht, Reidel.

IHDE Don (1990), *Technology and the Lifeworld. From Garden to Earth*, Bloomington, Indiana University Press.

IHDE Don (1991), *Instrumental Realism. The Interface Between Philosophy of Science and Philosophy of Technology*, Bloomington, Indiana University Press.

IHDE Don (1993), *Philosophy of Technology: An Introduction*, New York, Paragon House.

IHDE Don (2001), *Bodies in Technology*, Minneapolis, University of Minnesota Press.

ILLICH Ivan (2004), *La Perte des sens*, trad. P. E. Dauzat, Paris, Fayard.

ILLICH Ivan (2005a), *Œuvres complètes*, volume 1 (*Libérer l'avenir* [1971], *Une société sans école* [1971], *Énergie et équité* [1975], *La convivialité* [1973], *Némésis médicale* [1975]), Paris,

Fayard.

ILLICH Ivan (2005b), *Œuvres complètes,* volume 2 *(Le travail fantôme* [1981], *Le genre vernaculaire* [1982], *H2O, les eaux de l'oubli* [1985], *Du lisible au visible* [1993], *Dans le miroir du passé* [1992]),* Paris, Fayard.

INGLEHART Ronald (1977), *The Silent Revolution. Changing Values and Political Styles Among Western Publics,* Princeton University Press.

INGLEHART Ronald (1990), *Culture Shift in Advanced Industrial Society,* Princeton University Press.

JACOMY Bruno (1990), *Une histoire des techniques,* Paris, Le Seuil, coll. «Points Sciences».

JACOMY Bruno (2002), *L'Âge du plip. Chroniques de l'innovation technique,* Paris, Le Seuil.

JANICAUD Dominique (1985), *La Puissance du rationnel,* Paris, Gallimard.

JANICAUD Dominique (1991a), *Le Tournant théologique de la phénoménologie française,* Combas, Éditions de l'Éclat.

JANICAUD Dominique (1991b), *À nouveau la philosophie,* Paris, Albin Michel.

JANICAUD Dominique, éd. (1987), *Les Pouvoirs de la science. Un siècle de prise de conscience,* Paris, Vrin.

JASPERS Karl (1958), *La Bombe atomique et l'Avenir de*

l'homme (*Die Atombombe und die Zukunft des Menschen*, München, Piper, 1958), trad. E. Saget, Paris, Buchet/Chastel, 1963.

JAURÉGUIBERRY Francis (2003), *Les branchés du portable. Sociologie des usages*, Paris, PUF.

JOINSON Adam N. (2003), *Understanding the Psychology of Internet Behaviour. Virtual Worlds, Real Lves*, New York, MacMillan.

JONAS Hans (1979), *Le Principe responsabilité. Une éthique pour la civilisation technologique* (*Das Prinzip Verantwortung*, Frankfurt a.M., Insel, 1979), trad. J. Greisch, Paris, Le Cerf, 1990.

JULLIEN François (1997), *Traité de l'efficacité*, Paris, Grasset, repr. LGF, coll. «Le Livre de poche. Biblio essais», 2002.

JULLIEN François (1998), *Un sage est sans idée, ou l'autre de la philosophie*, Paris, Le Seuil.

JULLIEN François (2005), *Nourrir sa vie. À l'écart du bonheur*, Paris, Le Seuil.

KAPFERER Jean-Noël (1978), *Les Chemins de la persuasion. Le mode d'influence des médias et de la publicité sur les comportements*, Paris, Bordas.

KAPLAN David (2009), *Readings in the Philosophy of Technology*, Lanham, Md., Rowman & Littlefield Publishers.

KAPP Ernst (1877), *Principes d'une philosohie de la technique* (*Grundlinien einer Philosophie der Technik*, Braunschweig, G. Westermann, 1877), trad. G. Chamayou, Paris, Vrin, 2007.

KASSON John (1976), *Civilizing the Machine: Technology and Republican Values in America, 17761900*, New York, Grossman.

KATZ James Everett, éd. (2008), *Handbook of Mobile Communication Studies*, Cambridge, Mass., MIT Press.

KLEIN Naomi (2000), *No logo. La tyrannie des marques*, Leméac, Actes Sud.

KOURILSKY Philippe, VINEY Geneviève (2000), *Le Principe de précaution (Rapport au Premier ministre)*, Paris, Odile Jacob/La Documentation française.

KROES Peter, MEIJERS Anthonie, éd. (2000), *The Empirical Turn in the Philosophy of Technology*, Amsterdam, JAI, Elsevier Science (*Research in philosophy and technology*, volume 20).

KUPIEC Jean-Jacques, SONIGO Pierre (2000), *Ni Dieu ni gène. Pour une autre théorie de l'hérédité*, Paris, Le Seuil.

LADRIÈRE Jean (1977), *Les Enjeux de la rationalité. Le défi de la science et de la technologie aux cultures*, Paris, Aubier-Montaigne/ Unesco.

LAFITTE Jacques (1932), *Réflexions sur la science des machines*, Paris, Bloud et Gay, 1932, repr. Paris, Vrin, 1972.

LAGADEC Patrick (1981a), *La Civilisation du risque. Catastrophes technologiques et responsabilité sociale*, Paris, Le Seuil.

LAGADEC Patrick (1981b), *Le Risque technologique majeur.*

Politique, risque et processus de développement, Paris, Oxford, New York, Pergamon Press, 1981.

LAGRÉE Jacqueline (2002), *Le Médecin, le Malade et le Philosophe*, Paris, Bayard.

LANDES David S. (1969), *L'Europe technicienne ou le Prométhée libéré* (*The Prometheus Unbound*, Cambridge University Press, 1969), trad. L. Évrard, Paris, Gallimard, 1975.

LANHAM Richard A. (2006), *The Economics of Attention: Style and Substance in the Age of Information*, Chicago University Press.

LASCH Christopher (1981), *Culture de masse ou culture populaire?* (*Mass Culture Reconsidered, Democracy*, 1981), trad. F. Joly, Castelnau-le-Lez, Climats, 2001.

LASCH Christopher (1991a), *The True and Only Heaven. Progress and Its Critics*, New York, W.W. Norton.

LASCH Christopher (1991b), *La Culture du narcissisme. La vie américaine à un âge de déclin des espérances* (*The Culture of Narcissim: American Life in an Age of Diminishing Expectations*, New York, W.W. Norton, 1991), trad. M. L.

Landa, Castelnau-le-Lez, Climats, 2000.

LASSIER Suzanne (1970), *Gandhi et la Non-Violence*, Paris, Le Seuil, coll. «Points».

LATOUR Bruno (1987), *La Science en action* (*Science in Action*, Cambridge, Mass., Harvard University Press, 1987), trad. M.

Biezunski, Paris, Gallimard, coll. «Folio Essais», 1989.

LATOUR Bruno (1991), *Nous n'avons jamais été modernes. Essai d'anthropologie symétrique*, Paris, La Découverte, coll. La Découverte-poche), 1991, rééd. 1997.

LATOUR Bruno (1992), *Aramis ou l'Amour des techniques*, Paris, La Découverte.

LATOUR Bruno (1999), *Politiques de la nature. Comment faire entrer les sciences en démocratie*, Paris, La Découverte.

LATOUR Bruno (2001), *L'Espoir de Pandore. Pour une version réaliste de l'activité scientifique (Pandora's Hope. Essays on the Reality of Science Studies*, trad. D. Gille, Cambridge, Mass., Harvard University Press, 1999), Paris, La Découverte, 2001.

LAUDAN Rachel, éd. (1984), *The Nature of Technological Knowledge. Are Models of Scientific Change Relevant?*, Dordrecht, D. Reidel.

LAUFER Romain, PARADEISE Catherine (1990), *Marketing Democracy, Public Opinion and Media Formation in Democratic Societies*, New Brunswick, N.J., Transaction Publishers.

LE GOFF Olivier (1994), *L'Invention du confort. Naissance d'une forme sociale*, Presses universitaires de Lyon.

LEAKEY Richard, LEWIN Roger (1995), *La Sixième Extinction. Évolution et Catastrophes (The Sixth Extinction: Biodiversity and Its Survival*, London, Weidenfeld and Nicolson, 1995), trad. V. Fleury,

Paris, Flammarion, coll. «Champs», 1997.

LEARY Timothy (1994), *Chaos et cyberculture* (*Chaos & Cyber Culture*, Berkeley, Ronin Publishing, 1994), trad. L.-E. Pomier et L. Darragi, Paris, Éditions du Lézard, 1996.

LEISS William (1976), *The Limits to Satisfaction. An Essay on the Problems of Needs and Commodities*, Toronto University Press.

LEMOINE Patrick (1999), *Tranquillisants, hypnotiques, vivre avec ou sans? Risques et bénéfices de la sérénité chimique*, Paris, Flammarion.

LENDREVIE Jacques, LINDON Denis (1997), *Mercator. Théorie et pratique du marketing*, Paris, Dalloz, 5e éd, puis LENDREVIE Jacques, LÉVY Julien, 11e éd., Paris, Dunod, 2014.

LENK Hans, MARING Matthias, éd. (2001), *Advances and Problems in the Philosophy of Technology,* Münster, LIT.

LEOPOLD Aldo (1949), *A Sand County Almanac ; With Essays on Conservation from Round River*, Oxford University Press, 1949, repr. New York, Ballantine, 1970.

LEROI-GOURHAN André (1943), *Évolution et techniques I: L'homme et la matière*, Paris, Albin Michel, 1943, rééd. coll. «Sciences d'aujourd'hui», 1971.

LEROI-GOURHAN André (1945), *Évolution et techniques II: Milieu et technique*, Paris, Albin Michel, 1945, rééd. coll. «Sciences d'aujourd'hui», 1992.

LEROI-GOURHAN André (1964), *Le Geste et la Parole I, Technique et langage*, Paris, Albin Michel.

LEROI-GOURHAN André (1965), *Le Geste et la Parole II, La mémoire et les rythmes*, Paris, Albin Michel.

LESSIG Lawrence (2001), *The Future of Ideas. The Fate of the Commons in a Connected World* (*L'Avenir des idées. Le sort des biens communs à l'heure des réseaux numériques*, trad. J.-B. Soufron et A. Bony, Lyon, Presses universitaires de Lyon, 2005), New York, Random House.

LÉVY Pierre (1990), *Les Technologies de l'intelligence. L'avenir de la pensée à l'ère informatique*, Paris, La Découverte.

LÉVY Pierre (1994), *L'intelligence collective. Pour une anthropologie du cyberspace*, Paris, La Découverte.

LÉVY Pierre (1997), *Cyberculture. Rapport au Conseil de l'Europe*, Paris, Odile Jacob.

LÉVY Pierre (1998), *Qu'est-ce que le virtuel?*, Paris, La Découverte, coll. «La Découverte Poche. Essais».

LÉVY Pierre, (2000), *World philosophie. Le marché, le cyberespace, la conscience*, Paris, Odile Jacob.

LINDER Staffan B. (1970), *La Ressource la plus rare* (*The Harried Leisure Class*, New York, Columbia University Press, 1970), trad. N. Notari-Delapalme, Paris, Bonel, 1982.

LING Richard Seyler (2012), *Taken for Grantedness: The*

Embedding of Mobile Communication Into Society, Cambridge, Mass., MIT Press.

LOJKINE Jean (1992), *La Révolution informationnelle*, Paris, PUF.

LOJKINE Jean, MALÉTRAS Jean-Luc (2002), *La Guerre du temps. Le travail en quête de mesure*, Paris, L'Harmattan.

LOSCERBO John (1981), *Being and Technology. A Study in the Philosophy of Martin Heidegger*, La Haye, Nijhoff.

LUHMANN Niklas (1990), *Paradigm lost. Über die ethische Reflexion der Moral*, Frankfurt a.M., Suhrkamp (STW).

LYOTARD Jean-François (1979), *La Condition post-moderne. Rapport sur le savoir*, Paris, Minuit.

MCLUHAN Marshall (1962), *La Galaxie Gutenberg (The Gutenberg Galaxy*, Toronto University Press, 1962), trad. J. Paré, Montréal, HMH, 1967.

MACINTYRE Alasdair (1981), *After Virtue. A Study in Moral Theory*, Notre Dame University Press, 1981, 2ᵉ éd. 1984.

MAIR Peter (2013), *Ruling the Void: The Hollowing of Western Democracy*, London ; New York, Verso.

MARCEL Gabriel (1951), *Les Hommes contre l'humain*, Paris, Éditions du Vieux Colombier, 1951), repr. Paris, Éditions universitaires, 1991.

MARCEL Gabriel (1954), *Le Déclin de la sagesse*, Paris, Plon.

MARCUSE Herbert (1964), *L'Homme unidimen-sionnel. Essai sur l'idéologie de la société industrielle avancée* (*One-Dimensional Man*, Boston, Beacon Press, 1964), trad. M. Wittig, Paris, Minuit, 1968.

MARKHAM Annette N. (1998), *Life on Line. Researching Real Experience in Virtual Space*, Walnut Creek, Altamira.

MARTIN Marc (1992), *Trois Siècles de publicité en France*, Paris, Odile Jacob.

MARX Karl (1965), *Œuvres I*, Paris, Gallimard, coll. «La Pléiade».

MATTELARD Armand (1999), *Histoire de l'utopie planétaire: de la cité prophétique à la société globale*, Paris, La Découverte.

MATTELART Armand (2001), *Histoire de la société de l'information*, Paris, La Découverte.

MAUSS Marcel (1936), «Les techniques du corps», *Journal de psychologie*, vol. 32 (3-4), 1936, repr. *in* MAUSS Marcel, *Sociologie et anthropologie*, Paris, PUF, coll. «Quadrige».

MAZLISH Bruce (1993), *The Fourth Discontinuity: the Co-Evolution of Humans and Machines*, New Haven, Conn., Londres, Yale University Press.

MCGOVERN Gerry, NORTON Rob (2002), *Content Critical. Gaining Competitive Advantage Through HighQuality Web Content*, Harlow, Financial Times/Prentice Hall.

MEMMI Dominique (1996), *Les Gardiens du corps. Dix ans de magistère bioéthique*, Paris, Éditions de l'EHESS.

MICHÉA Jean-Claude (1999), *L'Enseignement de l'ignorance et ses conditions modernes*, Castelnau-le-Lez, Climats.

MISSIKA Jean-Louis, WOLTON Dominique (1983), *La Folle du logis. La télévision dans les sociétés démocratiques*, Paris, Gallimard.

MITCHAM Carl (1994), *Thinking Through Technology. The Path Between Engineering and Philosophy,* Chicago University Press.

MITCHAM Carl, HUNING Alois (1986), *Information Technology and Computers in Theory and Practice*, Dordrecht, Reidel (*Philosophy and Technology*, volume 2).

MITCHAM Carl (1997), *Thinking Ethics in Technology: Hennebach Lectures and Papers*, 1995-1996, Colorado School of Mines.

MOLES Abraham A. (1988), *Théorie structurale de la communication et société*, Paris, Masson-CENT.

MORELLE Aquilino (1996), *La Défaite de la santé publique*, Paris, Flammarion.

MOSCHOVITIS Christos, POOLE Hilary, SCHUYLER Tami et alii. (1999), *History of the Internet: a Chronology, 1843 to the Present*, Santa Barbara, Cal., ABC-CLIO.

MULLER Jean-Marie (1997), *Gandhi l'insurgé. L'épopée de la marche du sel*, Paris, Albin Michel.

MUMFORD Lewis (1934), *Technique et civilisation* (*Technics and Civilization*, New York, Harcourt Brace, 1934), trad. D. Moutonnier, Paris, Le Seuil, 1950.

MUMFORD Lewis (1967), *Le Mythe de la machine I. La technologie et le développement humain* (*The Myth of the Machine*, San Diego, Harcourt Brace Jovanovich, 1967), trad. L. Dilé, Paris, Fayard, 1974.

MUMFORD Lewis (1971), *Le Mythe de la machine II. Le Pentagone de la puissance* (*The Pentagon of Power,* London, Secker and Warburg, 1971), trad. L. Dilé, Paris, Fayard, 1974.

MUSSO Pierre (1997), *Télécommunications et philosophie des réseaux. La postérité paradoxale de SaintSimon*, Paris, PUF.

NEGROPONTE Nicholas (1995), *Being Digital* (*L'Homme numérique*, trad. M. Garène, Paris, Laffont, 1995), New York, Knopf.

NELKIN Dorothy, LINDEE Susan (1995), *La Mystique de l'ADN. Pourquoi sommes-nous fascinés par le gène?* (*The DNA Mystique: the Gene as a Cultural Icon*, New York, Freeman & Co, 1995), trad. Paris, Belin, 1998.

NIELSEN Jakob (1995), *Multimedia and Hypertext. The Internet and beyond*, Cambridge, Mass., Academic Press.

NISBET Robert (1980), *History of the Idea of Progress,*

New York, Basic Books, 1980, repr. New Brunswick, Transaction Publishers, 1994.

NOBLE David F. (1997), *The Religion of Technology: the Divinity of Man and the Spirit of Invention*, New York, Knopf.

NORDSTRÖM Kjell, RIDDERSTRÅLE Jonas (1999), *Funky Business* (Stockholm, Bookhouse, 1999), trad. V. Lavoyer, Paris, Village Mondial/Pearson Education, 2000.

OGIEN Ruwen (2004), *La Panique morale*, Paris, Grasset.

ONG Walter J. (1982), *Orality and Literacy. The Technologizing of the World*, New York, Methuen.

PACEY Arnold (1974), *The Maze of Ingenuity. Ideas and Idealism in the Development of Technology*, Cambridge, Mass., MIT Press, 1974, 2e éd. 1992.

PACEY Arnold (1983), *The Culture of Technology*, Cambridge, Mass., MIT Press.

PACEY Arnold (1990), *Technology in World Civilization. A Thousand-Year History*, Cambridge, Mass., MIT Press.

PACEY Arnold (1999), *Meaning in Technology*, Cambridge, Mass., MIT Press.

PACKARD Vance (1957), *La Persuasion clandestine* (*The Hidden Persuaders*, New York, D. McKay, 1957), trad. H. Claireau, Paris, Calmann-Lévy, 1984.

PARIZEAU Marie-Hélène, éd. (1992), *Les Fondements de la*

bioéthique, Bruxelles, De Boeck Université.

PECH Thierry, PADIS Marc-Olivier (2004), *Les Multinationales du cœur. Les ONG, la politique et le marché*, Paris, Le Seuil, coll. «La république des Idées».

PERRIN Jacques (1988), *Comment naissent les techniques. La production sociale des techniques*, Paris, Publisud.

PERROW Charles (1994), «Normal accident at Three Mile Island», *in* FISCHER Frank, SIRINNI Carmen, éd. (1994), pp. 353-371.

PHARO Patrick (1985), *Le Civisme ordinaire*, Paris, Méridiens-Klincksieck.

PIRSIG Robert M. (1974), *Zen and the Art of Motorcycle Maintenance*, New York, Bantam.

PITT Joseph C., éd. (1995), *New Directions in the Philosophy of Technology*, Dordrecht, Kluwer (*Philosophy and Technology*, volume 11).

PITT Joseph C. (2000), *Thinking About Technology. Foundations of the Philosophy of Technology*, New York, Seven Bridges Press.

POLANYI Karl (1945), *La Grande Transformation. Aux origines politiques et économiques de notre temps*, Paris, Gallimard, rééd. 1983.

POPPER Karl (1945), *The Open Society and Its Ennemies* (*La Société ouverte et ses ennemis*, trad. scandaleusement partielle J.

Bernard, P. Monod, Paris, Le Seuil, 1979), London Routledge & Kegan Paul.

POPPER Karl (1959), *The Logic of Scientific Discovery* (*La Logique de la découverte scientifique*, trad. N. Thyssen-Rutten et P. Devaux, Paris, Payot, 1978), London, Hutchinson, 1959, 9ᵉ éd. corrigée 1977.

PORTER David, éd. (1996), *Internet Culture*, New York & London, Routledge.

POSTMAN Neil (1985), *Se distraire à en mourir* (*Amusing ourselves to death*, New York, Viking, 1985), trad. T. de Chérisey, Paris, Flammarion, 1986.

PRADES Jacques (2001), *L'Homo œconomicus et la déraison scientifique. Essai d'anthropologie sur l'économie et la technoscience*, Paris, L'Harmattan.

PRENSKY Marc (2001), «Digital natives, digital immigrants», *On the Horizon* (MCB University Press, Vol. 9 N° 5, October 2001). *http://www.marcprensky. com/writing/Prensky%20-%20Digital%20 Natives,%20Digital%20Immigrants%20-%20Part1.pdf*

PUECH Michel (2010), *Le Développement durable. Un avenir à faire soi-même*, Paris, Le Pommier.

PUECH Michel (2016), *The Ethics of Ordinary Technology*, New York, Routledge.

QUENEAU Patrice, OSTERMANN Gérard (1998), *Soulager la*

douleur. Écouter, croire, prendre soin, Paris, Odile Jacob.

RAHULA Walpola (1961), *L'Enseignement du Bouddha, d'après les textes les plus anciens*, Paris, Le Seuil, coll. «Points».

RAMONET Ignacio (1999), *La Tyrannie de la communication*, Paris, Galilée.

RAPP Friedrich (1978), *Analytische Technikphilosophie*, Freiburg, München, Alber.

RAPP Friedrich (1988), «Strength and weakness of moral postulates: problems of the control of technology», *in* HOTTOIS Gilbert, éd. (1988), pp. 147-159.

RAPP Friedrich (1992), *Fortschritt. Entwicklung und Sinngehalt einer philosophischen Idee*, Darmstadt, Wissentschaftliche Buchgesellschaft.

RAPP Friedrich, éd. (1974), *Contributions to a Philosophy of Technology. Studies in the structure of thinking in the technological sciences*, Dordrecht, Reidel.

RAPP Friedrich, éd. (1990), *Technik und Philosophie*, Düsseldorf, VDI Verlag.

RAYMOND Eric S. (2000), *The Cathedral and the Bazaar* (1re version, 1997 ; 3e version, 2000), *www.catb. org/~esr/writings/cathedral-bazaar/*.

RAYMOND Jean-François de (1982), *Querelle de l'inoculation ou préhistoire de la vaccination*, Paris, Vrin.

RESCHER Nicholas (1983), *Risk. A Philosophical Introduction to the Theory of Risk Evaluation and Management*, Boston, University Press of America.

RESWEBER Jean-Paul, éd. (2003), *Les Gestes de soin*, Strasbourg, Éditions du Portique, coll. «Les Cahiers du Portique».

REULEAUX Franz (1877), *Cinématique. Principes fondamentaux d'une théorie générale des machines* (trad. A. Debize), Paris, F. Savy.

RHEINGOLD Howard (1993), *Les Communautés virtuelles* (*The Virtual Community. Homestanding on the Electronic Frontier*, Reading, Mass., Addison Wesley Pub., 1993, Cambridge, Mass., MIT Press, éd. rev., 2000), Paris, Addison-Wesley France, 1995.

RICHARDSON Robert D. (1986), *Henry Thoreau. A Life of the Mind*, Berkeley, California University Press.

RICHARDSON William J. (1963), *Heidegger: Through Phenomenology to Thought*, La Haye, Nijhoff, 1963, 3ᵉ éd. 1974.

RICŒUR Paul (1986), *Du texte à l'action. Essais d'herméneutique 2*, Paris, Esprit, 1986, repr. Paris, Le Seuil, coll. «Points Essais», 1998.

RICŒUR Paul (1990), *Soi-même comme un autre*, Paris, Le Seuil, coll. «Points Essais».

RICŒUR Paul (1995), *Le Juste*, Paris, Esprit.

RICŒUR Paul (2001), *Le Juste 2*, Paris, Esprit.

RICŒUR Paul, (2004), *Parcours de la reconnaissance*, Paris,

Stock, 2004, repr. Gallimard, coll. «Folio Essais», 2005.

RIFKIN Jeremy (1995), *La Fin du travail* (*The End of Work: the Decline of the Global Labor Force and the Dawn of the Post-Market Era*, New York, G. P. Putnam's Sons, 1995), trad. P. Rouve, Paris, La Découverte, 1996, réimpression suivie d'une postface, 1997.

RIFKIN Jeremy (1998), *Le Siècle biotech. Le commerce des gènes dans le meilleur des mondes* (*The Biotech Century: Harnessing the Gene and Remaking the World*, New York, J. P. Tarcher/G. P. Putnam's Sons, 1998), trad. A. Bories et M. Saint-Upéry, Paris, La Découverte, 1998.

RIFKIN Jeremy (2000), *L'Age de l'accès. La révolution de la nouvelle économie* (*The Age of Access. The New Culture of Hypercapitalism Where All of Life is a Paid-For Experience*, New York, Putnam, 2000), trad. M. Saint-Upéry, Paris, La Découverte, 2000.

RITZER George (1996), *Tous rationalisés !* (*The Macdonaldization of Society*, Pine Forge Press, USA, 1996), trad. X. Walter, Roissy, Alban, 1998.

ROCHEFORT Robert (2001), *La Société des consommateurs*, Paris, Odile Jacob.

ROCHLIN Gene I. (1997), *Trapped in the Net. The Unanticipated Consequences of Computerarization*, Princeton University Press.

ROPOHL Günter (1986), «*Information does not make sense or: the relevance gap in information technology and its social dangers*», *in* MITCHAM Carl, HUNING Alois, éd. (1986), pp. 63-74.

ROQUEPLO Philippe (1983), *Penser la technique. Pour une démocratie concrète*, Paris, Le Seuil.

RORTY Richard (1979), *Philosophy and the Mirror of Nature*, Princeton University Press.

RORTY Richard (1995), *L'Espoir au lieu du savoir. Introduction au pragmatisme*, Paris, Albin Michel.

ROSSET Clément (1973), *L'Anti-nature. Éléments pour une philosophie tragique*, Paris, PUF, coll. «Quadrige».

ROSZAK Theodore (1972), *Where the Wastelands Ends: Politics and Transcendence in Post-Industrial Society* (*Où finit le désert*, trad. M.-A. Revellat, Paris, Stock, 1973), New York, Doubleday.

ROSZAC Theodore (1986), *The Cult of Information. The Folklore of Computers and the True Art of Thinking*, New York, Pantheon.

ROY Alexis (2001), *Les Experts face au risque: le cas des plantes transgéniques*, PUF/Le Monde, coll. «Partage du savoir».

RUSE Michael, CASTLE David, éd., (2002), *Genetically Modified Foods. Debating biotechnology*, New York, Prometheus Books.

SACHSSE Hans (1972), *Technik und Verantwortung. Probleme*

der Ethik im technischen Zeitalter, Freiburg, Rombach.

SACHSSE Hans (1978), *Anthropologie der Technik. Ein Beitrag zur Stellung des Menschen in der Welt*, Braunschweig, Vieweg.

SACHSSE Hans (1984), *Ökologische Philosophie: Natur, Technik, Gesellschaft*, Darmstadt, Wissenschaftliche Buchgesellschaft.

SALE Kirkpatrick (1995), *La Révolte luddite (Rebels Against the Future. The Luddites and Their War on the Industrial Revolution: Lessons For the Computer Age*, Cambridge, Adison Wesley, 1995), trad. C. Izoard, Paris, L'Échappée, 2006.

SALOMON Jean-Jacques (1984), *Prométhée empêtré. La résistance au changement technique*, Paris, Oxford, New York, Pergamon Press, 1982, repr. Paris, Anthropos, 1984.

SALOMON Jean-Jacques (1989), *Science et politique*, Paris, Économica.

SALOMON Jean-Jacques (1992), *Le Destin technologique*, Paris, Balland, repr. Paris, Gallimard, coll. «Folio», 1993.

SALOMON Jean-Jacques (1999), *Survivre à la science. Une certaine idée du futur*, Paris, Albin Michel.

SALOMON Jean-Jacques, SCHEDER Geneviève (1986), *Les Enjeux du changement technologique*, Paris, Économica.

SCARDIGLI Victor (1983), *La Consommation, culture du quotidien*, Paris, PUF.

SCARDIGLI Victor (1992), *Les Sens de la technique*, Paris,

PUF.

SCARDIGLI Victor (2001), *Un anthropologue chez les automates. De l'avion informatisé à la société numérisée*, Paris, PUF.

SCHELLING Thomas (1978), *Micromotives and Macrobehaviors (La Tyrannie des petites décisions*, trad. A. Rivière, Paris, PUF, 1980), New York, Norton.

SCHELLING Thomas (1984), *Choice and Consequence*, Cambridge, Mass., Harvard University Press.

SCHOPENHAUER Arthur (1851), *Aphorismes sur la sagesse de la vie* (*in Parerga und Paralipomena*), trad. J.-A. Cantacuzène, revue R. Roos (*Aphorismen zur Lebensweisheit*, 1851), 15ᵉ éd. revue, Paris, PUF, 1964, rééd. coll. «Quadrige», 1983.

SCHUDSON Michael (1986), *Advertising, the Uneasy Persuasion. Its Dubious Impact on American Society*, New York, Basic Books, 1984, rééd. 1986.

SCHUHL Pierre Maxime (1969), *Machinisme et philosophie*, Paris, Alcan, 1938, repr. Paris, PUF, 3ᵉ éd., 1969.

SCHUMACHER Ernst Friedrich (1973), *Small Is Beautiful. Economics as If People Mattered* (*Small Is Beautiful. Une société à la mesure de l'homme*, trad. D. et W. Day et M.-C. Florentin, Paris, Le Seuil, 1978), New York, Harper and Row.

SCHÜRMANN Reiner (1982), *Le Principe d'anarchie. Heidegger et la question de l'agir*, Paris, Le Seuil.

SCLOVE Richard (1995), *Choix technologiques, choix de société* (*Democracy and Technology*, New York, Guilford Press, 1995), trad. «adaptée» I. Jami, Paris, Descartes & Cie, 2003.

SEGAL Howard (1985), *Technological Utopianism in American Culture*, Chicago University Press.

SEN Amartya (1999), *L'économie est une science morale*, Paris, La Découverte, 1999, rééd. coll. «La Découverte Poche», 2003.

SÉNÈQUE (1993), *Entretiens. Lettres à Lucilius*, Paris, Robert Laffont, coll. «Bouquins».

SENNETT Richard (1976), *The Fall of Public Man* (*Les Tyrannies de l'intimité*, trad. A. Berman et R. Folkman, Paris, Le Seuil, 1979), Cambridge University Press.

SÉRIS Jean-Pierre (1987), *Machine et communication. Du théâtre des machines à la mécanique industrielle*, Paris, Vrin.

SÉRIS Jean-Pierre (1994), *La Technique*, Paris, PUF.

SERRES Michel (1990), *Le Contrat naturel*, Paris, François Bourin.

SERRES Michel (2001), *Hominescence*, Paris, Le Pommier.

SÈZE Claudette, éd. (1994), *Confort moderne. Une nouvelle culture du bien-être*, Paris, Autrement.

SFEZ Lucien (1995), *La Santé parfaite. Critique d'une nouvelle utopie*, Paris, Le Seuil.

SHIRKY Clay (2008), *Here Comes Everybody: The Power of*

Organizing Without Organizations, New York, Penguin.

SIMONDON Gilbert (1969), *Du mode d'existence des objets techniques*, Paris, Aubier, repr. 2012.

SINGLY François de (2003), *Les Uns avec les autres. Quand l'individualisme crée du lien*, Paris, A. Colin, repr. Hachette, coll. «Pluriel».

SINGLY François de (2005), *L'individualisme est un humanisme*, La Tour d'Aigues, L'Aube.

SLOTERDIJK Peter (1983), *Critique de la raison cynique* (*Zur Kritik der zynischen Vernunft*, Frankfurt a.M., Suhrkamp, 1983) trad. H. Hildenbrand, Paris, Christian Bourgois, 1987.

SLOTERDIJK Peter (1989), *La Mobilisation infinie. Vers une critique de la cinétique politique* (*Eurotaoismus. Zur Kritik der politischen Kinetik*, Frankfurt a.M., Suhrkamp, 1989), trad. H. Hildenbrand, Paris, Christian Bourgois, 2000.

SLOTERDIJK Peter (1993), *Dans le même bateau. Essai sur l'hyperpolitique* (*Im selben Boot: Versuch über die Hyperpolitik*, Frankfurt a.M., Suhrkamp, 1993), trad. P. Deshusses, Paris, Payot & Rivages, 1997.

SLOTERDIJK Peter (1999), *Règles pour le parc humain. Une lettre en réponse à la Lettre sur l'humanisme de Heidegger* (*Regeln für den Menschenpark*, Frankfurt a.M., Suhrkamp, 1999), trad. O. Mannoni, Paris, Mille et Une Nuits, 2000.

SMETS-SOLANES Jean-Paul, FAUCON Benoît (1999), *Logiciels libres. Liberté, égalité, business*, Paris, Edispher.

SPENGLER Oswald (1931), *L'Homme et la Technique* (*Der Mensch und die Technik*, München, C. H. Beck, 1931), trad. A. A. Petrowsky, Paris, Gallimard, 1958.

STALLMAN Richard M. (2002), *Free Software, Free Society*, Boston, Free Software Foundation.

STEFIK Mark (1999), *The Internet Edge. Social, Technical and Legal Challenges for a Networked World*, Cambridge, Mass., MIT Press.

STEINER Dieter, NAUSER Markus, éd. (1993), *Human Ecology. Fragments of Anti-Fragmentary Views of the World*, London, Routledge.

STEINER George (1978), *Martin Heidegger* (New York, Viking-Press, 1978), trad. D. de Caprona, Paris, Albin Michel, 1981, repr. Flammarion, coll. «Champs».

STERNBERG Robert J., éd. (1990), *Wisdom. Its Nature, Origins and Development*, Cambridge University Press.

STOEHR Taylor (1979), *Nay-Saying in Concord. Emerson, Alcott, and Thoreau*, Hamden, Connecticut, Archon Books.

SUE Roger (2005), *La Société contre elle-même*, Paris, Fayard.

SUROWIECKI James (2004), *The Wisdom of Crowds*, New York, Anchor Books (*La Sagesse des foules*, Paris, JC Lattès, 2008).

SZASZ Thomas (1960), *Le Mythe de la maladie mentale (The Myth of Mental Illness*, New York, Harper & Row, 1960), trad. D. Berger, Paris, Payot, 1975.

TEULON Frédéric (2000), *Le Casse du siècle. Fautil croire en la nouvelle économie?*, Paris, Denoël.

THOMAS Jean-Paul (1990), *Misère de la bioéthique. Pour une morale contre les apprentis sorciers*, Paris, Albin Michel.

THOREAU Henry David (1947), *The Portable Thoreau*, New York, Viking Penguin, 1947, rééd. 1982.

THOREAU Henry David (1922), *Walden*, trad. L. Fabulet (1922), Paris, Gallimard, coll. «L'Imaginaire».

THOREAU Henry David (2003), *De la marche (Walking)*, trad. T. Gillyboeuf, Paris, Mille et Une Nuits.

THOREAU Henry David (2004a), *The Higher Law: Thoreau on Civil Disobedience and Reform*, éd. W. Glick, (H. D. Thoreau, *The Writings*), Princeton University Press.

THOREAU Henry David (2004b), *La Vie sans principe* , trad. T. Gillyboeuf, Paris, Mille et Une Nuits.

TILES Mary, OBERDIEK Hans (1995), *Living in a Technological Culture. Human Tools and Human Values*, London, Routledge.

TINLAND Franck (1977), *La Différence anthropologique. Essai sur les rapports de la Nature et de l'Artifice*, Paris, Aubier.

TINLAND Franck, éd. (1991), *Systèmes naturels/ systèmes artificiels*, Seyssel, Champ Vallon.

TINLAND Franck, éd. (1994), *Ordre biologique, ordre technologique*, Seyssel, Champ Vallon.

TISSERON Serge (1998), *Y a-t-il un pilote dans l'image? Six propositions pour prévenir les dangers de l'image*, Paris, Aubier.

TOFFLER Alvin (1970), *Le Choc du futur* (*Future Shock*, New York, Random House, 1970), trad. S. Laroche et S. Metzger, Paris, Denoël, repr. Gallimard, coll. «Folio Essais», 1971.

TOFFLER Alvin (1978), *La Troisième Vague* (*The Third Wave*, New York, William Morrow, 1978), trad. M. Deutsch, Paris, Gallimard, coll. «Folio Essais», 1988.

TOFFLER Alvin (1990), *Les Nouveaux Pouvoirs* (*Powershift: Knowledge, Wealth and Violence at the Edge of the 21st Century*, New York, Bantam, 1990), trad. A. Charpentier, Paris, Fayard, 1991.

TOURAINE Alain (1969), *La Société postindustrielle*, Paris, Denoël.

TOURAINE Alain (1992), *Critique de la modernité*, Paris, Fayard.

TOURAINE Alain (1994), *Qu'est-ce que la démocratie?*, Paris, Fayard.

TURKLE Sherry (1984), *Les Enfants de l'ordinateur* (*The Second Self. Computers and the Human Spirit*, New York, Simon and

Schuster, 1984), trad. C. Demange, Paris, Denoël, 1986.

TURKLE Sherry (1995), *Life on the Screen. Identity in the Age of the Internet*, New York, Simon & Schuster.

TURKLE Sherry (2011), *Alone together: Why We Expect More From Technology and Less From Each Other* (*Seuls ensemble. De plus en plus de technologies, de moins en moins de relations humaines*, traduit par C. Richard, Paris, L'Échappée, 2015), New York, Basic Books. Université de tous les savoirs, MICHAUD Yves, éd. (2000), *Qu'est-ce que les technologies?*, Paris, Odile Jacob (Université de tous les savoirs, volume 5). US Department of Commerce (2004), *A Nation Online: Entering the Broadband Age*, Washington, Economics and Statistics Administration, sept. 2004, *https:// www.esa.doc.gov/Reports/NationOnlineBroadband04.htm*.

VATTIMO Gianni (1971), *Introduction à Heidegger* (*Introduzione a Heidegger*, Bari, Roma, Laterza, 1971, rééd. 1982), trad. J. Rolland, Paris, Le Cerf, 1985.

VATTIMO Gianni (1985), «Vers une ontologie du déclin», *Critique*, 452-453, 1985, pp. 90-105.

VEBLEN Thorstein (1899), *Théorie de la classe de loisir*, trad. L. Evrard, Gallimard, coll. «Tel», 1978.

VERBEEK Peter-Paul (2005), *What Things Do: Philosophical Reflections on Technology, Agency, and Design*, translated by R. P. Crease, Pennsylvania State University Press.

VERBEEK Peter-Paul (2011), *Moralizing Technology: Understanding and Designing the Morality of Things*, The University of Chicago Press.

VERGOTE Henri-Bernard (1988), «L'artifice et les faux prestiges du naturel», *in* HOTTOIS Gilbert, éd. (1988), pp. 117-146.

VINCENTI Walter G. (1990), *What Engineers Know and How They Know It. Analytical Studies from Aeronautical History*, Baltimore, Maryland, Johns Hopkins University Press.

VIRILIO Paul (1998), *La Bombe informatique*, Paris, Galilée.

WARTOFSKY Marx W. (1992), «Technology, power, and truth: political and epistemological reflections on the fourth revolution», *in* WINNER Langdon, éd. (1992), pp. 15-34.

WATSUJI Tetsuro(1935), *Fûdo: le milieu humain*, traduit par A. Berque, Paris, CNRS éditions, 2011, 1ère éd. 1935.

WEBER Max (1904), *L'Éthique protestante et l'esprit du capitalisme* (1904-1905), trad. J. Chavy, Paris, Plon, coll. «Agora», 1964.

WIENER Norbert (1952), *Cybernétique et société. L'usage humain des êtres humains (The Human Use of Human Beings*, Boston, Houghton Mifflin, 1950, 2ᵉ éd. remaniée, 1954), trad. Paris, Éditions des Deux-Rives, 1952, repr. Union générale d'éditions, coll. «10/18», 1971.

WINNER Langdon (1977), *Autonomous Technology: Technics-*

Out-of-Control as a Theme in Political Thought, Cambridge, Mass., MIT Press.

WINNER Langdon (1983), «Techne and Politeia: the technical constitution of society», *in* DURBIN Paul, RAPP Friedrich (1983), pp. 97-111.

WINNER Langdon (1986), *The Whale and the Reactor. A Search for Limits in an Age of High Technology* (*La Baleine et le Réacteur*, trad. M. Puech, Paris, Descartes & Cie, 2002), Chicago University Press.

WINNER Langdon (1990), «Engineering ethics and political imagination», *in* DURBIN Paul, éd. (1990) pp. 53-64.

WINNER Langdon (1995), «Citizen virtues in a technological order», in FEENBERG Andrew, HANNAY Alastair, éd. (1995), pp. 65-84.

WINNER Langdon, éd. (1992), *Democracy in a Technological Society*, Dordrecht, Kluwer.

WOLTON Dominique (1997), *Penser la communication*, Paris, Flammarion, coll. «Champs».

XERFI (1999), *Les Stratégies marketing dans la distribution de micro-informatique grand public*, Institut Xerfi, juillet 1999.

ZARIFIAN Édouard (1994), *Des paradis plein la tête*, Paris, Odile Jacob, repr. coll. «Poches Odile Jacob», 2000.

ZARIFIAN Édouard (1996), *Le Prix du bien-être. Psychotropes et sociétés*, Paris, Odile Jacob.

ZARIFIAN Édouard (2001), *La Force de guérir*, Paris, Odile Jacob, coll. «Poches Odile Jacob».

ZIMMERMAN Michael E. (1981), *Eclipse of the Self. The Development of Heidegger's Concept of Authenticity*, Athens, Ohio, Ohio University Press.

ZIMMERMAN Michael E. (1990), *Heidegger's Confrontation With Modernity. Technology, Politics, and Art*, Bloomington, Indiana University Press.

ZITTOUN Robert, DUPONT Bernard-Marie, éd. (2002), *Penser la médecine. Essais philosophiques*, Paris, Ellipses.

ZITTRAIN Jonathan (2009), *The Future of the Internet and How to Stop It*, Yale University Press.